岩波講座 現代化学への入門

Introduction to
Modern Chemistry

**12**

岩波講座 現代化学への入門
Introduction to Modern Chemistry

12

# 金属錯体の構造と性質

三吉克彦 著

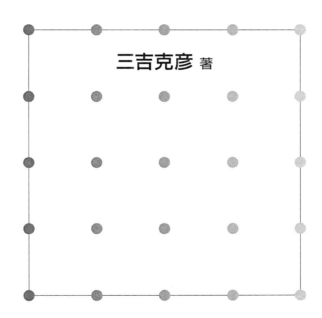

岩波書店

**編集委員**

岡崎廉治

荻野　博

茅　幸二

櫻井英樹

志田忠正

野依良治

●

# 編集にあたって

　化学は科学のうちでもかなめの位置を占めるといえます．原子，分子あるいはそれらの集合体がつくりだす物質群，それはとりもなおさず自然界そのものですが，化学はその物質群の秩序を分子レベルでとらえる学問です．生物の営みを含むすべての物質の消長はすべてこれらの物質群の生成，運動と変換で記述することができます．化学は長い時間をかけて多様な物質群から単純な原子，分子という概念を導きだし，その上に立って壮大な論理体系をつくりあげてきました．現在ではさらに高次の分子集合体を構築し，その機能を検証することで自然そのものの理解を深めようとしています．このように化学は，新世紀において大発展すると考えられる物質科学や生命科学の基礎として，ますます重要になっているのです．

　具体的な例でいえば，生命科学でもゲノムの解読が進みドラッグデザインが遺伝子レベルで行われようとしていて，化学の重要性がますます大きくなると指摘されています．また，エレクトロニクスや情報・通信の分野でハイテクノロジーを達成するには，基盤としての物質系が決定的な役割を果たします．そのためには文字どおり，高度な新素材，新機能物質の追求が欠かせません．

　このように重要な化学ではありますが，一面では「公害」「環境問題」「薬害」などの社会的問題との関連で化学技術と産業に対して暗いイメージをもっている人が多いのも事実です．しかしこのイメージは化学自身のものではなく，化学を利用する'人'の側に根ざしたものです．化学を利用する以上，人は無知・無責任であってはならないのです．化学は，不幸にして発生したこれらの問題を解決する力もそなえていることを強調したいと思います．

　私たちはぜひ多くの人に化学を学んでほしいと願っています．化学を専門としない人でも化学の基本的な考え方を学んでほしいと思っています．しかし，「化学はやたら記述的で，物質名や化学式など記憶しなければな

らないものが多すぎる」,「化学は暗記物で面白くない」といったイメージがつきまといます．たしかに化学は知識蓄積型の学問です．知られている化合物の数が年々増加する一方，もっとも古くから知られている化合物，たとえば，エタノールにしても酢酸にしても，その重要性は少しも変わらないのです．このような化学をどのようにして学んだらよいのでしょうか．化学をたんなる暗記に頼ることなく学ぶことができるのでしょうか．

　化学を学ぶ環境も大きく変わってきています．高等学校での理科の単位や学習時間は減少する傾向にあります．大学に入ってから初めて化学を学ぶという人が多くなる傾向さえあります．そこで，大学における化学の学習の内容や方法も変えていかなければならないと考えています．

　本講座では「化学のエッセンス」を提供するということを目標に各巻を編成しました．化学の知識の飛躍的な増大にともなって，分厚い教科書が次々と出版されています．しかし，一般的な学部教育ではこのような膨大な知識量は不必要であると考えました．増えつづける知識を吸収するだけでは，創造的な研究はできません．新しい物質や現象に出会ったとき，その本質を見抜く力，つまりこれまで知られていることと何が同じで何がどのように違うのかを正しくとらえる思考力が大切です．このような思考力があってはじめて独創的な構想もたてることができるのです．そのような思考力を身につけるためには，最小限の重要事項を論理的に，わかりやすく記述した教科書がぜひとも必要であると考えます．本講座は，化学を初めて学ぶ人には格好の入門書となり，将来研究者になろうとする人にもその基礎を築くものになるはずです．

　化学は美しく魅力的な学問でもあります．化学の基礎を学ぶ途上にある人も，研究の最前線で得られた成果を理解し胸躍らせることができます．さらに化学の最新の成果は現代の社会的さらには地球規模の諸問題とも深く関連しています．そこで，意欲的な読者のために最新の化学の広がりについてもわかりやすく解説するようにしました．

　このような考えから，本講座を大きく3部に分けました．
　化学への第一歩としての第1部では，
　　　　1 化学の考え方　　　　　　　　2 物質のとらえ方
の2巻を用意しました．高等学校で化学を学ばなかった人でも入門できるように，化学的なものの考え方と物質になじみ，広く化学の全体像をとら

えることを目標とします．

つづいて，化学の基礎としての第2部では，

  3 化学結合　　　　　　　　　4 分子構造の決定
  5 集合体の熱力学・統計熱力学　6 化学反応
  7 有機化合物の構造　　　　　　8 有機化合物の反応
  9 有機化合物の性質と分子変換　10 天然有機化合物の合成戦略
  11 典型元素の化合物　　　　　　12 金属錯体の構造と性質
  13 金属錯体の合成と反応

の11巻があります．これらは，これまでの伝統的な分け方では，3～6が物理化学，7～10が有機化学，11～13が無機化学に相当します．各巻は独立して学習することができますが，また相互に関連もしています．

たとえば，結合の本質的な理解をめざす3と，結合距離や角度など分子構造の情報をどのように得るかを学ぶ4は，ともに量子力学にもとづいて解説されています．両方をあわせて読むことが，理解を深めると同時に学習の目標をはっきりさせるうえでも有効です．また現在，金属元素と配位子(有機化合物であることも多い)の組合せである金属錯体の活躍の場が大きく広がっています．この点に関し，金属錯体を扱った12, 13とあわせて有機化学の基礎となる7～9を読めばより幅広い理解が得られます．有機化学の実践的な要素を含む10に進む前に7～9を学んでおくことが効果的であることは明らかでしょう．なお，3～6と11は化学全体の土台となる基本概念と知識を扱っているので，すべての巻と関連があります．

これら11巻の中から，まず関心のある巻を手にとり，各巻にもうけられた「さらに学習するために」の記述を頼りに学習の順序を考えるのも一つの方法です．

第3部は，化学の広がりについて紹介する部分で，

  14 表面科学・触媒科学への展開　15 生命科学への展開
  16 超分子化学への展開　　　　　17 分子理論の展開
  18 化学と社会

の5巻からなっています．物質科学の真骨頂ともいえる14と16は物理学や工学との境界領域であり，生物学や医学・薬学とも関連する15では生命科学への化学の貢献を知ることができます．また，最近めざましい発展をとげている理論化学を紹介する17からは，従来の実験室から生み出さ

れる化学とは手法の異なる，新しい化学研究の姿がうかがえるでしょう．最後の18は，化学者も一般の市民も避けては通れない化学技術と社会の関わりをとりあげます．

第1部(1, 2)と18は大学1年生，第2部(3〜13)は大学2, 3年生，第3部(14〜17)は大学3, 4年生からの学習を想定していますが，読者の関心と進度によって自由に選択してください．

本講座は自学自習できるよう，第1部と第2部の各巻には理解を確実にする問題を随所に入れ，章末問題にはていねいな解答も与えてあります．学生諸君はもちろんのこと，社会人や，かなり以前に化学を学習したがもう一度学び直したいという人にも好適な教科書であると考えています．本講座が，新しい世紀の化学の教科書として，その役割を充分に果たせるものであることを願っています．

2000年10月

岡崎　廉治
荻野　　博
茅　　幸二
櫻井　英樹
志田　忠正
野依　良治

# まえがき

　水素(とヘリウム)以外の典型元素は $ns$ と $np$ の4つの原子価軌道をもつ．だから最大の原子価は通常4であり，その分子(イオン)の構造は比較的単純である．いま，ある典型元素Eの単体を考えよう．各E原子は一般に4つの軌道を使って4つの結合を生成するので，各Eが価電子を4個もてば過不足ない．この条件はEが14族のとき満足される．ところが13族までであれば電子不足，15族以降であれば電子過剰となり，単体の結合力は14族の場合より弱くなる(そのため単体中の各原子の結合数が4ではなくなることが多い)．その結果，単体をばらばらの原子にするのに必要なエネルギー(単原子生成熱，あるいは逆の過程の凝集エネルギー)は14族で極大になる．さらに，典型元素では周期が下がると原子価軌道は広がるので，軌道間の重なりが悪くなり，原子間結合力は低下する．だから14族のうちでも第2周期の炭素の単原子生成熱がもっとも大きく，周期が下がると小さくなる．グラファイト(C)では $715\,\mathrm{kJ\,mol^{-1}}$，Siでは $454\,\mathrm{kJ\,mol^{-1}}$，Geでは $377\,\mathrm{kJ\,mol^{-1}}$，Snでは $301\,\mathrm{kJ\,mol^{-1}}$，Pbでは $195\,\mathrm{kJ\,mol^{-1}}$ である．単原子生成熱が大きい物質は一般に融点が高いので，エジソンが電球のフィラメントに竹から作ったグラファイトを使った理由が納得できる．ただし，フィラメントとしては電気伝導性も必要条件である．非局在化した結合をもつグラファイトは電気伝導性であるが，同素体のダイヤモンドは融点は高いものの，強い σ 結合だけをもつので大きなバンドギャップがある絶縁体である．同じダイヤモンド構造のSiとGeはもう少し結合が弱いので小さいバンドギャップをもつ半導体である(Snは半金属，Pbは金属)．

　ところが，遷移元素では4つの s, p 軌道に加えて5つの d 軌道が結合に使えるので，最大の原子価は9となる．したがって，これらの化合物の構造は本書で述べるようにバラエティに富んでいる．フィラメントの問題に戻ると，力学的にもろいグラファイトに代わって現在では6族のタング

ステン(W)が使われている．遷移元素では$(n+1)$p軌道のエネルギーが高いので，通常$n$dと$(n+1)$sの6つの軌道が金属結合に使われる．だから上述の原理からいえば，6個の価電子をもつ6族の金属結合が強く，単原子生成熱が大きいはずである．6族元素はCr(単原子生成熱は397 kJ mol$^{-1}$)，Mo(664 kJ mol$^{-1}$)，W(849 kJ mol$^{-1}$)であり，同じ周期で比べるとほぼ6族で単原子生成熱が極大になる(第1遷移金属の一部では交換エネルギーをかせぐために，反結合性軌道の一部を電子が占有するので単原子生成熱が少し小さい)．また，遷移元素では典型元素とは違って周期を下がるほど軌道間の重なりがよくなり結合が強くなるので，同じ6族でも第3遷移元素(第6周期)のWが最大の単原子生成熱をもち，フィラメントとして最適であることがわかる(電気陽性な金属は非局在化した結合をもちバンドギャップがないので電導性である)．

このような例をいきなり挙げたのは，遷移元素と典型元素は種々の点で性質が異なるが，どちらも軌道中の電子を使って結合しているので，両者は同じ土俵で議論できるはずであることを強調したかったからである．上の例では結合に過不足なく電子が使われると結合が強いという共通の解釈が当てはまるのである．もちろん遷移元素独特の性質もある．たとえば典型元素の化合物では不対電子をもつものは限られているが，遷移元素化合物には不対電子をもつものが少なくない．遷移元素ではd軌道(とくに3d)の空間的広がりとエネルギーが中途半端であり，多くの場合相手との結合が弱いので，結合によって少し不安定化したd軌道にも電子を収容できるのである．常磁性/強磁性や多様な酸化数を示したり，着色しているのは，このことが原因でもある．

不安定化したd軌道にも電子を収容できることが典型元素化合物とは異なる結合性を導くことがある．端的な例を挙げると，三角両錐構造の典型元素化合物$PF_5$では$xy$平面内の3本の結合の方が強いのに対して，同じ構造の18電子錯体$d^8$[Fe(CO)$_5$]では$z$軸方向の2本の結合の方が強い．同様に，四角錐構造の$BrF_5$では$z$軸方向の結合の方が強いのに対して，同じ構造の18電子錯体$d^8$[Ni(CN)$_5$]$^{3-}$では底面の結合の方が強い．この原因については本書で詳しく述べるが，典型元素化合物では各結合に使われるp軌道の数が結合の強さを支配する主要因になるのに対して，遷移元素錯体では配位子との結合によって少し不安定化したd軌道をどのよ

うに電子が占有するかによって各結合の強さが決まることが多いからである．

　金属錯体が典型元素化合物と異なる点をもう1つ挙げると，典型元素では族の変化，つまり価電子数の変化に応じて組成あるいは原子価が系統的に変化する．たとえば第2周期典型元素の塩化物は LiCl，$BeCl_2$，$BCl_3$，$CCl_4$，$NCl_3$，$OCl_2$，FCl である．一般に典型元素間の結合は強いので不安定な反結合性軌道を電子が占有しないようにする，つまりオクテット（8電子）則を満たそうとするからである．ところが，たとえば第1遷移金属 M の2価イオンの大半は価電子数が変化しても同じ組成のアクア錯体 $[M(H_2O)_6]^{2+}$ を生成し，酸化物 MO やハロゲン化物 $MX_2$ 中でも $M^{2+}$ はたいてい6個の O(X) に囲まれている．族を右に進んでも典型元素（p軌道）ほど有効核電荷が増えないし，$M^{n+}$ と相手（配位子）との結合が強くないから，反結合性の d 軌道に電子を収容してもあまり不安定にならないのである．したがってこれらの遷移元素化合物では典型元素のオクテット則に相当する18電子則（3.5節参照）が成立するとは限らない．むろん配位子（π アクセプター性）によっては18電子則を満たす錯体もあり，とくに有機金属錯体ではそのような例が多い．

　このように，遷移元素化合物（錯体）には独特の化学があるが，典型元素の化学と対応させると，類似点や相違点が浮かび上がって理解が深まることが多い．金属錯体フラグメントと有機基とのアイソローバル関係（18電子則とオクテット則，3.5節）や金属クラスターとボランクラスターの結合の類似性（Wade 則，3.6節）はその典型例である．本書では，そのような立場で金属錯体の構造・結合・性質について典型元素化合物と対比しながら解説するが，金属錯体の合成と反応も重要な柱である．これらについては第13巻に述べてあり，両者を相補的に利用すれば金属錯体の魅力を味わえるものと信じる．

　2001年2月

三　吉　克　彦

# 目　次

編集にあたって　v

まえがき　ix

1　金属錯体とは何か ……………………………………………… 1

　1.1　ルイス酸とルイス塩基の結合——Werner 型錯体 ………… 2
　　（a）身の回りの金属錯体　2
　　（b）ルイス酸とルイス塩基　3
　　（c）金属錯体　5
　　（d）ルイス酸とルイス塩基の相性——HSAB の原理　11

　1.2　逆供与結合の活躍——有機金属錯体 …………………… 15
　　（a）アルキル錯体　16
　　（b）カルボニル錯体　17
　　（c）ホスフィン錯体　21
　　（d）オレフィン（アルケン）錯体　21
　　（e）π アリル錯体　25
　　（f）シクロペンタジエニル錯体　27
　　（g）カルベン錯体とカルビン錯体　29

　1.3　非局在化した金属間結合——金属クラスター ………… 31
　章末問題 ……………………………………………………… 33

2　金属錯体は形の宝庫 ………………………………………… 35

　2.1　さまざまな配位子 …………………………………… 35
　　（a）Werner 型錯体の配位子　36
　　（b）有機金属錯体の配位子　39
　　（c）配位子としての金属錯体フラグメント　43

（d）金属の形式酸化数　44

　2.2　配位数と立体構造の多様性 ………………………………… 45

　　　（a）配位数　45

　　　（b）配位数2と3の錯体　47

　　　（c）配位数4の錯体　50

　　　（d）配位数5の錯体　55

　　　（e）配位数6の錯体　58

　　　（f）配位数7の錯体　60

　　　（g）配位数8の錯体　62

　　　（h）9以上の配位数の錯体　63

　2.3　異性現象 ……………………………………………………… 64

　　　（a）幾何異性　64

　　　（b）光学異性　66

　　　（c）構造異性　72

　章末問題 ………………………………………………………………… 76

# 3　金属錯体の結合と構造の理論 ……………………………… 79

　3.1　原子価結合法と混成軌道 …………………………………… 80

　3.2　結晶場理論 …………………………………………………… 81

　　　（a）八面体場と四面体場　81

　　　（b）結晶場安定化エネルギー　85

　　　（c）結晶場分裂によって説明される錯体の諸性質　89

　　　　　配位構造選択性　89
　　　　　遷移金属イオンの半径　89
　　　　　遷移金属イオンの水和エンタルピー　90
　　　　　スピネルの位置選択性　92
　　　　　Jahn-Teller効果（変形）　92
　　　　　酸化還元電位　95
　　　　　Irving-Williams系列　96

　3.3　配位子場理論とπ結合——Δを決める因子 ……………… 98

　　　（a）簡単な分子の分子軌道　98

　　　（b）八面体錯体の分子軌道　101

　　　（c）π結合　103

  (d) 4配位錯体の分子軌道 106
  (e) Δを決める因子 109

 3.4 角重なり模型 ･････････････････････････････････････････････････････ 110
  (a) d 軌道と配位子軌道との重なり 110
  (b) 正八面体錯体での配位子と d 軌道の重なり 112
  (c) d 軌道の反結合性 113
  (d) 配位子場安定化エネルギー 117
  (e) 角重なり模型による錯体構造の解析 120
  (f) 配位構造の安定性と選択性 120
  (g) 配位子の位置選択性 129
  (h) π 結合と位置選択性 132
  (i) トランス効果とトランス影響 137
  (j) 大きい配位数 139

 3.5 18 電子則とアイソローバル関係 ･･････････････････････････････ 141
  (a) 18 電子則 141
  (b) アイソローバル関係 147
  (c) $t_{2g}$ 軌道が関与するアイソローバル関係 153
  (d) M－M 間の σ, π, δ 結合 157

 3.6 クラスターの結合と構造 ････････････････････････････････････････ 161
  (a) 典型元素クラスター 161
  (b) 金属ボランクラスター 166
  (c) 金属カルボニルクラスター 167

章末問題 ･･････････････････････････････････････････････････････････････････ 171

# 4 金属錯体の色と磁性 ･･････････････････････････････････････ 173

 4.1 金属錯体の電子遷移(電子スペクトル) ･･･････････････････････ 174
  (a) 錯体の吸収スペクトルの分類 175
    配位子の吸収 175
    対イオンの吸収 175
    電荷移動吸収 175
    d-d 吸収 177

xvi 目　次

　　　　　（b）電子遷移の選択則と吸収帯の幅　178
　　　　　　　　スピン禁制　178
　　　　　　　　Laporté 禁制　179
　　　　　　　　吸収の幅　180
　　4.2　配位子場スペクトル……………………………………………181
　　　　　（a）1 電子系　181
　　　　　（b）弱い場の近似（高スピン錯体の場合）　182
　　　　　　　　遊離原子の項　182
　　　　　　　　結晶場による項の分裂　186
　　　　　　　　実例との対応　191
　　　　　（c）強い場の近似（低スピン錯体の場合）　194
　　　　　（d）対称性の低い錯体　201
　　4.3　旋光性と円二色性………………………………………………205
　　　　　（a）旋光度と円二色性スペクトル　205
　　　　　（b）円二色性スペクトルと錯体の絶対配置　206
　　4.4　配位子場分裂と磁性……………………………………………211
　　　　　（a）磁化率と常磁性　211
　　　　　（b）遊離金属イオンの磁化率　212
　　　　　（c）錯体の磁化率――磁気的に希薄な系　213
　　　　　（d）磁気的に希薄でない系　216
　　章末問題……………………………………………………………217

さらに学習するために……………………………………………………219
章末問題の解答……………………………………………………………223
付　　録……………………………………………………………………233
和文索引……………………………………………………………………237
欧文索引……………………………………………………………………241

# 金属錯体とは何か

　$H_2$ 分子は，両 H 原子が 1s 軌道中の電子を 1 個ずつ出し合ってその電子対を共有することによって(共有)結合している．一方，アンモニア $NH_3$(ルイス塩基)はそれ自体ですでにオクテット則を満たしているが，これに $H^+$(ルイス酸)を反応させると，$NH_3$ の N 上にある非共有電子対が電子をもたない $H^+$ とで共有されてアンモニウムイオン $NH_4^+$ を生じる．こうしてできた N—H 結合は他の 3 つの N—H 結合と変わりはない．しかし，共有された電子対が N からのみ提供されている点が $H_2$ の場合とは異なり，このような結合は配位結合とよばれる．遷移金属(イオン)は $H^+$ と同様に，ルイス塩基の非共有電子対を共有するための空の軌道をもつので $NH_3$ のようなルイス塩基と結合することができる．こうして生じた化合物を金属錯体という．ただし，金属錯体は非結合性/反結合性の d 軌道にも価電子をもつことが多く，このことが金属錯体独特の性質，たとえば多様な酸化数を示すこと，着色していることや不対電子をもつことの原因になっている．本章ではまず，金属錯体における配位結合の生成を考えてみる．

**1.1 ルイス酸とルイス塩基の結合——Werner 型錯体**
　空の軌道をもつルイス酸(遷移金属)と，その空軌道に供与できる電子対をもつルイス塩基(配位子)との相互作用(配位結合)について学ぶ．

**1.2 逆供与結合の活躍——有機金属錯体**
　供与できる電子対と空の軌道を合わせもつような配位子と金属との結合について学ぶ．

**1.3 非局在化した金属間結合——金属クラスター**
　金属間に直接の結合をもつ多核錯体について簡単に触れる．詳細は 3.6 節で学ぶ．

## 1.1 ルイス酸とルイス塩基の結合——Werner 型錯体

　　金属錯体はルイス酸(金属)とルイス塩基(配位子)との結合(配位結合)によって生成する．その結合には共有結合とイオン結合の両方が寄与する．

**(a) 身の回りの金属錯体**

　　青色の硫酸銅 $CuSO_4 \cdot 5H_2O$ の結晶を考えよう．この結晶中では4分子の $H_2O$ の4個の O 原子が $Cu^{2+}$ を平面正方形的に取り囲み，その上下には対イオン $SO_4^{2-}$ が接近している(図1.1)．もう1分子の $H_2O$ は $Cu^{2+}$ に結合した $H_2O$ や $SO_4^{2-}$ と水素結合することによって隣りどうしのユニットを結びつけている．$Cu^{2+}$ と $SO_4^{2-}$ とで電気的中性は保たれているが，$[Cu(H_2O)_4]^{2+}$ 中での $Cu^{2+}$ と4つの $H_2O$ との結合はどのように理解したらよいのであろうか．この結合は**配位結合**(coordinate bond)とよばれ，ルイス塩基 $H_2O$ からルイス酸 $Cu^{2+}$ への電子対供与による結合であり，その実体を明らかにすることが本書の大きな目的である．

　　この結晶を水に溶解してもほとんど色調に変化はない．水溶液中では $SO_4^{2-}$ と $Cu^{2+}$ との弱い結合は切断されるが，上記の平面正方形構造の $[Cu(H_2O)_4]^{2+}$ という化学種が存続しているからである(正確には歪んだ八面体型構造の $[Cu(H_2O)_6]^{2+}$ であり，上下の2個の $H_2O$ は他と比べ弱

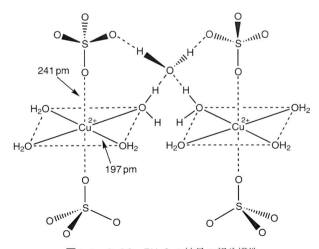

図 1.1　$CuSO_4 \cdot 5H_2O$ の結晶の部分構造

く $Cu^{2+}$ に結合している). すなわち, 青色の原因はこの化学種にある. 実際, 結晶を加熱して無水物にすると白色の粉末になるし, アンモニア水に溶かすと濃い青紫色に変化する. $[Cu(H_2O)_4]^{2+}$ 中の $H_2O$ 分子が失われたり, $NH_3$ で置換されて正方形構造の $[Cu(NH_3)_4]^{2+}$(あるいは *trans*-$[Cu(NH_3)_4(H_2O)_2]^{2+}$) が生成するからである. ここでも $Cu^{2+}$ と $NH_3$ との結合は配位結合である. このような色の原因や構造を決める要因も本書で理解すべき課題である.

このように金属が関与する配位結合性の化合物を**金属錯体**(metal complex)とよぶ. 実は, 金属錯体は身の回りに数多く存在し, われわれはその恩恵を被っている. たとえば, 新幹線の車体の濃い青色や緑色はフタロシアニンという窒素原子を含む有機物と $Cu^{2+}$ との錯体で, 耐候性にとくに優れている色素である. 哺乳類の酸素運搬を担うヘモグロビンは $Fe^{2+}$ の錯体, 軟体動物や節足動物の酸素運搬を担うヘモシアニンは $Cu^{+/2+}$ の2核錯体である. また, マメ科植物の窒素固定酵素は立方体の $Fe_4S_4$ 骨格と Mo を含み, 光合成の電子伝達に関わるフェレドキシンも類似の FeS 骨格を含む. 鉄フェライト $Fe_3O_4$ は磁気テープに使われる $Fe^{2+/3+}$ の酸化物錯体, スーパーでもらう買い物袋は Ti や Zr の錯体を触媒として重合したオレフィンのポリマーである, など数限りない.

> ■**問題 1.1** 身の回りにある金属錯体の例を 2 つ挙げよ.

## (b) ルイス酸とルイス塩基

13 族典型元素化合物のボラン $BH_3$ を考えよう. 中心の B は $sp^2$ 混成であり, これらの軌道は中心から正三角形の頂点の方向に広がっている(図1.2). それぞれが H の 1s 軌道と重なり, 各結合性軌道に 2 電子を収容すれば B の周りの総価電子数は 6 となる. だから, 総価電子数が 8 のとき安定となるオクテット則は満たされず, 電子不足である. すなわち, B と H がなす三角平面に垂直な $p_z$ 軌道は混成に加わらず, 非占有である(実際には二量体 $B_2H_6$ として存在し, 形式的にオクテット則を満たす, 図 3.41 参照). $BH_3$ の H の代わりにハロゲン X が結合した $BX_3$ も同様の空の $p_z$ 軌道をもつ. ただし, この場合には各 X の sp 混成軌道の一方が B の $sp^2$ 混成軌道と重なり, X のもう一方の sp 混成軌道には電子対が収容されて

*4*　1　金属錯体とは何か

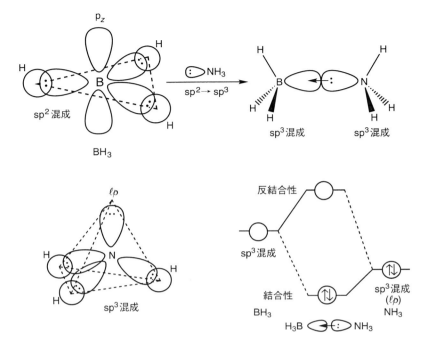

図 1.2　$BH_3$ と $NH_3$ との反応と安定化

いる．さらに X の未混成の占有 $p_z$ 軌道から B の $p_z$ 軌道へ π 型の電子供与が起こっているので(図 1.4 参照)，電子不足はある程度解消されている．このように原子価軌道をフルに利用しないで，結合に使える空軌道をもつものを**ルイス酸**(Lewis acid)という．典型元素化合物ではオクテット則に満たない，電子不足のものがルイス酸である．実は，例外としてオクテット則を満たす $SiF_4$ や $I_2$ もルイス塩基との反応で原子価が拡張されるのでルイス酸である．その結果生じる $[SiF_6]^{2-}$ や $I_3^-$ は超原子価化合物とよばれ，その結合は多中心結合によって説明される(2.2 節参照)．

　一方，15 族：$NH_3$ では N の $sp^3$ 混成軌道(中心から四面体の頂点に向く)のうち 3 個がそれぞれ H の 1s 軌道と重なり(図 1.2)，結合性軌道に 2 電子ずつを収容する(計 6 電子)．残った 2 電子は 4 個目の非結合性の $sp^3$ 混成軌道に収容され，オクテット則が満たされる．この非結合性軌道に収容された電子対を**孤立電子対**(lone pair, *ℓp*)，または**非共有電子対**(unshared electron pair)といい，一般に結合性軌道中の共有電子対よりエネルギーが高い．このような *ℓp* をもつものが**ルイス塩基**(Lewis base)であ

り，以下に述べるようにこの $lp$ がルイス酸の空軌道に供与されて酸・塩基の結合，すなわち配位結合が起こる．

電子不足の $BH_3$ に :$NH_3$ を反応させると，:$NH_3$ の $sp^3$ 混成軌道中の $lp$ が $BH_3$ の空の軌道に供与される（図 1.2）．このとき両者の軌道の重なりが大きくなるように，B は混成を $sp^2$ から $sp^3$ に変えて :$NH_3$ の $lp$ の軌道と重なる．その結果，$lp$ を収容していた N の軌道成分が多い結合性軌道（エネルギーは低く，占有）と，B の空の $sp^3$ 軌道成分が多い反結合性軌道（エネルギーが高く，非占有）ができる．占有軌道が安定化し，非占有軌道が不安定化するので，全体として電子的な安定化が得られる（図 1.2）．占有の結合性軌道には B の軌道成分もあるので，この状況を $H_3N{:}{\to}BH_3$ と表現し，:$NH_3$ の $lp$ が $BH_3$ の空軌道に σ 供与されたという（電子対が B の空軌道に移されたわけではない！）．このようなルイス酸・塩基間の結合を **σ 供与結合**（σ dative bond）または配位結合という．軌道が頭どうしで重なり，生じた新しい軌道が結合軸まわりで対称なのでこれは σ 結合である．このとき $NH_3$ は **σ ドナー**（σ donor），$BH_3$ は **σ アクセプター**（σ acceptor）であるといい，:$NH_3$ からの $lp$ を含めると $BH_3$ もオクテット則を満たす．$BX_3$（X はハロゲン）と $NH_3$ の反応もまったく同様である．このような相互作用は，<u>ドナーの $lp$ の軌道とアクセプターの空の軌道のエネルギーが接近しているほど，またこれらの軌道の重なりが大きいほど強い</u>．一般にドナー軌道の方がエネルギーが低いので，これが高いほど（ドナー原子が電気陽性であるほど，また負電荷をもつほど）ルイス塩基性（電子供与性）が高いといえる．なお，周期を下がるとドナー軌道のエネルギーは高くなるが，軌道の分布が広がるので相手の軌道との重なりは一般に悪くなる（3.3 節(e)項参照）．

---

■**問題 1.2** ルイス酸，ルイス塩基とは何か．
■**問題 1.3** $BH_3$ が二量体 $B_2H_6$ になると電子不足が形式的に解消されるという．なぜか（3.6 節(a)項参照）．また $Al_2Br_6$ や $BCl_3$ は電子不足であろうか．

---

**(c) 金属錯体**

$BH_3$ や $Al_2R_6$（R はアルキル基）のような 13 族の化合物に限らず 1, 2 族の化合物 $(LiCH_3)_4$ や $(Be(CH_3)_2)_\infty$，$MgRX$（または $MgR_2$）などもルイス

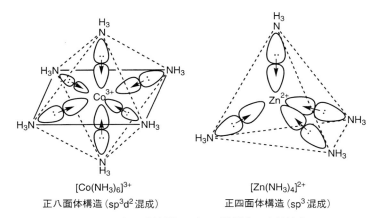

[Co(NH₃)₆]³⁺  　　　　　　　　[Zn(NH₃)₄]²⁺
正八面体構造（sp³d²混成）　　　正四面体構造（sp³混成）

**図1.3** 正八面体錯体と正四面体錯体の配位結合

酸(電子不足)であり，特異な構造をとったり，ルイス塩基と反応してオクテット則を満たそうとする．遷移金属はs, p軌道に加え5つのd軌道も結合に使うので空軌道をもつルイス酸であり，総価電子数が$4(s, p) \times 2 + 5(d) \times 2 = 18$になれば典型元素化合物のオクテット則に相当する．これを**18電子則**(eighteen electron rule)または**EAN則**(effective atomic number rule)という．これについては3.5節(a)項で説明する．たとえば[Ar]がアルゴンの電子配置$1s^2 2s^2 2p^6 3s^2 3p^6$を表わすとすれば，[Ar]$3d^6$配置の$Co^{3+}$は，6個の$NH_3$から$lp$が供与されて($Co^{3+} \leftarrow :NH_3$)正八面体構造の錯体[Co(NH₃)₆]³⁺を生成する(図1.3)．こうして$Co^{3+}$の周りの総価電子数は$6(Co^{3+}) + 6 \times 2(NH_3) = 18$となる．混成軌道の立場でいえば，$Co^{3+}$が八面体の頂点に向いた$sp^3d^2$混成($d^2$は$d_{z^2}$と$d_{x^2-y^2}$)となり，これらの6個の空軌道に各$NH_3$から$lp$が供与される．残った$d_{xy}, d_{yz}, d_{zx}$軌道が6個のd電子を収容する．このように，ルイス酸である金属(イオン)の空軌道に，ルイス塩基から$lp$が供与されて生成した化合物を金属錯体といい，金属に結合したルイス塩基を**配位子**(ligand)とよぶ．配位子は普通Lで表わす．

正四面体構造の[Zn(NH₃)₄]²⁺では$Zn^{2+}$([Ar]$3d^{10}$)の3d軌道はすべて占有されているので，4s軌道と4p軌道とが$sp^3$混成し(正四面体，図1.3)，これらの4つの空軌道に$NH_3$から4組の$lp$が供与されていると考える．この場合でも$Zn^{2+}$の周りは$10(d) + 4 \times 2(NH_3) = 18$電子になる．この種の金属錯体では，金属Mの原子価軌道に比べ配位子の$lp$の軌道のエネル

ギーが比較的低いので，あまり強くない M←:L 的な結合を作る．これらを **Werner 型錯体**(Werner-type complex)といい，σ 非結合性の d 軌道と σ* 反結合性の d 軌道とのエネルギー差が小さい．そのため Werner 型錯体では 18 電子則が成立するとは限らない．たとえば，第 1 遷移金属イオン $M^{n+}$ ($n=2, 3$) は，族つまり価電子数が変わっても同じ組成の八面体錯体 $[M(H_2O)_6]^{n+}$ や $[M(phen)_3]^{n+}$（phen は 1, 10-フェナントロリン）を生成する．典型元素化合物では族が変わると価電子数に応じて組成式（原子価）が系統的に変化するのとは対照的である．なお，これ以降では d 軌道，たとえば $d_{x^2-y^2}$ 軌道は単に $x^2-y^2$ 軌道と略記する．

■ **問題 1.4** 直線構造の $[Ag(NH_3)_2]^+$ の $Ag^+$ 周りの総価電子数を求めよ．

（答：14）

15〜17 族の化合物でオクテット則を満たす場合には，$lp$ を 1 組以上もつのでルイス塩基として作用する．たとえば $H_2O$ は O 上に 2 組の $lp$ をもち（O の 1 個の $sp^2$ 混成軌道と未混成の p 軌道にそれぞれ収容されている），第 1 遷移金属イオン $M^{n+}$ ($n=2, 3$) は水溶液中では $M^{n+}$ ←:$OH_2$ の配位結合によって大半は八面体構造のアクア錯体 $[M(H_2O)_6]^{n+}$ となる（M の電荷が高いと，たとえば $[V(H_2O)_6]^{5+}$ → $cis$-$[V(=O)_2(H_2O)_4]^+$ + $4H^+$ のようになる．四面体構造の $[(O=)_2Cr(-O^-)_2]^{2-}$ や $[(O=)_3Mn(-O^-)]^-$ などの生成も同様に理解される）．このとき，各 O の $sp^2$ 混成軌道中の $lp$ が $M^{n+}$ の $sp^3d^2$ 混成軌道に σ 供与されるが（図 1.4），混成に加わらない $xy, yz, zx$ 軌道（$d_\pi$ 軌道）に空きがあれば，各 O の未混成の p 軌道中の $lp$ もこれらに供与される．この相互作用では $d_\pi$ 軌道と O の p 軌道とが横側から重なり，生じる軌道は結合軸まわりの 180° の回転に対して符号が反転するので **π 供与結合**(π dative bond) である．このとき O は $M^{n+}$ に対して **π ドナー**(π donor) として働いているという．その結果，O の占有 p 軌道のエネルギーは下がり，エネルギーが高くなった $d_\pi$ 軌道が非占有であれば安定化が得られる（図 1.4）．上述の $d^0$ $[V(=O)_2(H_2O)_4]^+$ などでは，負電荷をもつ $O^{2-}$ が $OH_2$ よりも σ/π ドナー性が高いので，強い σ/π 供与によって M の電子不足が補われる．四面体構造の $[MO_4]^{n-}$ 型錯体でも同様である．しかし，$d_\pi$ 軌道も占有されていると，

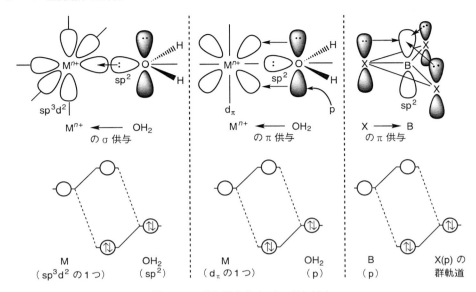

図1.4 σ供与結合およびπ供与結合

この相互作用は反発的になる.正三角形構造の$BX_3$でもBの空の$p_z$軌道に対してXの占有$p_z$軌道から類似のπ供与があり(図1.4),:$NX_3$が平面構造をとるとNの占有$p_z$軌道とXの占有$p_z$軌道とが反発する.

このように,相手に供与できる電子対をもてば配位子(ルイス塩基)として働くので,ピリジン,カルボン酸イオンなどの有機物も含め配位子には多種多様なものが存在する(表2.1,表2.2参照).14族でも:$EX_3^-$(EはC,Si,Ge,Sn)はE上に$lp$をもつので配位子として働き,:$EX_2$は$lp$と空のp軌道をもつので,ルイス塩基としてもルイス(π)酸としても働く(1.2節(g)項参照).アルコキシド$^-OR$やアミド$^-NR_2$(図1.5),あるいはハ

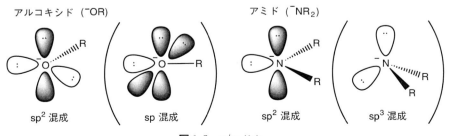

図1.5 σ/πドナー

ロゲン化物イオン $X^-$ や $O^{2-}$ のような単原子陰イオンも，電子占有の p 軌道をもつので π ドナーとしても働く．これら複数の $\ell p$ をもつ配位子は，混成を適宜変えれば別々の M に同時に結合（架橋）することもできる（図 2.2 参照）．

**問題 1.5** $H_2O$ 分子が 2 組の $\ell p$ をもつことを示せ（図 2.7，図 3.10 参照）．また 1 組の $\ell p$ しかもたない $NH_3$ に比べルイス塩基性が低いのはなぜか．

$PF_3$ は同族の $NF_3$ や $NH_3$ と類似の結合様式であるが，置換基 F が電気陰性であるため P 上の $\ell p$ のエネルギーが低く比較的弱い σ ドナーである（図 1.6(a)）．ところが $PF_3$ の $σ^*$ 反結合性軌道（3 個のうち 2 個）は P の $p_x$ あるいは $p_y$（3 つの F のなす正三角面の中心と P を通る $C_3$ 軸を $z$ 軸とする）を主成分とする空軌道であり，比較的エネルギーが低いので，**π アクセプター**（π acceptor）軌道として働く（図 1.6(b)，図 3.9 参照）．すなわち，$OH_2$ の場合とは逆に，M の電子占有の $d_π$ 軌道から $PF_3$ 基の（π 対称の）$σ^*$ 軌道へ π 供与が起こる（図 1.6(c)）．M から L へ π 供与するので **π 逆供与**（π back donation）という．この場合では，占有の $d_π$ 軌道のエネルギーが下がり，空の $σ^*$ 軌道のそれは上がるのでやはり安定化が得

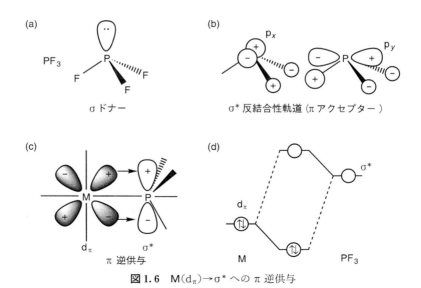

**図 1.6** $M(d_π) \to σ^*$ への π 逆供与

られる(図1.6(d)). このような場合ではMが塩基, Lが(π)酸として働いていることになる(M:→L). 14族のEX$_3^-$もπ対称の2個のσ*軌道を使って同じ働きをする. π逆供与結合はMが低酸化数の(占有d$_\pi$軌道のエネルギーが高い)有機金属錯体(1.2節)によくみられる. NH$_3$やNR$_3$にも同様の空軌道が存在するが, 結合が強いのでそのσ*軌道のエネルギーが高く, 金属のd$_\pi$軌道との相互作用は弱い. AsR$_3$や16族のSR$_2$(σ*のπアクセプター軌道は1個)などでも同様の相互作用が期待される(OR$_2$やH$_2$Oでは同じ理由でσ*軌道のエネルギーが高い, 図3.10参照). 典型元素化合物でも平面三角形構造のN(SiH$_3$)$_3$ではN(sp$^2$混成)の未混成の占有p$_z$軌道からSiH$_3$のσ*軌道へ(またはSiの3d$_\pi$へ), ホルムアミドH$_2$NCOHではC=Oのπ*反結合性軌道へ, π(逆?)供与が起こっている.

■問題1.6 NH$_3$はPF$_3$と, OR$_2$はSR$_2$と同じような結合・構造であるが, NH$_3$とOR$_2$はπアクセプターとして働かないのはなぜか.

化合物中の結合電子対がルイス塩基として働くこともある. 1.2節で述べるように, C=CやC≡Cなどの多重結合をもつ化合物はπ軌道とπ*軌道をもち, 前者のπ結合電子対はMに対してσドナーとして働く(π*軌道はπアクセプターとして働く). H$_2$が遷移金属錯体と反応して, Mの配位数と酸化数が増えたジヒドリド錯体を生成する(L$_n$M+H$_2$→L$_n$M(H)$_2$)する(酸化的付加(oxidative addition)という)場合でも, まずH$_2$のσ結合電子対がMの空軌道(d$_\sigma$など)にσ供与される(図1.7(a)). このとき

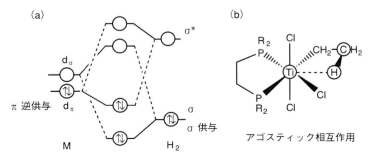

図1.7 M(d$_\sigma$, d$_\pi$)とH$_2$(σとσ*)との相互作用とアゴスティック相互作用

Mが電子豊富であれば(つまり占有軌道のエネルギーが高ければ)，引き続きMの占有$d_\pi$軌道から$H_2$の$\sigma^*$軌道にπ逆供与が起こり(図1.7(a))，H—Hが開裂して酸化的付加が完成する．酸化的付加が起こるほどMが電子豊富でない場合には，配位したアルキル配位子のC—H部分がMにσ供与したような構造(図1.7(b))が見られることがある(このような3中心2電子結合的な相互作用を**アゴスティック相互作用**(agostic interaction)という)．

---

■**問題 1.7** ホスホラニド $[PF_4]^-$ の構造を推定せよ($P$は1組の$lp$をもつ)．

---

## (d) ルイス酸とルイス塩基の相性——HSABの原理

Brønstedの酸・塩基では，$H^+$を放出しやすいほど強い酸，$H^+$を受け取りやすいほど強い塩基である($pK_a$の値が指標になる)．一方，ルイス酸・塩基には$H^+$のような基準物質がない．たとえばルイス塩基COはCとO上に$lp$をもつが(付録参照)，ルイス酸$H^+$とは反応しない．ところが$BH_3$とは$H_3B \leftarrow :CO$付加物を生成する．同様に$Al^{3+}$(3s, 3p軌道が空)は$F^-$とは正四面体構造の$[AlF_4]^-$を生成するが，$I^-$とは親和性がない．$Hg^{2+}$(6s, 6p軌道が空)はまったく逆で，$F^-$には親和性を示さないが，$I^-$とは$HgI_2$や正四面体錯体$[HgI_4]^{2-}$を生成する．

このようなルイス酸・塩基の相性は**硬い酸・塩基**，**軟らかい酸・塩基**(hard and soft acids and bases, **HSAB**)の概念(原理)によって説明されている．一般にルイス酸の空軌道とルイス塩基の$lp$の軌道がエネルギー

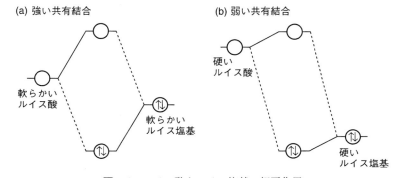

図1.8 ルイス酸とルイス塩基の相互作用

的に接近しているほど両者の結合は共有結合性を帯びて強くなる(図1.8(a)).すなわち空軌道のエネルギーが低く還元されやすいルイス酸は**軟らかい酸**とよばれ,遷移金属では周期表で右側に位置する後周期のもので(有効核荷電が高い),酸化数の低いもの($Cu^+$, $Ag^+$, $Pt^{2+}$, $Hg^{2+/+}$ など)が軟らかい酸である.一方,$lp$ の軌道のエネルギーが高いルイス塩基は**軟らかい塩基**とよばれ,分極されやすく酸化されやすい塩基($CO$, $PR_3$, $R_2S$, $RS^-$, $I^-$ など)が軟らかい塩基である.これらの軟らかい酸と塩基は共有結合によって安定な化合物(錯体)を生成する(図1.8(a)).上述の $Hg^{2+}$←:$I^-$ や $H_3B$←:$CO$ などが軟らかい酸・塩基どうしの結合である.チオシアン酸イオン $N\equiv C-S^-$ は軟らかいルイス酸とは軟らかい S 上の $lp$ で,硬いルイス酸(後述)とは硬い N 上の $lp$ で,結合する.また,軟らかい酸 $BH_3$ は軟らかい塩基 $H^-$ に対して親和性を示すが,H を電気陰性な F で置き換えた $BF_3$ は硬い酸(後述)となって硬い塩基 $F^-$ に親和性を示すようになる(似たものどうしが集まるという意味で共生(symbiosis)という).

これに対して電荷が高く還元されにくいルイス酸,たとえば周期表で左側の前周期遷移金属陽イオンは**硬い酸**とよばれ,有効核荷電が低いためにその空軌道のエネルギーが高いのでルイス塩基との共有結合的相互作用は弱い(図1.8(b)).一方,電気陰性でサイズが小さい $F^-$ や $O^{2-}$ などのルイス塩基は**硬い塩基**とよばれ,エネルギーの低い $lp$ をもつ(分極されにくく酸化されにくい)のでルイス酸に対する電子対供与能力は低い.しかしこれが負電荷をもてば,正電荷をもつ硬いルイス酸とはおもに静電的相互作用によって安定な化合物を生成する.$TiO_2$ と $[VF_6]^-$ や上例の $[AlF_4]^-$ などが硬い酸・塩基の組合せである.表1.1に典型的な酸・塩基を分類して示す.

硬い酸・軟らかい塩基や軟らかい酸・硬い塩基の組合せでは,両者の要

**表1.1** HSABの原理によるルイス酸・塩基の分類

| | |
|---|---|
| 硬い酸 | $H^+$, $Li^+$, $BF_3$, $Ca^{2+}$, $Al^{3+}$, $Sc^{3+}$, $Cr^{3+}$, $Co^{3+}$, $Fe^{3+}$, $AlCl_3$, $SO_3$ |
| 中間の酸 | 2価遷移金属イオン,$Zn^{2+}$, 3価重金属イオン,$SO_2$, $R_3C^+$, $BMe_3$ |
| 軟らかい酸 | $Cu^+$, $Cd^{2+}$, $Ag^+$, $Hg^{+/2+}$, $CH_3Hg^+$, $Pt^{2+}$, $Tl^+$, $BH_3$, $I_2$ |
| 硬い塩基 | $F^-$, $ClO_4^-$, $RNH_2$, $O^{2-}$, $OR^-$, $CO_3^{2-}$, $NO_3^-$, $SO_4^{2-}$, $H_2O$ |
| 中間の塩基 | $NO_2^-$, $Br^-$, $N_3^-$, $SO_3^{2-}$, アニリン,ピリジン |
| 軟らかい塩基 | $H^-$, $I^-$, $R_2S$, $RS^-$, $S^{2-}$, $CN^-$, $R^-$, $PR_3$, $CO$, $C_2H_4$, $S_2O_3^{2-}$ |

請が合致せず強い相互作用はできない．$Al^{3+}$ と $I^-$ や $Hg^{2+}$ と $F^-$ などの組合せがそうである．多くの2価の遷移金属イオンや $Br^-$，$NO_2^-$，ピリジン(py)のように中間的なルイス酸やルイス塩基もある．金属イオンの系統定性分析の手順はこの HSAB の原理によって合理的に解釈される（章末問題 1.5 参照）．

■**問題 1.8** 硬い酸と硬い塩基の例と，軟らかい酸と軟らかい塩基の例を1組ずつ挙げ，それぞれどうしが親和性をもつ理由を述べよ．

$PR_3$ や $R_2S$ のように配位原子が周期表で下にあると，$\ell p$ のエネルギーが高くなり軟らかい塩基に分類される（ただし軌道の分布は広がるので一般に軌道間の重なりは悪くなる）．さらに置換基 R が電気陰性な F や OR であれば σ ドナー性は低下するが，エネルギーがあまり高くない π 対称の σ* 反結合性軌道が π アクセプターとして働くので（図 1.6，図 3.9，図 3.10 参照），占有 $d_\pi$ 軌道のエネルギーが高い低酸化数の軟らかい金属を好むようになる．

■**問題 1.9** $R_2O$ より $R_2S$ の方が軟らかい塩基であるという．なぜか．

ルイス酸である遷移金属と配位子（ルイス塩基）との相性についてもう1点触れておく．水溶液中の八面体構造の $[Zn(H_2O)_6]^{2+}$（22 電子）では各水分子の O の $sp^2$ 混成軌道中の $\ell p$ が $Zn^{2+}$（$d^{10}$）の $sp^3d^2$ 混成軌道に σ 供与されているが（図 1.9(a)），電子占有の $x^2-y^2$ 軌道や $z^2$ 軌道との反発のために結合は弱い（結合次数 4）．さらに O の p 軌道中の $\ell p$ は $d_\pi$ 軌道と π 型に重なるが，両者は占有されているのでやはり反発する．これに $NH_3$ を加えると $H_2O$ が置換されて正四面体構造の $[Zn(NH_3)_4]^{2+}$（18 電子）が生成する（結合次数は同じく 4）．つまり，$H_2O$ も $NH_3$ も硬い塩基であるが，中間のルイス酸 $Zn^{2+}$ は $H_2O$ よりも $NH_3$ を好むのである．$NH_3$ は π 供与性の $\ell p$ をもたないので $[Zn(NH_3)_4]^{2+}$ では d 電子との π 型の反発がないからである．こうして d 電子数の多い金属（イオン）は π ドナー性のルイス塩基を好まない（単なる σ ドナーを好む）ことになる．

一方，$d^3$ 配置の $Cr^{3+}$（硬い酸）は水溶液中では八面体錯体 [Cr

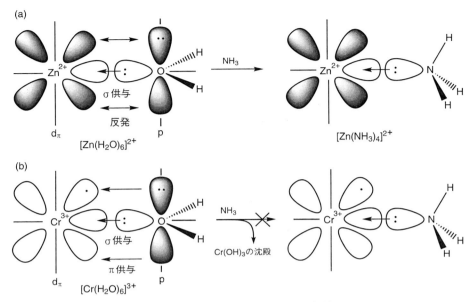

図1.9 σ/π ドナーと金属イオンの相性

$(H_2O)_6]^{3+}$(15電子)となるが,配位した $H_2O$ は電荷の高い $Cr^{3+}$ による分極を受けて一部は $[Cr(OH)(H_2O)_5]^{2+} + H^+$(加水分解)となり,酸性を示す($pK_a = 3.95$).$d^3[Cr(H_2O)_6]^{3+}$ では $d_\pi$ 軌道が半分だけ占有されているので,$H_2O$ が π ドナーとして働いても安定化する(図1.9(b)).実際,$Cr^{3+}$—$OH_2$ の結合は強く,水溶液中での配位水の交換はきわめて遅い(半減期80時間).$H_2O$ が負電荷を帯びた $OH^-$ になると $lp$ の数も増え,これらを収容している軌道のエネルギーが高くなるので σ/π ドナー性が高くなり,もっと強く結合する($Cr^{3+}$ との静電的相互作用も強くなる).だからアンモニア水を添加すると加水分解が促進されて,最終的に $Cr(OH)_3$ の沈殿が生成するだけであって $[Cr(NH_3)_6]^{3+}$(15電子)は生成しない.d 電子の少ない硬い酸 $Cr^{3+}$ が,σ ドナーである $NH_3$ よりは σ/π ドナーである $H_2O$($OH^-$ あるいは $O^{2-}$)を好むからである(こうして電子不足を解消する).前周期の $Ti^{4+}$,$Zr^{4+}$,$V^{5+}$($d^0$)などが,π ドナーである酸素やハロゲンに対して高い親和性を示すのも同じ理由である.もう1例挙げると,$NO_2^-$ とは $Cr^{3+}$($d^3$)は O(σ/π ドナー)で,$Co^{3+}$($d^6$)は N(σ ドナー/π アクセプター)で結合するのが安定である(2.3節(c)項参照).

■**問題 1.10** 2, 3価の遷移金属ハロゲン化物の水溶液はなぜ酸性を示すのか.

## 1.2 逆供与結合の活躍──有機金属錯体

　配位子L(ルイス塩基)から金属M(ルイス酸)に電子対が供与されて錯体が生成するが,Lが空の$\pi^*$(あるいは$\pi$対称の$\sigma^*$)軌道をもてばMの$d_\pi$電子がその空軌道に供与され($\pi$逆供与),M―L結合は強くなる(L内の結合は弱くなる).

　Werner型錯体では電気陰性なN,O,Xなどを配位原子とするのでの$lp$のエネルギーが低く,金属(イオン)との配位結合はあまり強くない(図1.10(a)).ところが電気陽性なCが配位原子であればその原子価軌道はエネルギーが高く(軟らかい塩基),Mの原子価軌道にエネルギー的に近づく.その結果,M―L結合の共有結合性が増す(図1.10(b)).このようにCとMとの間に直接の結合をもつ金属錯体を**有機金属錯体**(organometallic complex)という.さらに,配位子にはCOや$H_2C=CH_2$のように比較的低エネルギーの$\pi^*$軌道をもつものが多いので,Mの占有$d_\pi$軌道からこの空軌道へ$\pi$逆供与が起こる.Mの酸化数が低いほど$d_\pi$軌道のエネルギーは高いので,この相互作用は強い(図1.10(c)).つまりCOなどは低い酸化数の軟らかい金属(ルイス酸)を好む軟らかいルイス塩基である.前周期遷移金属ではd軌道のエネルギーが高いので酸化数が低い

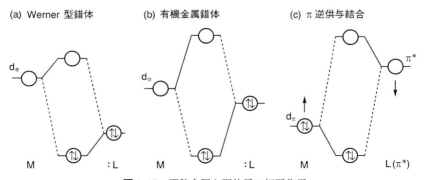

**図1.10** 遷移金属と配位子の相互作用

とこの効果が大きい．後周期になると，有効核電荷が大きくなってd軌道のエネルギーが下がるので次第にπ逆供与結合は起こりにくくなる．後周期で酸化数が高くなると電子不足になって(空のs軌道とp軌道も結合に強く関与する)，むしろ電子供与能の高い配位子を好むようになる．M―C結合はもたないが類似の結合様式をもつ金属錯体も広い意味で有機金属錯体とよぶ(ホスフィン$PR_3$やヒドリドHの金属錯体など)．ただし，$[Fe(CN)_6]^{3-/4-}$などは有機金属錯体とはよばない．$CN^-$はほとんどの場合，電気陽性なC上の$lp$をMにσ供与するが(ただしCとNで架橋配位することはある，図4.2参照)，M←:$CN^-$的な結合だからである．以下，代表的な有機金属錯体をみていくことにする．これらの錯体ではπ逆供与結合によってM―L結合が強くなるので，典型元素化合物のようにいわゆる電子則(3.5節(a)項参照)に従うことが多い．

---

**問題 1.11** 有機金属錯体とWerner型錯体との相違点を挙げよ．

---

### (a) アルキル錯体

アルキル陰イオン:$CR_3^-$は負電荷をもち(ここで配位子は$lp$をもつとした)，その$lp$は$NR_3$や$OR_2$に比べエネルギーが高い(軟らかい塩基)．そのため強いM―$CR_3$共有結合が形成される(図1.10(b))．だから$L_nM$←:$CR_3^-$よりは共有結合的な$L_nM$―$CR_3$(あるいは$L_nM$―R)と表わす方が適当である．もちろん，電気陰性度から予想されるように一般に$M^{\delta+}$―$C^{\delta-}$的な分極はある．Mが1個のCと結合しているので$\eta^1$配位様式とよぶ(図1.11(a))．一般に，ある配位子中の$n$個の原子がMに直接結合している場合には$\eta^n$でその結合様式を示すことになっている．アルキル錯体$L_nMR$は**β-水素脱離**(β-hydrogen elimination)によってヒドリド錯体$L_nMH$とオレフィンに分解する傾向がある(M―C結合が弱いのではなく生成物に変化する過程のエネルギー障壁が低いことによる速度論的不安定さ)．すなわち，まずMに配位したアルキル基のC―$H_\beta$とM間にアゴスティック相互作用が起こり，電子が豊富なMからこのC―$H_\beta$のσ*軌道にπ逆供与が起これば C―$H_\beta$結合が切断されてヒドリドオレフィン錯体になる(図1.11(a))．これがさらにオレフィンとヒドリド錯体$L_nMH$に分解する．逆反応はオレフィン挿入という．$H_\beta$をもたない$CH_3$錯体では水

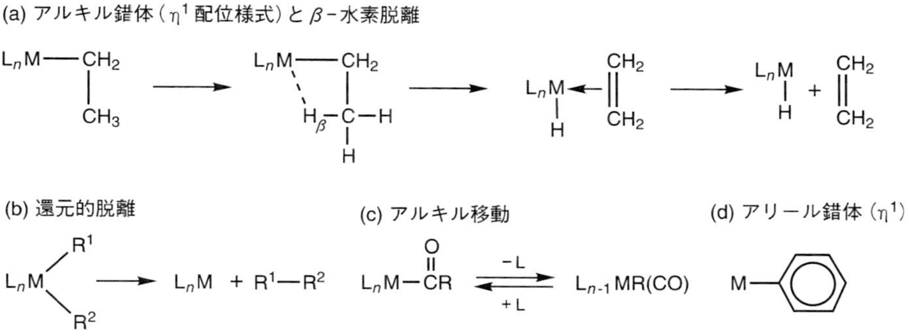

(a) アルキル錯体（$\eta^1$配位様式）と$\beta$-水素脱離

(b) 還元的脱離　　(c) アルキル移動　　(d) アリール錯体（$\eta^1$）

**図 1.11** アルキル錯体

素脱離は起こりにくいが，$CF_3$錯体ではCが電子求引的になり$M^{\delta+}$—$C^{\delta-}$的な結合として安定化する．M—C結合の安定性の順序がM—C($sp^3$混成)＜M—C($sp^2$混成)＜M—C(sp混成)となるのもこの順に混成軌道のs性が増し，Cが電気陰性になるからである．Mから配位子の$\sigma^*$軌道や$\pi^*$軌道への逆供与のために結合が強くなると理解してもよい．また2個のアルキル基がシス位にあれば**還元的脱離**（reductive elimination）$L_nMR^1R^2$→$L_nM+R^1$—$R^2$が起こることもある（図1.11(b)）．これは酸化的付加の逆反応であり，Mが電子不足であるほど起こりやすい．アシル錯体$L_nM$—C(=O)Rも類似の結合であるが，アルキルカルボニル錯体$L_{n-1}MR$(CO)+Lに可逆的に変化する（図1.11(c)，機構的にはアルキル移動）．COが脱離すればアルキル錯体$L_nM$—Rになる．

フェニル基が1個の炭素でMに$\sigma$結合した錯体（これも$\eta^1$配位様式）をアリール錯体（aryl complex）とよぶが，結合性に関してはアルキル錯体と大差ない（アルキルでは$sp^3$混成の，アリールでは$sp^2$混成の，CがMと結合する，図1.11(d)）．ただし，アルキル基はMに対して電子供与的に働くが，フェニル基は電子求引的である．

**(b) カルボニル錯体**

$^-$:C≡O:$^+$（カルボニル）はC上のエネルギーの高い$lp$をMに$\sigma$供与するが（M←$^-$:C≡O:$^+$），空の$\pi^*$反結合性軌道は低酸化数のMの占有$d_\pi$軌道から$\pi$逆供与を受けることができる（図1.12）．この$\pi^*$軌道は電気陽性なCのp軌道を主成分とするので，MがC側から接近（$\eta^1$あるいはend-on配位様式）することによって$\sigma$供与結合と$\pi$逆供与結合とが効果

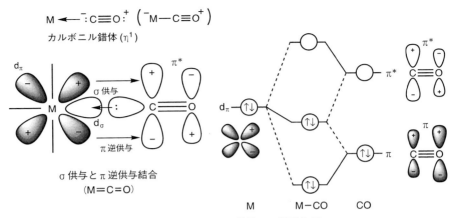

**図 1.12** カルボニル錯体での相互作用

的に起こる．だから M は CO からの σ 供与によって電子密度を増し，CO への π 逆供与によって電子密度を減らす．ルイス構造で表現すると $^-$M—C≡O$^+$（σ 供与）から M=C=O（σ 供与と π 逆供与）となり，この σ 供与／π 逆供与結合は協同的（synergic）に作用して M—C 結合を強める（π 逆供与結合によって O 上の負電荷が増す）．結果的には C—O 間の多重結合性が減るので C—O 結合は弱くなる（遊離の CO の結合距離 112.8 pm よりわずかに長くなる）．CO は直交した 2 組の π$^*$ 反結合性軌道をもつので原理的には 1 個の CO につき 2 個の π 逆供与結合が可能である（$^+$M≡C—O$^-$）．なお，CO の π 結合性軌道は η$^1$ 配位様式では π ドナーとして M の $d_\pi$ 軌道とも重なるが（横からの η$^2$ あるいは side-on 配位様式では CO はオレフィンと同様 σ ドナー／π アクセプターとして働く，図 1.15 参照），$d_\pi$ 軌道は通常占有されており，しかも CO の π 結合性軌道には C の p 軌道成分が少ないのでこの相互作用は弱い（図 1.12）．だから η$^1$ 配位の CO は全体として σ ドナー／π アクセプターとして働く（付録参照）．

M に結合した CO の伸縮振動 $\nu_{CO}$ は遊離のもの（2143 cm$^{-1}$）よりも低波数側（2125〜1850 cm$^{-1}$）に観測される．たとえば八面体構造の 18 電子 d$^6$ 錯体 [V(CO)$_6$]$^-$，[Cr(CO)$_6$]，[Mn(CO)$_6$]$^+$ では $\nu_{CO}$ はそれぞれ 1860 cm$^{-1}$，2000 cm$^{-1}$，2090 cm$^{-1}$ である．前周期ほど，また負電荷が増すほど占有 d 軌道のエネルギーが高くなるので π 逆供与が効果的に起こって C—O 結合が弱くなるからである．また電子供与性の L が M に結合して

いるとMが電子豊富になり（d軌道のエネルギーが高くなる）やはりCOのπ逆供与結合は強くなる．π逆供与がほとんどない$H_3B \leftarrow :CO$では高波数側（$2164\ cm^{-1}$）に観測される．C上の$lp$の軌道が若干C—O反結合性を帯びているからである（付録参照）．一方，正電荷を帯びた錯体では$d_\pi$軌道のエネルギーが低いのでπ逆供与結合は起こりにくい（図1.10(c)）．

3つの配位子 $:N\equiv O:^+$，$^-:C\equiv N:$，$:N\equiv N:$ はCOと等電子であるが，$NO^+$は正電荷をもつので軌道のエネルギーが低く，πアクセプターとしての能力が高い．逆に負電荷をもつ$CN^-$では軌道のエネルギーが高いので，σドナー性が高い（πアクセプター性は低い）．いずれもCOと同様に電気陽性な原子の方でMと結合するのが都合がよい．$N_2$ではN≡N結合が強く，比較的π軌道はエネルギーが低く，π*軌道はエネルギーが高い．しかも軌道の分布に偏りがないので反応性が低い．低原子価のCo，Ru，Moなどとの錯体が知られており（図1.13），ほとんどの場合片側のNと直線的に$\eta^1$(end-on)配位様式で結合している（Mからπ*軌道への強いπ逆供与）．図1.13の錯体の右肩にはその電荷が示してあり，以下の図でも同様である．COと同族のチオカルボニルC≡SはCOより強いσドナー/πアクセプターである（C≡S自身は不安定）．イソシアニド $^-:C\equiv N^+$ —R（イソニトリル）はCOよりσドナー性が強く，$^-:C\equiv N:$ と同様に高酸化数のMと錯体を生成する傾向があるが，低酸化数のMとの錯体ではπアクセプターとして働く．不活性な$CO_2$を配位子とした錯体も知られ

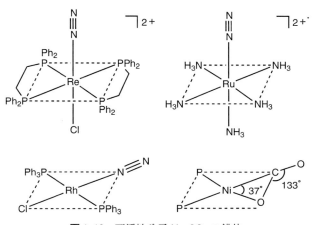

**図1.13** 不活性分子 $N_2$, $CO_2$ の錯体

ている.たとえば [Ni(PCy₃)₂(CO₂)](Cy はシクロヘキシル基)では Ni からの π 逆供与によって $CO_2$ は屈曲して一方の C=O で $\eta^2$ 配位している(図 1.13).$N_2$ や $CO_2$ の錯体(小分子の活性化)は資源の有効利用,$C_1$ 化学,地球環境(温暖化防止など)の観点から注目されている.

> **問題 1.12** $N_2$,$NO^+$,$CN^-$,CO のルイス塩基としての性質の相違とその原因を述べよ.また,CN—R は NC—R より π アクセプター性が高いのはなぜか.

CO が単に C 上の $lp$ を M に供与する結合様式($\mu_1$ 型またはターミナル CO という)以外に 2 つの M を C で架橋した $\mu_2$ 型(各 M に 1 電子ずつ供与,3 中心 2 電子結合)や $\mu_3$ 型(3M 全体に 2 電子を供与,4 中心 2 電子結合),さらにターミナル CO や $\mu_2$ 型の CO の π 結合性電子対が別の M に σ 供与した形のものもある(図 1.14(a)).架橋した CO の伸縮振動 $\nu_{CO}$ は一般にターミナル CO に比べ低波数側に観測される($\mu_2$ は 1850〜1750 cm$^{-1}$,$\mu_3$ は 1730〜1620 cm$^{-1}$).また,M が周期を下がるとサイズが大きくなるので CO は架橋しにくくなる傾向がある.第 1 遷移金属では M—M 結合が弱いので,CO 架橋によってその構造の安定性を得ているともいえる.なお $\mu_2$ 型は単に μ 型ということもある.

> **問題 1.13** CO が金属から π 逆供与を受けると遊離の CO に比べ C—O 結合が弱くなることと,O 上に負電荷が増えることを(原子価結合的に)解釈せよ.

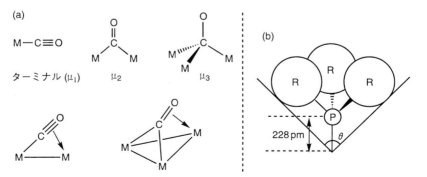

図 1.14 CO の結合様式とホスフィンの円錐角

### (c) ホスフィン錯体

三級ホスフィン $PR_3$ は P 上の $lp$ を使って σ ドナーとしても，また電気陰性な置換基をもつ $PF_3$ などは 2 個の σ* 反結合性軌道を使って π アクセプターとしても働くことはすでに述べた．したがって置換基を変えると電子的な性質と立体的な効果を調節できる．Tolman は四面体型錯体 $[Ni(CO)_3L]$（L はホスフィン $PR^1R^2R^3$）の L を変化させたときの $\nu_{CO}$ を観測することによって L の電子供与性・求引性を見積もった．R の電子供与性が強いほど $PR_3$ の電子供与性が高く，Ni の電子密度が増すので CO への π 逆供与結合が強くなり，$\nu_{CO}$ は低波数側に観測される．電子求引性が強い（電気陰性な）R では逆になる．こうして $PR_3$ および関連する配位子の電子求引性（π アクセプター性）の順序は $(NH_3) < (N{\equiv}CR) < PBu^t_3 < PBu^n_3 < PEt_3 < PMe_3 < P(OMe)_3 < PPh_3 < P(OPh)_3 < PCl_3 < PF_3 < (C{\equiv}NR) < (CO) < (NO^+)$ とされている．電子供与性の順序はほぼこれの逆である（略号については付録参照）．

一方，立体的な効果は四面体錯体 $NiL_4 \rightleftarrows NiL_3 + L$ の解離定数から推定される．図 1.14(b) で定義される**円錐角**（cone angle）$\theta$ が大きいほど L がかさ高く，解離定数が大きい．代表的な $PR_3$ の $\theta$ の順序は $P(OMe)_3 < PMe_3 < PMe_2Ph < P(OPh)_3 < PEt_3 < PMePh_2 < PPh_3 < PPr^i_3 < PBu^t_3 < P(o\text{-}Tolyl)_3$ である．配位不飽和な錯体を単離したり反応性（触媒活性）を制御したりするときに，ホスフィンのかさ高さや電子供与（求引）能を利用することができる．

> ■**問題 1.14** $PR_3$ の電子供与性が R＝F＜OR＜Me＜Et＜Pr の順に増大することを説明せよ（アミン $NR_3$ では立体反発のため Me＞Et＞Pr）．また，R が電気陰性であるほど π アクセプター性が強くなる理由を述べよ．

### (d) オレフィン（アルケン）錯体

オレフィン $R_2C{=}CR_2$ は C＝C π 結合性電子対を M に σ 供与することができる（CO より強い σ ドナー）．一方，空の π* 反結合性軌道は π アクセプターとして働く（図 1.15）．すなわち M が 2 つの C 原子と同時に結合するようにオレフィンの横側から接近すると（$\eta^2$ 配位様式または side-on 配位様式），空の σ 対称の M の $d_\sigma$ 軌道（$x^2-y^2$ や $z^2$ など）にはオレフィ

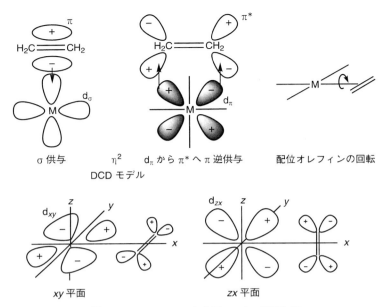

図1.15 オレフィンと金属の σ/π 相互作用

ンの π 結合性電子対が σ 供与され，M の占有 $d_\pi$ 軌道（$xy, yz, zx$）からオレフィンの $\pi^*$ 反結合性軌道に π 逆供与が起こる．このような結合様式は **Dewar-Chatt-Duncanson(DCD)モデル**（give-and-take）とよばれ，CO と M の協同的な結合様式と似ているが，オレフィンでは π 軌道と $\pi^*$ 軌道とが M の別々の軌道（それぞれ $d_\sigma$ と $d_\pi$）と相互作用する．$\eta^1$ 配位の CO では π 軌道と $\pi^*$ 軌道とが同じ $d_\pi$ 軌道と相互作用し，σ ドナーとして働くのは C 上の $lp$ である（図 1.12）．C=C π 結合性軌道（C の係数が同符号）から M への σ 供与によっても，M の $d_\pi$ 軌道から $\pi^*$ 軌道（C の係数が逆符号）への π 逆供与によっても，C—C 結合は長くなる．π 逆供与が強くなければ M に配位したオレフィンは C—C の中点の周りでプロペラのように回転できる．σ 結合は結合軸周りでの角度依存性がないし，π 結合も縮重した 2 つの d 軌道との間で起これば，これらの一次結合を考えると角度依存性がないからである（図 1.15）．

**問題 1.15** Dewar-Chatt-Duncanson（DCD）モデルとは何か．

1827年 Zeise は K[PtCl$_3$(H$_2$C=CH$_2$)] の組成をもった錯体を単離したが,その構造(平面四角形)が確定したのは1950年代に入ってからである(図1.16(a)).この錯体では主として C=C の π 軌道から M への σ 供与によって C=C 結合(137.5 pm)は遊離のエチレン(133.5 pm)より長くなり,C は δ$^+$ 的になって求核攻撃を受けやすくなる(C=C が分子面に垂直に位置するのはシス位の 2 個の Cl の占有 p 軌道と π$^*$ 軌道との反発を避けるため).

酸化数がゼロの Pt$^0$(d$^{10}$) の平面三角形構造の錯体 [Pt(PPh$_3$)$_2$(H$_2$C=CH$_2$)] では(図1.16(b)),Pt の酸化数が低いので占有 d 軌道のエネルギーが高く,今度は M から π$^*$ 軌道への強い π 逆供与によって C=C 結合は 143 pm まで伸びる(C=C 軸は分子面に平行).π$^*$ 軌道に 2 電子供与された結果,π 結合が解消されて各 C は sp$^3$ 混成的になり,まるで $^-$:CH$_2$

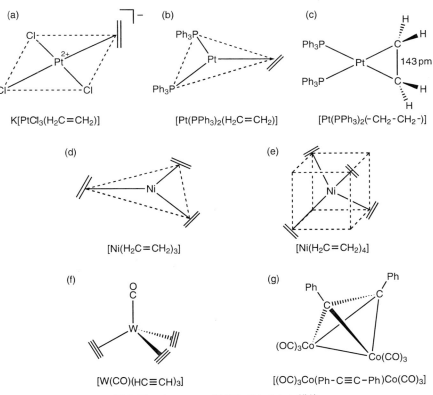

図 1.16 オレフィン錯体とアセチレン錯体

—$H_2C:^-$ が両端の C で $M^{2+}$ に同時に結合したメタラシクロプロパン錯体とみなせ，C 上の H は M からのけぞったような構造になる（図 1.16(c)）．こうなるとプロペラ様の回転はできない．$(NC)_2C=C(CN)_2$ や無水マレイン酸のように電子求引性の置換基をもてば $\pi^*$ 軌道のエネルギーが低くなるので $\pi$ 逆供与がさらに優勢になり（図 1.10(c)），$Pt^0$ の錯体では C＝C 結合は 149 pm まで伸びる（C—C 単結合は 153 pm）．こうしてオレフィンなどの $\pi$ アクセプター配位子をもつ有機金属錯体では $\pi$ 結合性の d 軌道と $\sigma^*$ 反結合性の d 軌道とのエネルギー差が大きくなり，$\pi$ 結合性の d 軌道までが占有されて 18 電子則に従うことが多い．ただし上記の Pt 錯体は平面構造であり，その平面に垂直な $p_z$ 軌道が $\sigma$ 結合に関与しないので 16 電子則が成り立つ．四面体構造の $[Ni(H_2C=CH_2)_4]$ は 18 電子則を，平面構造の $[Ni(H_2C=CH_2)_3]$ は 16 電子則を満たす（図 1.16(e), (d)）．電子則については 3.5 節(a)項で詳しく述べる．

**問題 1.16** $\pi$ 逆供与結合はどのような条件のとき効果的に起こるか．配位子側と M 側の両方について考察せよ．

アセチレン HC≡CH とその誘導体は $\sigma$ 供与できる 2 組の $\pi$ 結合性電子対と，$\pi$ 逆供与に使える 2 組の空の $\pi^*$ 反結合性軌道をもち，低酸化数の M との錯体（**アルキン錯体**）の例が多い．実際にはこれらがすべて使われるとは限らない．四面体型の $[W(CO)(HC\equiv CH)_3]$（図 1.16(f)）では 6 つの $\pi$ 結合性軌道からできる群軌道のうちの 1 つ（$a_2$）は対称性が合う軌道が M にないので非結合性である．だから全体で 10 電子供与となり 18 電子則を満たす（これは 12 電子の $SF_6$（八面体構造）や 10 電子の $PF_5$（三角両錐構造）などにおいて，配位子（置換基）の軌道からなる 2 つあるいは 1 つの非結合性の占有軌道が中心原子の軌道と相互作用しないのと似ており，中心原子周りは実際には 8 電子でオクテット則を満たしている）．また 2 個以上の金属をもつ多核錯体においては別々の M へ供与/逆供与することもある．たとえば 2 核錯体 $[(OC)_3Co(Ph—C\equiv C—Ph)Co(CO)_3]$ ではアセチレンは各 Co に 2 電子ずつ供与し，Co—Co 単結合があるので各 Co 周りは 18 電子となる（図 1.16(g)）．三角ピラミッド構造の $[Co(CO)_3]$ は結合性に関して CR と等価だから（3.5 節(b)項参照），これはテトラヘド

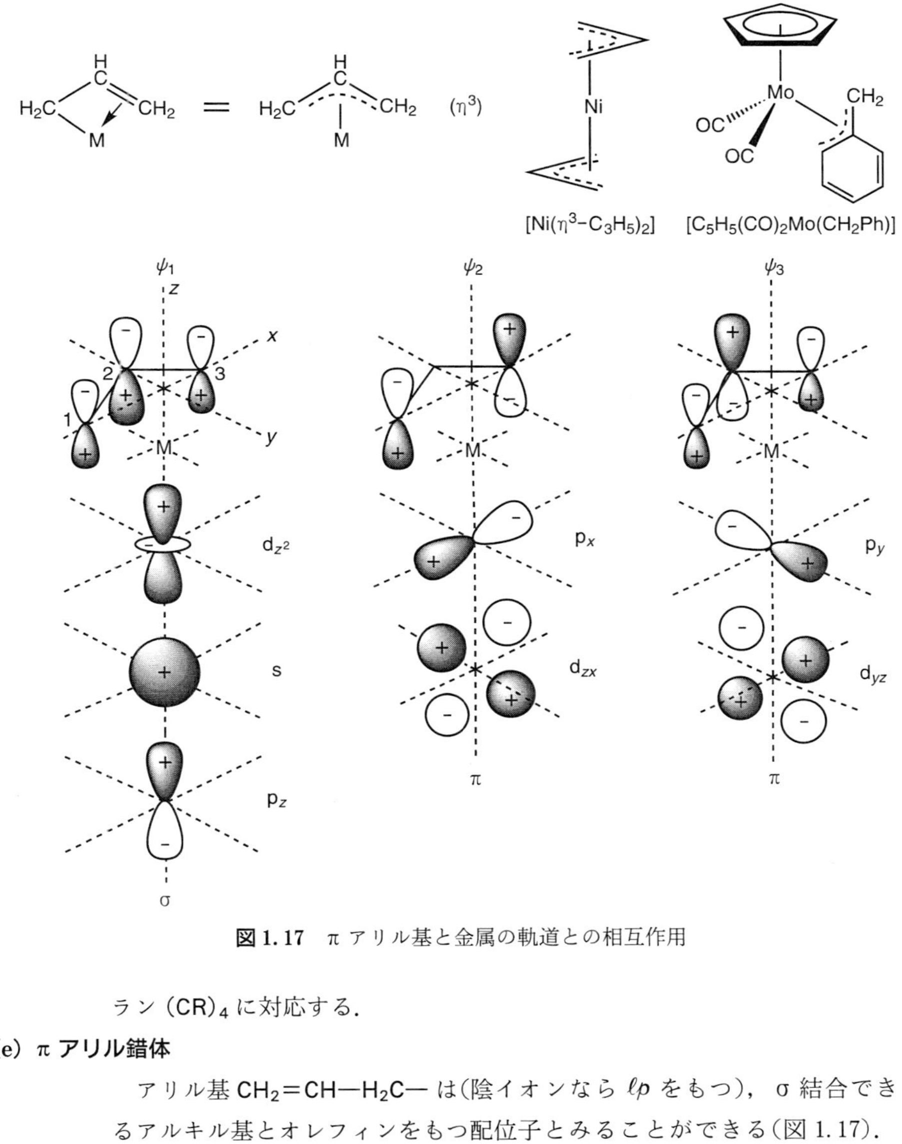

[Ni($\eta^3$-C$_3$H$_5$)$_2$]    [C$_5$H$_5$(CO)$_2$Mo(CH$_2$Ph)]

**図1.17** π アリル基と金属の軌道との相互作用

ラン (CR)$_4$ に対応する.

### (e) π アリル錯体

アリル基 CH$_2$=CH—H$_2$C— は(陰イオンなら $\ell p$ をもつ), σ 結合できるアルキル基とオレフィンをもつ配位子とみることができる(図 1.17). アルキル配位子として $\eta^1$ 配位することもあるが,両者が同時に同じ M に結合するときには($\eta^3$-π アリル(allyl)とよぶ), C$_1$—C$_2$—C$_3$ の各 C 上の p$_z$ 軌道から,結合性の $\phi_1 = (p_1 + \sqrt{2} p_2 + p_3)/2$,非結合性の $\phi_2 = (p_1 - p_3)/\sqrt{2}$,反結合性の $\phi_3 = (p_1 - \sqrt{2} p_2 + p_3)/2$ の 3 つの軌道ができ,$\phi_1$ は 2 電

26   1 金属錯体とは何か

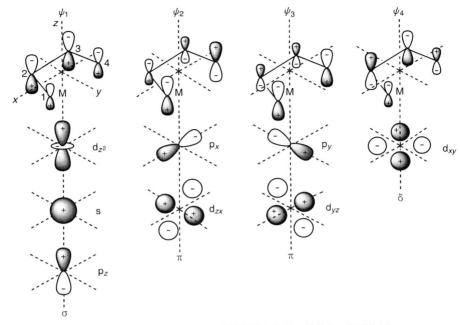

**図 1.18** シス-ブタジエンの分子軌道と金属の軌道との相互作用

子占有,$\phi_2$ は 1 電子占有となる(アリル陰イオンなら $\phi_2$ も 2 電子占有).分子面に垂直な節面をそれぞれ 0, 1, 2 個もつので(図 1.17),この順にエネルギーが高くなる.なお,以後はこれらの軌道の係数は規格化しないで定性的に符号だけで示す.

いま,M がアリル基の二等辺三角形のほぼ中心を貫く軸上に位置し,図 1.17 のように $\eta^3$ 配位すると,$\phi_1$ は M の $z^2$, s, $p_z$ 軌道と σ 型で,$\phi_2$ は $zx$, $p_x$ 軌道と π 型で,$\phi_3$ は $yz$, $p_y$ 軌道と π 型で重なることができる.ここで $\phi_2$ は両端の $C_1$ と $C_3$ の成分からなるので M は二等辺三角形の中心より少し下側に位置し,しかも $C_1$ と $C_3$ の方が M により近づく($\phi_2$ との重なりがよくなる)ように平面を少し傾ける(図 2.5 参照).こうして通常 $\phi_2$ から M への電子供与によって $C_1$ と $C_3$ の電子密度が減り,この部分で求核攻撃を受けやすくなる(前周期の M から強い逆供与があれば $\phi_3$ の中で係数が大きい $C_2$ が攻撃目標になる).[Ni($\eta^3$-$C_3H_5$)$_2$] は平面構造とみなせ,16 電子則を満たす(図 1.17).[$C_5H_5$(CO)$_2$Mo(CH$_2$Ph)] ではベンジル基が π アリル型($\eta^3$)の 3 電子供与配位子として働いている.

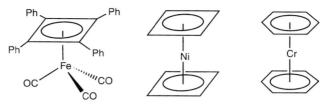

**図 1.19** シクロブタジエンとベンゼン(アレーン)の錯体

　ジエン錯体やポリエン錯体でも同様に，各 C の p 軌道からなる π 分子軌道を作り，これらと M の軌道との重なりを考えればよい．シス型のブタジエンの分子面の下に M が位置したときの軌道間の相互作用を図 1.18 に示した．M に $\eta^4$ 配位すれば，強く結合的な $\phi_1$(占有)は M の $z^2$, s, $p_z$ と σ 型で，結合性の $\phi_2$(占有)は $zx$, $p_x$ と π 型で，反結合的な $\phi_3$(非占有)は $yz$, $p_y$ と π 型で，もっとも反結合的な $\phi_4$(非占有)は $xy$ と δ 型でそれぞれ重なる(2 枚の四つ葉のクローバーどうしのような重なりによる結合を δ 結合という，3.5 節(d)項を参照)．遊離のブタジエンは $C_1=C_2-C_3=C_4$ のように表現されるが(占有軌道 $\phi_2$ の $C_2$ と $C_3$ の係数が反対符号だから)，電子密度の高い(低酸化数の)M に結合すると M から反結合性の $\phi_3$($C_2$ と $C_3$ の係数が同符号)への π 逆供与によって $C_2-C_3$ 結合が短くなる．むろん $\phi_2$ から M への電子供与によって結合性軌道 $\phi_2$ の成分が減るので $C_1-C_2$ 結合と $C_3-C_4$ 結合は長くなり(符号が同じ)，$C_2-C_3$ 結合は短くなる(符号が反対)．シクロブタジエン(そのものは不安定)やベンゼンの錯体($\eta^6$-アレーン錯体(arene complex)という)も同様に理解される(図 1.19)．

> ■**問題 1.17** [Cr($C_6H_6$)$_2$] は Cr が 2 個のベンゼン分子間に挟まれたサンドイッチ構造である．Cr の周りの総価電子数はいくらか． (答：6+2×6)

**(f) シクロペンタジエニル錯体**

　シクロペンタジエニル基 $C_5H_5$(Cp と略記する)は**メタロセン**(metallocene)[M(Cp)$_2$] やピアノ椅子型錯体 [M(Cp)$L_n$] にみられるように有機金属錯体にしばしば登場する $\eta^5$ 配位子であり，供与する電子数(あるいは配位座数)の割にサイズが小さいという特徴がある．シクロペンタジエニルの平面に位置する 5 個の $p_z$ 軌道から，もっとも結合的な $\phi_1=(p_1+p_2+$

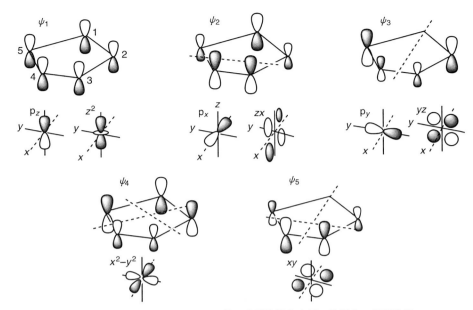

**図 1.20** シクロペンタジエニル基の分子軌道と金属の軌道との相互作用

$p_3+p_4+p_5$)(節面ゼロ),結合的で二重縮重した $\phi_2=(p_1+p_2-p_3-p_4+p_5)$ と $\phi_3=(p_2+p_3-p_4-p_5)$(いずれも節面1個),反結合的で二重縮重した $\phi_4=(p_1-p_2+p_3+p_4-p_5)$ と $\phi_5=(p_2-p_3+p_4-p_5)$(いずれも節面2個)ができる(図1.20).$\eta^5$ 配位様式で M に結合すれば,$\phi_1$,$\phi_2$ と $\phi_3$,$\phi_4$ と $\phi_5$ はそれぞれ ($z^2$, s, $p_z$ ; σ 型),($zx$, $p_x$ ; π 型)と ($yz$, $p_y$ ; π 型),($x^2-y^2$ ; δ 型)と ($xy$ ; δ 型)に重なる.

**フェロセン**(ferrocene)[Fe(Cp)$_2$] のように M の上下にシクロペンタジエニル環があれば,各シクロペンタジエニルのこれらの軌道をそれぞれ同位相と逆位相で組み合わせた群軌道ができる.たとえば $\phi_1$ どうしが同位相で組み合わされた群軌道($a_{1g}$)は $z^2$ や s 軌道と重なり($z^2$ がほぼ非結合的に,s が強く反結合性になる),逆位相の群軌道($a_{2u}$)は M の $p_z$ 軌道と重なる(図1.21).同様に $\phi_2$ どうしや $\phi_3$ どうしの同位相の組合せ($e_{1u}$)は $p_x$, $p_y$ と,逆位相($e_{1g}$)は $zx$, $yz$ と重なる.2Cp$^-$ と考えればここまでで Fe$^{2+}$ に12電子が供与されていることになる(Cp$^-$ は6電子供与となり3個の単座配位子 L$_3$ と等価,2.2節(a)項および3.5節(b)項参照).$\phi_4$ どうしと $\phi_5$ どうしの組合せからできる群軌道のうち同位相の2個($e_{2g}$)は $x^2-$

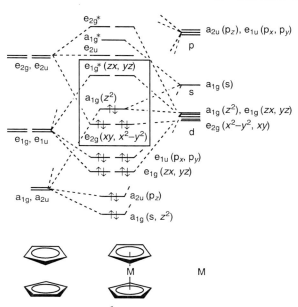

**図 1.21** $d^6[M(Cp)_2]$ 錯体の分子軌道

$y^2$ や $xy$ 軌道との δ 型の逆供与に関与するが,これらの d 軌道の安定化はわずかでほぼ非結合的である(逆位相の二重縮重の群軌道 $e_{2u}$ は非結合).こうして $z^2(a_{1g})$ と $xy, x^2-y^2(e_{2g})$ 軌道が非結合的で占有され,反結合的な $zx, yz(e_{1g}^*)$ が二重縮重した LUMO である(図 1.21).[Fe(Cp)$_2$] は空気中できわめて安定で,可逆的な 1 電子酸化や Friedel-Crafts アシル化を容易に受ける.

[M(Cp)$_2$] 型のメタロセンは,18 電子則が成立しない M が V(15 電子),Cr(16 電子),Mn(17 電子),Co(19 電子),Ni(20 電子)についても不安定であるが単離されている.シクロペンタジエニルの 5 つの H をすべて $CH_3$ に置き換えた $C_5(CH_3)_5(Cp^*)$ はシクロペンタジエニルに比べ電子供与能が高く,立体的な保護基にもなるので 14 電子の [Ti(Cp*)$_2$] も知られている(普通は [(Cp)$_2$TiX$_2$] で 16 電子の 8 配位,図 2.16 参照).

**(g) カルベン錯体とカルビン錯体**

:$CR_2$(カルベン)は C の $sp^2$ 混成に σ 供与性の $\ell p$ をもち,さらに空の $p_z$ 軌道をもつので(一重項),M の $d_\pi$ 軌道から π 逆供与を受けてカルベン錯体 $L_nM=CR_2$ を生成する(図 1.22).置換基 R がアルキル基である場

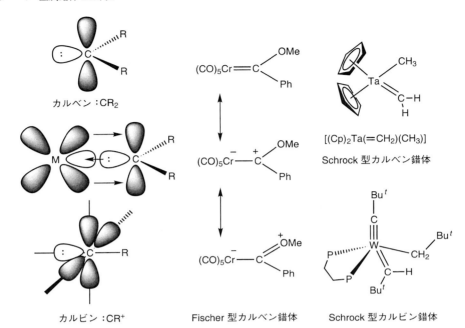

図1.22 カルベン錯体とカルビン錯体

合(Schrock型カルベン錯体/アルキリデン錯体)よりもRがπドナー性のORやNR$_2$基である例が多い(Fischer型カルベン錯体という).たとえば[(CO)$_5$Cr=C(OMe)Ph]のようにMは低酸化数であり,πアクセプター配位子をもつのでd$_\pi$軌道が低い.一方,ヘテロ原子(O, N)からCのp$_z$へのπ供与によってCとヘテロ原子間が若干二重結合性を帯びると同時にp$_z$軌道はエネルギーが高くなる.その結果,Mのd$_\pi$軌道からCのp$_z$軌道へのπ逆供与は少なく(両軌道のエネルギー差が大きいから),M—C間はむしろ単結合的である(カルベン炭素からMへのσ供与が主).共鳴構造では[(CO)$_5$Cr$^-$—C$^+$(OMe)Ph]や[(CO)$_5$Cr$^-$—C(=O$^+$Me)Ph]のように表わされ,Cはδ$^+$的に,Mはδ$^-$的になる.つまり,Fischer型ではCは電子不足(求電子的)のままである.Schrock型ではd$_\pi$軌道のエネルギーが高い前周期のMからCのp$_z$軌道へのπ逆供与のために(d$_\pi$軌道と空のp$_z$軌道とのエネルギー差が小さいから),結合はL$_n$M=CR$_2$あるいはL$_n$M$^+$—C$^-$R$_2$的なので,M—C結合周りの回転は束縛され,Cは求核性を示す.形式酸化数が高い前周期遷移金属にSchrock型の例が

多い（M—C 結合は三重項カルベンと M 間の σ/π 共有結合，または $p_z$ 軌道も占有された $CR_2^{2-}$ から $M^{2+}$ への強い σ/π 供与結合ともみなせる）．Schrock 型の例には $[(Cp)_2Ta(=CH_2)(CH_3)]$ がある（図1.22）．

カルベン錯体は触媒反応の中間体として重要であるだけでなく，近年では $L_nM=ER_2$（E は Si, Ge, Sn）型のシリレン錯体，ゲルミレン錯体，スタニレン錯体（塩基で安定化を受けたものも多い），ホスフェニウム錯体 $L_nM=P^+R_2$ やボリレン錯体 $L_nM=BR$ も研究対象になっている．

■**問題 1.18** Schrock/Fischer 型カルベン錯体の M—C 結合の性質を比較せよ．

カルビン（カルバイン）CR は :$CR^+$ とすれば $lp$ 以外に互いに直交した空の p 軌道を2個もつので（図1.22），カルベン錯体と類似の M≡CR 型の錯体（カルビン錯体/アルキリジン錯体）を生成する．CR を中性配位子として扱うと3電子供与となる．反応性からみれば M が低酸化数のときは C は求電子的で Fischer 型，高酸化数のときは C は求核的で Schrock 型とみなせる．図1.22に示した $W^{6+}$ の16電子錯体（Schrock 型）は M—C 間の単結合，二重結合，三重結合をすべてもっている．なお，金属の形式酸化数を求めるときはカルベン $R_2C$ は $R_2C^{2-}$ で（Fischer 型では実質上は中性的），カルビン RC は $RC^{3-}$ で閉殻になると考える．

## 1.3 非局在化した金属間結合——金属クラスター

いままでの錯体はほとんどが1個の M を含み，単核錯体とよばれる．2個以上の M を含む錯体を**多核錯体**（polynuclear complex）といい，とくに M—M 間で直接，あるいは L を介して相互作用することが多い．ここでは $[ML_n]$ のフラグメントからなる（M—M 間の直接結合をもつ）クラスター化合物について簡単に触れておく．

2核錯体 $[(OC)_5Mn—Mn(CO)_5]$ の各 $Mn(CO)_5$ フラグメントの Mn 周りの総価電子数は，$Mn^0$ を $d^7$ とすれば（2.1節(d)項参照），各 CO から2電子×5で合計17電子である．ここで Mn—Mn 単結合があるので隣りの Mn からの1電子を合わせ18電子則が成り立つ（図1.23）．ところが，もっと多くの $[ML_n]$ フラグメントが集まってできた金属クラスターでは M

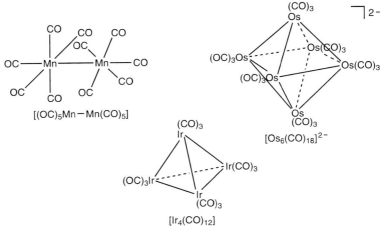

**図 1.23** 金属カルボニルクラスター

—M 結合は非局在化した結合として扱う必要がある．

たとえば 6 個の [Os(CO)$_3$] 単位が八面体の頂点に位置し，12 本の Os—Os 結合をもつ [Os$_6$(CO)$_{18}$]$^{2-}$ が知られている（図 1.23）．総価電子数は 6×8(Os)＋18×2(CO)＋2(負電荷)＝86 個である．各 Os が 18 電子則を満たすとすれば 18×6＝108 個の価電子が必要である．だからその差の半分，22/2＝11 が Os—Os 結合の数となれば各 Os は 18 電子則を満たすことになる．実際には Os—Os 結合は 12 本なので 18 電子則を満たさない．ただし，四面体構造の [Ir$_4$(CO)$_{12}$] のようにクラスターの員数が少ない場合では 18 電子則が成り立つ（図 1.23）．カルボニル以外の配位子（H, X, O など）をもつ金属クラスターも多い．周期を下がるにつれて M—M 結合は強くなるので，この種の多核金属クラスターが多く知られている（図 3.45, 図 3.46 参照）．これらの結合については 3.6 節で述べる．

■**問題 1.19** [Ru$_3$(CO)$_{12}$] は 3 つの [Ru(CO)$_4$] が三角形状に結合した錯体である（Fe 錯体では一部の CO が架橋）．各 Ru が 18 電子則を満たすことを示せ．

## 章末問題

1.1 $NH_2^-$ が σ ドナー/π ドナーとして作用することを原子価結合法によって説明せよ.

1.2 $I_2$ はオクテット則を満たすがルイス酸である（表 1.1）. なぜか.

1.3 $Al^{3+}$, $Ti^{4+}$, $Cr^{3+}$, $Fe^{3+}$ の鉱石, $Cu^{2+}$ や $Hg^{2+}$ の鉱石はどんなものであろうか.

1.4 1, 2 族金属はそれぞれ 11, 12 族金属と同じ組成の化合物を与えるが前者はイオン結合的で水に易溶性, 後者は共有結合的で水に難溶性のものが多い. なぜか.

1.5 金属イオンの定性分析では, 2 属（$Cu^{2+}$, $Cd^{2+}$, $Hg^{2+}$ など）は酸性条件下で $H_2S$ によって硫化物として沈殿させ, 4 属（$Mn^{2+}$, $Co^{2+}$, $Ni^{2+}$, $Zn^{2+}$ など）は塩基性条件下で沈殿させる. なぜか.

1.6 $[Cr(NH_3)_6]^{3+}$ 錯体はどのようにして合成するか.

1.7 $[Pt(NH_3)_6]^{4+}$ が弱酸（$pK_a=7.2$）であるのはなぜか.

1.8 四面体構造の $[Ni(CO)_4]$, $[Co(CO)_4]^-$, $[Fe(CO)_4]^{2-}$ では CO の伸縮振動 $\nu_{CO}$ はそれぞれ $2060\ cm^{-1}$, $1890\ cm^{-1}$, $1790\ cm^{-1}$ に観測される. この傾向を解釈せよ.

1.9 四面体構造の $[Ir_4(CO)_{12}]$ の各 Ir 周りの総価電子数を求めよ.

1.10 5 つの d 軌道の形を書け. また, これらは磁気量子数 $m_l$ で示される $d_{m_l}$ 軌道（$d_0, d_{\pm 1}, d_{\pm 2}$）とどのような関係にあるか.

# 2 金属錯体は形の宝庫

　H$^+$は空の1s軌道だけをもつが，同じルイス酸である遷移金属は配位子(ルイス塩基)の電子対を共有するために使える原子価軌道を9個(s, p, d)もつので，配位子との結合によって生じる金属錯体の構造や結合は多様性に富んでいる．一方，配位子は供与できる電子対をもてばよいので，有機化合物も含めこれまた多種多様なものがある．この章ではWerner型錯体と有機金属錯体に登場する代表的な配位子を，提供できる配位座数と電子数に基づいて眺めてみる．また，金属に結合した配位原子の数(これを配位数という)と金属錯体の立体構造を決める要因について定性的に理解する．さらに，多様な構造に基づく錯体らしい異性現象にも触れる．

***

**この章で学ぶこと**

**2.1　さまざまな配位子**
電子対を供与する配位子を，配位座数と供与できる電子数によって分類する．

**2.2　配位数と立体構造の多様性**
金属錯体にみられる配位数とその立体構造について学ぶ．

**2.3　異性現象**
多様な構造をもつ金属錯体にみられる種々の異性現象について学ぶ．

## 2.1　さまざまな配位子

　ルイス酸に供与できる電子対をもてば配位子として働くので，キレート配位子とよばれるものも含めて配位子には多種多様のものがある．ここでは配位子を便宜的にWerner型錯体と有機金属錯体に登場するものに分けて，それぞれを配位座数と供与電子数により分類・整理する．

■**問題 2.1** 典型的な σ ドナー，π ドナー，π アクセプター配位子の例を挙げ，それらがどの軌道を使ってそれぞれの機能を発揮しているかを述べよ．

## (a) Werner 型錯体の配位子

まず，Werner 型錯体にしばしば登場する典型的な配位子(L)とその略号を表 2.1 と図 2.1 に掲げる．1 組の $lp$（孤立電子対）をもつ L は**単座配位子**(monodentate ligand)とよばれ，$NR_3$, $PR_3$, $R_2O$, ピリジン(py)などがある．ただし $R_2O$, $OR^-$ や $NR_2^-$ は $lp$ を 2 組以上もち，架橋配位子になりうる．ここで $H_2O$, $NH_3$, CO, NO はそれぞれ**アクア**(aqua)，**アンミン**(ammine)，**カルボニル**(carbonyl)，**ニトロシル**(nitrosyl)，と特別の呼び方をする．2 つの $NH_3$ をエチレン鎖でつないだエチレンジアミン $NH_2CH_2CH_2NH_2$(1, 2-ジアミノエタン，en)やプロピレンジアミン $NH_2CH(CH_3)CH_2NH_2$(1, 2-ジアミノプロパン，pn)は両端にアミノ基があるので**2 座配位子**(bidentate ligand)という．py を 2 個つないだ 2, 2′-ビピリジン(bipy)，1, 10-フェナントロリン(phen)なども 2 座配位子であり，同じ金属 M に両方の配位原子で結合すると M を含む環ができる．このような環を**キレート環**(chelate ring)とよび，キレート環をもつ金属錯体を**金属キレート**(metal chelate)とよぶ．金属キレート（とくに 5, 6 員環）はそうでないものより一般に安定である．bipy や phen は比較的低エネルギーの $\pi^*$ 軌道をもつので，低原子価の M とは π 逆供与結合によって形式的に $M^0$ や $M^{-1}$ の錯体 $[Cr(phen)_3]$ や $[Cr(bipy)_3]^-$ などを生成する．実際には L が負電荷を帯びていると考えてもよい．$[Fe(CO)_4]^{2-}$ などでも同様である．

$X^-$, $OR^-$, $O^{2-}$, $NR_2^-(PR_2^-)$, $^-C\equiv N$, $N\equiv C-O^-$, $N\equiv C-S^-$, $^-N=N^+=N^-$, $NO_2^-$ なども 2 組以上の $lp$ をもつが，サイズ的にキレートは生成しにくいので単座もしくは架橋配位子として働く（$NO_3^-$, $NO_2^-$, $CO_3^{2-}$, $RCOO^-$ は 2 つの O でキレート配位することがある）．$NO_2^-$ や $NCS^-$ のように異なる配位原子を 2 組もつものは**両手（両座）配位子**(ambidentate ligand)とよばれ，N で結合した $NO_2^-$ はニトロ(nitro)，O で結合するとニトリト(nitrito)，N 配位の $NCS^-$ はイソチオシアナト(isothiocyanato)，S 配位はチオシアナト(thiocyanato)という．なお，

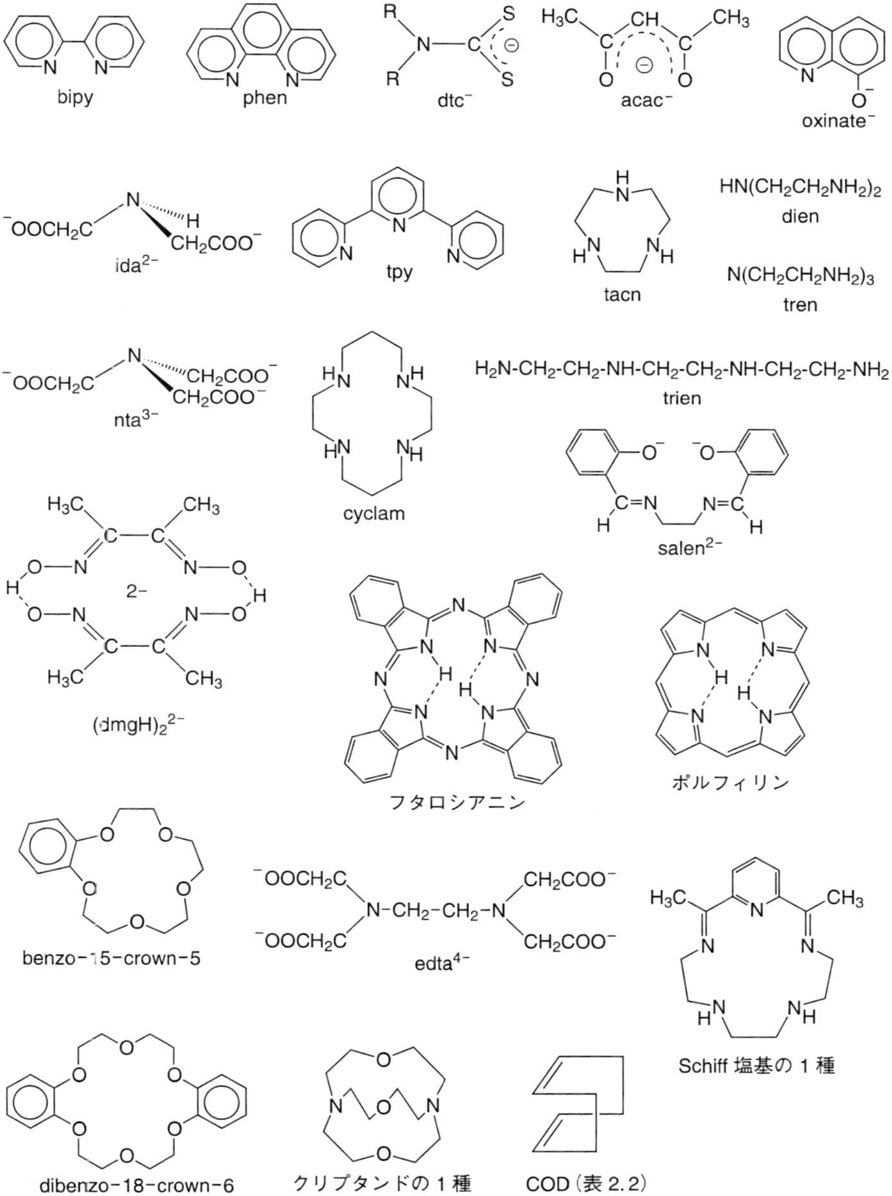
bipy
phen
$dtc^-$
$acac^-$
$oxinate^-$
$ida^{2-}$
tpy
tacn
$HN(CH_2CH_2NH_2)_2$
dien
$N(CH_2CH_2NH_2)_3$
tren
$nta^{3-}$
cyclam
$H_2N-CH_2-CH_2-NH-CH_2-CH_2-NH-CH_2-CH_2-NH_2$
trien
$salen^{2-}$
$(dmgH)_2^{2-}$
フタロシアニン
ポルフィリン
benzo-15-crown-5
$edta^{4-}$
Schiff 塩基の 1 種
dibenzo-18-crown-6
クリプタンドの 1 種
COD（表 2.2）

**図 2.1** 種々の配位子

表 2.1　配位座数による配位子の分類(Werner 型錯体の配位子)

| 配位座数 | 配位子 |
| --- | --- |
| 1 | $X^-$(ハロゲン), $CN^-$, $NCS^-$, $OH^-(OR^-)$, $H_2O(ROH, R_2O)$, $NO$, $NO_2^-$, $N_3^-$, $PR_3$(ホスフィン), $C_5H_5N$(ピリジン, py), $NH_3$(アンミン), $NR_3$(アミン), $NH_2^-(NR_2^-$, アミド), $RCOO^-$(カルボキシラト) |
| 2 | $H_2N(CH_2)_2NH_2$(1,2-ジアミノエタン, en), $H_2NCH(CH_3)CH_2NH_2$(1,2-ジアミノプロパン, pn), $H_2N(CH_2)_3NH_2$(1,3-ジアミノプロパン, tn), $CH_3COCHCOCH_3^-$(アセチルアセトナト, $acac^-$), $H_2NCH_2COO^-$(グリシナト, gly), $^-OOC-COO^-$(シュウ酸, オキサラト, ox), ジメチルグリオキシム($dmgH_2$), 2,2′-ビピリジン(bipy), 1,10-フェナントロリン(phen), $R_2NCS_2^-$(ジチオカルバミン酸イオン, $dtc^-$), $Ph_2P(CH_2)_2PPh_2$(dppe)などの P—P(diphos), As—As(diars) |
| 3 | $H_2N(CH_2)_2NH(CH_2)_2NH_2$(ジエチレントリアミン, dien), $(^-OOCCH_2)_2NH$(イミノ二酢酸イオン, $ida^{2-}$), ターピリジン(tpy), トリアザシクロノナン(tacn) |
| 4 | $H_2N(CH_2)_2NH(CH_2)_2NH(CH_2)_2NH_2$(トリエチレンテトラミン, trien), $(H_2NCH_2CH_2)_3N$(2,2′,2″-トリアミノトリエチルアミン, tren), $N(CH_2COO^-)_3$(ニトリロ三酢酸イオン, $nta^{3-}$), 1,4,8,11-tetraazacyclotetradecane(cyclam), $salen^{-2}$, フタロシアニン, ポルフィリン |
| 5 | テトラエチレンペンタミン(tetren), 2,13-dimethyl-3,6,9,12,18-pentaazabicyclo-[12.3.1]octadeca-1(18), 2,12,14,16-pentaene(Schiff 塩基の1種), benzo-15-crown-5(クラウンエーテルの1種) |
| 6 | $(^-OOCCH_2)_2N(CH_2)_2N(CH_2COO^-)_2$(エチレンジアミン四酢酸イオン, $edta^{4-}$), dibenzo-18-crown-6(クラウンエーテルの1種), 環状ヘキサエチレンヘキサアミン(hexaen) |

陰イオン配位子は語尾に -o を付けてよぶ. たとえば $Cl^-$ は chloro, $CN^-$ は cyano, $N_3^-$ は azido, $O^{2-}$ は oxo, $O_2^{2-}$ は peroxo, $O_2^-$ は superoxo とよぶ.

アミノ酸陰イオン $NH_2CH(R)COO^-$ は N と O とで配位できる 2 座配位子で, R が H のときグリシナト(glycinato, gly), R が Me のときアラニナト(alaninato, ala)で, 後者は pn と同じく光学活性である. $CH_3COCHCOCH_3^-$ や 8-キノリノール(oxine)の陰イオンも典型的な 2 座配位子であ

り，それぞれアセチルアセトナト（acetylacetonato, $acac^-$）または 2,4-ペンタンジオナト（2,4-pentanedionato）とオキシナト（oxinato）という．$acac^-$ は中央の C で $\eta^1$ 配位することもある．シュウ酸イオンも通常 2 座配位子でオキサラト（oxalato, ox）といい，ジメチルグリオキシムの 1 価陰イオン（$dmgH^-$）は，O—H—O の分子間水素結合によって平面構造の二量体となって平面 4 座配位子として働くことが多い．たとえば [Ni($dmgH$)$_2$] は平面正方形構造である．

3 座配位子にはイミノ二酢酸イオン（$ida^{2-}$），ジエチレントリアミン（dien），ターピリジン（tpy），環状トリアミンのトリアザシクロノナン（tacn），4 座配位子にはトリエチレンテトラミン（trien, 2,2,2-tet），三脚状のテトラミンである $2,2',2''$-トリアミノトリエチルアミン（tren），ニトリロ三酢酸イオン（$nta^{3-}$），環状テトラアミンのサイクラム（cyclam），サリチルアルデヒドと en とが縮合した Schiff 塩基 $salen^{2-}$，フタロシアニン，ポルフィリンなどが，5 座配位子には直鎖状のテトラエチレンペンタミン（tetren）やベンゾ-15-クラウン-5，6 座配位子にはエチレンジアミン四酢酸イオン $edta^{4-}$（ethylenediaminetetraacetato）などがある．

2 つ以上の配位座をもつ配位子を**多座配位子**（polydentate ligand）という．これらはキレート環をもった安定な錯体を生成する（**キレート効果**（chelate effect）；局所濃度効果またはエントロピー効果，章末問題 2.7 参照）．たとえば $edta^{4-}$ は M に八面体的に配位すると 5 員環キレートを 5 個もつ錯体になる（図 2.22 参照）．O 配位のクラウンエーテルや O, N 配位のクリプタンド（cryptand）は d 軌道が結合に関与しない 1, 2 族金属イオンに対しても親和性をもつ環状の多座配位子で，これらのイオンとは主として静電的な（イオン-双極子）相互作用によって錯体を生成している．だから安定度は環の空洞とイオンの相対的なサイズに大きく依存する．

■**問題 2.2** キレート配位子とはどのようなものか．例を挙げて説明せよ．
■**問題 2.3** 6 座配位子である $edta^{4-}$ が M を八面体的に取り囲んだ錯体の構造を書け（図 2.22 参照；1 対の光学対掌体が存在する）．

### (b) 有機金属錯体の配位子

有機金属錯体でよく見られる配位子をそれぞれが供与できる電子数によ

**表2.2** 供与電子数による配位子の分類（有機金属錯体の配位子）

| 供与電子数 | 配位子 |
|---|---|
| 1 | —H(ヒドリド), —R(アルキル), —Ar(アリール), —CH＝$CH_2$(ビニル), —X(ハロゲン), —COR(アシル), —OR(アルコキシルあるいはアルコキシ), —$NR_2$(アミド), —$PR_2$(ホスフィド), NO(屈曲配位ニトロシル), —M(単結合した金属) |
| 2 | $PR_3$(ホスフィン), $OR_2$(エーテル), CO(カルボニル), $H_2C$＝$CH_2$(エチレン, アルケンあるいはオレフィン類一般), ＝$CR_2$(カルベン), ＝O, ＝M, $H_2$ |
| 3 | —$CH_2$—CH＝$CH_2$(π アリル), NO(直線配位ニトロシル), ≡CR(カルビン), ≡N, ≡M, 架橋ハロゲン X, 架橋 $NR_2$, 架橋 OR(いずれも全体の電子供与数) |
| 4 | ブタジエンやシクロオクタジエン(COD)などのジエン類, HC≡CH(アセチレン, アルキン一般) |
| 5 | —$C_5H_5$(シクロペンタジエニル, Cp) |
| 6 | ベンゼン(アレーン, benzene), $C_7H_8$(シクロヘプタトリエン)などのトリエン類 |
| 7 | —$C_7H_7$(シクロヘプタトリエニル) |

って分類して表2.2に示す．これらの錯体はのちに述べる電子則に従うことが多いので，各配位子が供与する電子数は重要である．

ここで2,3注意すべきことがある．まず奇数の電子を供与する配位子では1価陰イオンとなって閉殻構造を達成したものが$lp$を供与すると考えると(その代わりMが+1の電荷をもつ)，それぞれがもう1電子余分に供与することになる．たとえばヒドリド(hydrido)を :$H^-$ と, アルキルも :$R^-$ と考え，2電子供与とする．こうして錯体全体の荷電とつじつまが合うようにMに酸化数を割り当てたのが**形式酸化数**(formal oxidation state, 2.1節(d)項参照)である．たとえば [W($CH_3$)$_6$] は6個の :$CH_3^-$ が2電子供与配位子として $W^{6+}$($d^0$) に配位した錯体，[Fe(Cp)$_2$] は6電子供与の $Cp^-$ 2個が $Fe^{2+}$($d^6$) に配位した錯体，とみなすのである．ところが，有機金属錯体では一般にM—L結合は共有結合性が強く，$W^{6+}$ を想定するのは現実的でない．逆にヒドリド錯体では [Fe(H)$_2$(CO)$_4$] や [CoH(CO)$_4$] のようにπ逆供与によってMが電子不足になるため，[CoH(CO)$_4$]→[Co(CO)$_4$]$^-$+$H^+$ などとなって，プロトン酸性を示すものもある(それぞれ酢酸と塩酸程度の酸性を示す)．本書では奇数の電子を

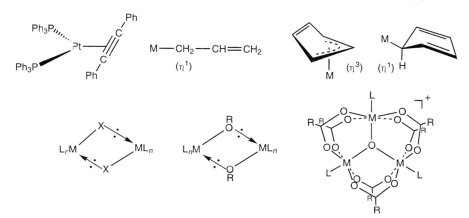

図2.2 さまざまな配位形式

供与するものを認める方式で以下議論する.

$HC\equiv CH$ は $\eta^2$ 配位すると4電子供与できるが2電子供与もありえる. たとえば三角形構造の $[(PPh_3)_2Pt(PhC\equiv CPh)]$ の総価電子数は16である. π アリル $-CH_2CH=CH_2$ は二重結合部分を使わなければアルキルと同じ1電子供与である($\eta^1$). 同様に, Cp も3電子供与($\eta^3$)や1電子供与($\eta^1$)としても機能する(図2.2). また, ハロゲン X は1電子供与としているが, M を $\mu_2$ 架橋する場合では一方の M には1電子, もう一方には2電子($lp$)を供与している(同じ M に3電子, 5電子供与も可能). 同様にアミド $-NR_2$ やホスフィド $-PR_2$, アルコキシル $-OR$ でも3電子供与になる場合がある(図2.2, 図1.5参照). 図2.2に示した3核錯体 $[M_3O(RCOO)_6L_3]^+$ ($M^{3+}$ は Cr, Mn, Fe など, L は $H_2O$ や py)では中心の $O^{2-}$ が3つの M を平面的に $\mu_3$ 架橋し, 各 $RCOO^-$ は2つの M を $\mu_2$ 架橋している.

ここで特異な配位子であるニトロシル NO について触れる. これは CO と等電子構造の $:N\equiv O:^+$ に加えて $\pi^*$ 軌道にもう1電子もち(付録の CO の分子軌道参照), N 原子で配位するとき M―N―O が直線構造と屈曲構造のものが知られている(図2.3). 普通は NO を中性と考え, それぞれ3電子, 1電子供与とする. NO を形式的に陽イオン $:N\equiv O:^+$ とみなせば, N 上の $lp$ が M に供与(2電子)されて, M―N―O は直線構造となる(この例が多い). NO を $sp^2$ 混成の N 上に2組の $lp$ をもつ陰イオン $:N^-=O:$

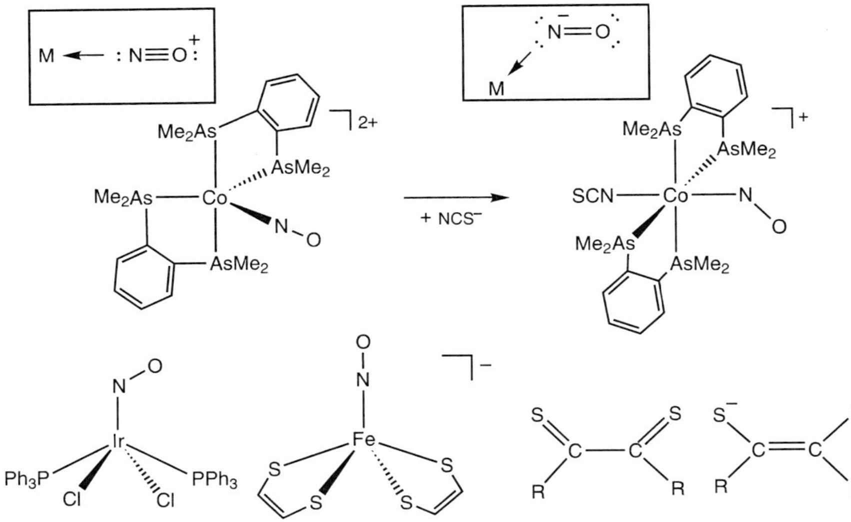


$[IrCl_2(PPh_3)_2(NO)]$　　$[Fe\{S_2C_2(CN)_2\}_2(NO)]^-$　　ジチオレン配位子　$S_2C_2R_2$

**図 2.3**　NO 錯体の配位様式とジチオレン配位子の電荷

とみなし，N 上の一方の *lp* を M に供与(2 電子)すれば M—N—O は屈曲構造となる．たとえば三角両錐構造の $[Co(As—As)_2(NO)]^{2+}$(As—As は 2 個の As 原子を配位原子としてもつ 2 座のキレート配位子で diars と一般に略称される)ではエカトリアル位置の NO は 3 電子供与で直線配位するが(総価電子数は 18)，これに $NCS^-$ が反応して生成する八面体型の *trans*-$[Co(As—As)_2(NCS)(NO)]^+$ では，NO は屈曲して 1 電子供与となって 18 電子則を満たす(図 2.3)．これを**原子価の立体化学的規制**(stereochemical control of valence)という．M の形式酸化数を決める場合には直線配位では $NO^+$，屈曲配位では $NO^-$ とする．こうすると両者は 2 電子供与となる．屈曲配位($NO^-$)の方が N—O 結合は弱いので，遊離の $NO^+$ と NO でそれぞれ 2250 $cm^{-1}$ と 1876 $cm^{-1}$ に観測される伸縮振動 $\nu_{NO}$ は屈曲配位では低波数側(1700～1550 $cm^{-1}$)に現れる．しかし直線配位($NO^+$)では CO と等電子でしかも正電荷をもつので，強く π 逆供与を受けて同じ傾向(1750～1650 $cm^{-1}$)を示すことが多い．また NO は CO と同様金属クラスターでは $\mu_2$ 架橋や $\mu_3$ 架橋することもある．

ところが四角錐構造の頂点に NO が配位した $[ML_4(NO)]$ は例外的であ

る．たとえば $[IrCl_2(PPh_3)_2(NO)]$ では頂点の NO は屈曲している(図 2.3)．屈曲の NO を中性で 1 電子供与とすれば $9(Ir)+2\times1(Cl)+2\times2(P)+1=16$ 電子となり，形式的に 16 電子則に従う．$z^2$ が占有されると NO の $lp$ と反発するからであり，屈曲の $NO^-$(2 電子)とすれば形式的に $Ir^{3+}$(低スピン $d^6$)となり $z^2$ は非占有となる．同じ四角錐構造の $[Fe\{S_2C_2(CN)_2\}_2(NO)]^-$ では NO は直線配位(3 電子供与)であり，$8(Fe)+2\times2(ジチオレン)+3(NO)+1(負電荷)$ で，やはり 16 電子となる(図 2.3)．直線配位の $NO^+$(2 電子)とすれば $Fe^{2+}$(低スピン $d^6$)となって $z^2$ は非占有になる．これを 1 電子還元するとそのままでは 17 電子($z^2$ が 1 電子占有)になるので NO は屈曲する．形式的に 15 電子となるが，屈曲の程度は少ない．屈曲するほど NO の $\pi^*$ 軌道への $\pi$ 逆供与が弱まるからである．三角両錐構造の $d^8[M(NO)L_4]$(18 電子)では $z^2$ が非占有なので NO がアピカル位にあっても屈曲しない．

**■問題 2.4** NNR も NO と同様に 3 電子(直線)と 1 電子(屈曲)供与の配位子として働くことを確認せよ($:N\equiv N^+-R$ と $\ddot{N}^-=N-R$)．

上で登場したジチオレン(ジチエン)$S_2C_2R_2$ は NO 同様酸化数が不明確な配位子である(図 2.3)．C—C を単結合とすれば C=S 結合となり全体として中性になるが($\alpha$-ジチオケトン)，C=C と考えれば $C-S^-$ となるので 2 価陰イオン(ジチオラト)となる(これが標準的)．その結果，M の形式酸化数が異なってくる．$[Ni(S_2C_2R_2)_2]$ のように $Ni^{2+}$ とし，余分の電子は配位子全体に広がっている(配位子をラジカル陰イオン)と考える方がよい場合もある．

## (c) 配位子としての金属錯体フラグメント

平面構造の $[Pt(CN)_4]^{2-}$ の上下から 2 個の $Tl^+$ が結合したような錯体 $trans$-$[Tl_2Pt(CN)_4]$ が知られている(図 2.4)．$Tl^+$ が $5d^{10}6s^2$ の電子配置であり，原子核の正電荷に強く引きつけられた s 軌道のエネルギーが低い(不活性電子対効果)ために空の p 軌道だけを結合に使うとすると，2 個の $Tl^+$ の空の $p_z$ 軌道からできる群軌道の一方($+$ $+$)に $z^2$ 軌道(電子占有)から 3 中心結合的に電子供与される(もう一方の群軌道($+$ $-$)は Pt の $p_z$ 軌道と重なるが両者は空)．つまり，この場合は $[Pt(CN)_4]^{2-}$ フラグメント

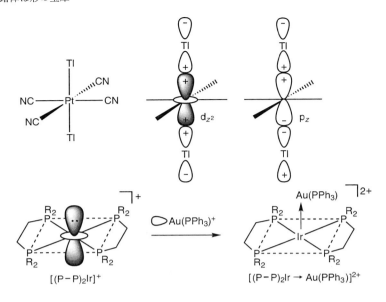

**図 2.4** 金属錯体フラグメントの配位

が塩基(配位子)として働いていることになる．フラグメント内での結合が強く，しかも負電荷をもてば反結合性の占有 $z^2$ 軌道のエネルギーが高くなるので配位子として有効に働く．平面構造の 16 電子錯体 [(P—P)$_2$Ir]$^+$ (P—P は diphos と略称される P の 2 座配位子 $R_2P(CH_2)_2PR_2$) はその $z^2$ 軌道中の電子対を [Au(PPh$_3$)]$^+$ ($CH_3^+$ と等価, 3.5 節(b)項参照) の空軌道 (Au の sp 混成軌道の一方) に供与して四角錐構造の [(P—P)$_2$Ir : → Au(PPh$_3$)]$^{2+}$ (Ir 周りは 16 電子) を生成する．この場合でも [(P—P)$_2$Ir]$^+$ が配位子 (σ ドナー) として働いている (図 2.4).

### (d) 金属の形式酸化数

錯体中の M の**形式酸化数**は配位子を閉殻電子配置にして取り除いたとき M に残る電荷である．たとえば [($\eta^3$-C$_3$H$_5$)Pd($\mu$-Cl)$_2$Pd($\eta^3$-C$_3$H$_5$)] では (図 2.5), π アリルは C$_3$H$_5^-$ で閉殻, Cl も Cl$^-$ で閉殻だから, 全体が中性であることから各 Pd は +2 の形式酸化数をもつ．[CpW(CO)$_3$]$^-$ では CO が中性で, Cp$^-$ が閉殻なので全体の負電荷と合わせて W のそれは 0 となる．カルベン R$_2$C= とカルビン RC≡ はそれぞれ R$_2$C$^{2-}$ と RC$^{3-}$ で閉殻である．なお, 遊離の遷移金属では $nd$ 軌道よりも $(n+1)$s 軌道の方がわずかにエネルギーが低いが, 錯体中では電荷や L との相互作用の

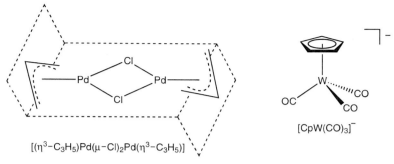

**図 2.5** 金属の形式酸化数の見積り

ために $nd < (n+1)s$ となる（電子を失い核電荷が増すと，水素様原子のように内殻の軌道から占有される）．だから<u>中性の M はその族の番号と同じ d 電子数をもち，M が正（負）電荷を帯びればその分だけ d 電子数を減ら（増や）せばよい</u>．上記の例では $Pd^{2+}$, $W^0$ はそれぞれ $d^8$, $d^6$ 配置である．

---

**問題 2.5** 有機金属錯体における金属の形式酸化数とは何か．

**問題 2.6** 有機金属錯体における金属の形式酸化数を決めるとき，次の配位子にはいくらの電荷をもたせればよいか．またそのように考えたときにはそれぞれが何電子供与となるか．
(a) Cp　　(b) NO　　(c) =CR$_2$　　(d) ≡CR　　(e) ≡N　　(f) =O

---

## 2.2 配位数と立体構造の多様性

　　金属錯体では金属 M は $(n+1)s, (n+1)p$ 軌道に加え $nd$ 軌道も原子価軌道として結合に使うので，典型元素化合物に比べ多様な構造が可能である．

### (a) 配位数

　　金属 M に直接結合した配位原子の数，あるいは M が提供する配位座の数を**配位数**(coordination number)という．$[Cr(en)_3]^{3+}$, $[Zn(NH_3)_4]^{2+}$, $[Ag(NH_3)_2]^+$ などの Werner 型錯体では簡単で，配位数はそれぞれ 6, 4, 2 である（図 2.6）．フェロセン $[Fe(\eta^5\text{-}Cp)_2]$ では 10 個の C が Fe に直接結合している．しかし Cp は 1 電子供与 1 個と 2 電子供与 2 個の配位子であるから 3 座配位子であり（$Cp^-$ とすれば 2 電子供与が 3 個），電子的に

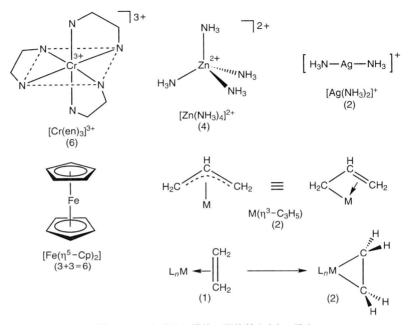

図 2.6 さまざまな錯体の配位数を( )に示す

はフェロセンの配位数は 6 とみなす．同様に $\eta^3$-$C_3H_5$ は 2 座配位子である．$H_2C=CH_2$ が π 軌道から M に σ 供与すれば単座配位であるが，π 逆供与が強いと $^-:CH_2-H_2C:^-$ が $M^{2+}$ に対して 4 電子供与の 2 座のキレート配位子として働いているとみなせる(図 2.6)．

9 個の原子価軌道をもつ遷移金属の配位数は最大 9 と考えられるが，立体的な込み合いのために L が小さいか，サイズの割に配位座数が多いキレートや Cp のとき，大きな配位数が生じる．4, 5, 6 が普通の配位数である．M のサイズは同族で比べると第 1＜第 2≦第 3 遷移金属の順であり，第 3 遷移金属では占有 4f 軌道が原子核の正電荷を十分遮蔽しないので，第 2 遷移金属よりわずかにサイズが大きいにすぎない(広義のランタノイド収縮)．もっと大きいランタノイドやアクチノイドではもう少し大きな配位数(10〜12)が可能である．18 電子則が成り立つ有機金属錯体では M の d 電子数が少ないほど配位数が当然多くなる．以下典型元素化合物とともに実例を挙げる．なぜその配位数をとるのかも簡単に触れてあるが，当面あまり気にする必要はない．結合論は第 3 章で詳しく述べる．

典型元素と遷移金属の化合物が異なる点の1つは，前者では中心原子周りの結合電子対や $lp$ の空間的配置が構造を決める主要因になるが（原子価殻電子対反発則，**VSEPR 則**（valence-shell electron pair repulsion rule）），後者では d 電子は大きな役割を果たさないことである．これは $nd$ 軌道が $(n+1)$s や $(n+1)$p 軌道よりも内側に分布をもつために，配位子との結合にさほど強く関与しない（とくに 3d）と同時に立体的要請も小さいからである．たとえば $[ICl_4]^-$ では平面に垂直な $z$ 方向に $lp$ が存在するので，これとの反発を避けるように正方形構造をとるが，同じ構造の $d^8[Ni(CN)_4]^{2-}$ では垂直方向（$z^2$）以外に $xy, yz, zx$ 軌道にも電子対が収容されている（$x^2-y^2$ のみが非占有）．だからといって全部で 8 組の電子対を収容できるように $lp$ を含めた 8 配位構造（たとえば 8 頂点のうち 4 頂点が $lp$ で占められた正方逆プリズム構造）をとるわけではない．つまり球対称の $d^0$，高スピン $d^5$，$d^{10}$ の配置をもつ金属錯体では d 電子の寄与を無視できるので VSEPR 則は成り立つが，これ以外の配置の金属錯体には VSEPR 則は一般に適用できない．

▰**問題 2.7** 遷移金属が d 軌道も配位子との結合に使うとすれば最大いくつの配位数が可能か．実はそのように大きい配位数をとることは少ない．なぜか．

## (b) 配位数 2 と 3 の錯体

配位数 2 の直線構造の錯体はほとんど $Cu^+$，$Ag^+$，$Au^+$ のような後周期の $d^{10}$ 配置の M（$M(d^{10})$ と記す）に限られる（14 電子則）．たとえば $[H_3N-Cu-NH_3]^+$，$[NC-Ag-CN]^-$，$[R_3P-Au-C\equiv CPh]$ などがある．$Hg^{2+}(d^{10})$ では $[HgX_4]^{2-}$ のような四面体錯体もあるが，$[Hg(CN)_2]$ や $[HgMe_2]$ のような直線構造の錯体を生成する傾向が強い（たとえば HgO は直線 2 配位ジグザグ構造）．これらの後周期（重）金属では d 軌道と s 軌道のエネルギー差が小さいので直線構造をとれば s 軌道が $z^2$ 軌道に強く混入するからである（3.1 節で述べる原子価結合法では s($d_{z^2}$)$p_z$ 混成と考える．ここで（ ）内の軌道は直前のものと置き換えられることを示す）．$p_z$ 軌道は変換性から $z^2$ には混入しないが L との結合には関与する．分子軌道的には，2 つの配位子の σ 軌道の（＋ ＋）の組合せ（群軌道）が $z^2$ や s と，（＋ －）の組合せが $p_z$ と，重なるのである．$Ag^+$ よりもサイズが小さ

い $Zn^{2+}(d^{10})$ では，3d-4s 軌道間のエネルギー差が大きいので，四面体の $[Zn(NH_3)_4]^{2+}$ や八面体型の $[Zn(en)_3]^{2+}$ のように結合(配位)数の多い構造($sp^3(d^3)$ 混成や $sp^3d^2$ 混成)になって安定性を稼ぐ(ZnO は 4 配位)．$Cu^+(d^{10})$ は四面体錯体を生成することも多いが，サイズが大きい重金属の $Ag^+$，$Au^+$ は直線構造の錯体を生成する傾向が強い($Cu_2O$，$Ag_2O$ も 2 配位)．配位子がかさ高いために $d^{10}$ 以外の M が直線配位をよぎなくされる場合もある．

**問題 2.8** $Zn^{2+}$ と $Ag^+$ は $d^{10}$ の電子配置をもつが，サイズの大きい $Ag^+$ の方が配位数の少ないアンミン錯体を生成するのはなぜか．

直線構造の典型元素化合物には総価電子数が 4 の $BeH_2$(気体)以外に，中心原子周りが 10 電子である $XeF_2$ や $ICl_2^-$($I_3^-$)などの超原子価化合物(中心原子のまわりの総価電子数が 8 を越える典型元素化合物の総称で，その結合は多中心結合で説明される)がある．VSEPR 則では三角両錐構造において三角平面の 3 頂点を 3 組の $lp$ が占め，軸($z$)方向に 2 個の X があると考える(図 2.7，実際には非結合性の $p_x$ 軌道と $p_y$ 軌道と 1 つの反結合性軌道に電子対がある)．この 2 本の結合は $p_z$ 軌道による 3 中心 4 電子結合である($I_2$ 中の I–I 結合は 267 pm，$I_3^-$ 中では 291 pm)．2 配位で 6 電子の $SiH_2$(気体の $SnCl_2$)は不安定だが屈曲構造($lp$ を置換基とみな

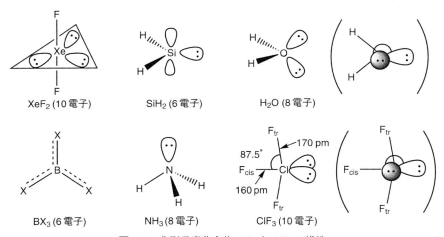

図 2.7　典型元素化合物 $AX_2$ と $AX_3$ の構造

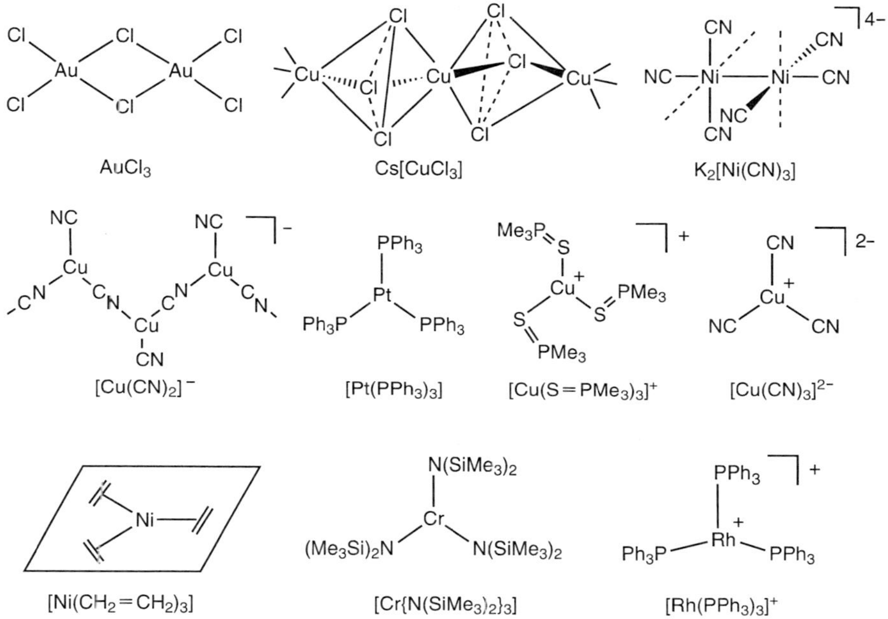

**図 2.8** 3配位に関連した錯体の構造

せば平面三角形構造)であり，8電子の場合は $H_2O$ のように屈曲してオクテット則を満たす($lp$ 2組，図 2.7)．気体の $BeCl_2$(4電子)では Cl—Be—Cl の σ 結合以外に，Cl の占有 p 軌道から Be の p 軌道(空)へ π 供与が起こり，Be はオクテット則を満たす(直線構造 $^+Cl=Be^{2-}=Cl^+$ または $^+Cl=Be^{2-}(\mu\text{-}Cl^+)_2Be^{2-}=Cl^+$).

配位数 3 の錯体は比較的まれである(図 2.8)．$AuCl_3$ は $[Cl_2Au(\mu\text{-}Cl)_2AuCl_2]$ の二量体で，Au 周りは平面 4 配位(2個の Cl 架橋)である．$K[CuCl_3]$ は類似の $[Cl_2Cu(\mu\text{-}Cl)_2CuCl_2]$ 単位がずれて積み重なった構造で，$Cu^{2+}$ は上下の Cl とも結合した (4+2) 配位である．ところが対イオンが変わった $Cs[\overset{\circ}{C}uCl_3]$ は歪んだ八面体の $[CuCl_6]$ が三角面を共有した構造である．一方，$Cs[AuCl_3]$ は実は $Cs_2[Au^+Cl_2][Au^{3+}Cl_4]$ であり，直線 2 配位と平面正方形 4 配位の錯体からなる．$K_2[Ni(CN)_3]$ は二量体 $[Ni_2(CN)_6]^{4-}$ からなり，各 $Ni^+$ は 3 つの $CN^-$ と隣りの $Ni^+$ によって平面的に取り囲まれ，各 $Ni^+$ 周りは 16 電子となる(平面がお互いに直交)．$[Cu(CN)_2]^-$ は $CN^-$ が架橋した 3 配位平面三角形の鎖状構造である(ただ

し [CuCl$_2$]$^-$ は直線構造).

d$^{10}$[Pt(PPh$_3$)$_3$], d$^{10}$[Cu(S=PMe$_3$)$_3$]$^+$, d$^{10}$[Cu(CN)$_3$]$^{2-}$ は独立した**平面正三角形構造**(triangular)で,(s(d$_{z^2}$)p$^2$(d$_{xy}$d$_{x^2-y^2}$)混成),16 電子則を満たす.d$^{10}$[Ni(H$_2$C=CH$_2$)$_3$](16 電子)や [Cr{N(SiMe$_3$)$_2$}$_3$] も平面三角形構造(図 2.8)である.後者では NR$_2$ を 1 電子供与とすれば 6(Cr)+3×1=9,3 電子供与とすれば 6(Cr)+3×3=15 で 16 電子則を満たさない.Fe(d$^8$)でも同様の錯体(11 または 17 電子)があり,これらはかさ高い SiMe$_3$ 基の立体反発のせいで 3 配位構造になっている.典型元素化合物では 6 電子の BX$_3$ がこの構造で,X の占有 p$_z$ 軌道から B の空の p$_z$ 軌道への π 供与($^+$X=B$^-$X$_2$)によりオクテット則を満たす(図 1.4,図 2.7).

平面正方形構造の d$^8$ML$_4$(16 電子)から :L が抜けて生じた d$^8$ML$_3$(14 電子)は **T 字構造**(T-shaped)であるが 16 電子則を満たさないので不安定であり,反応中間体としての意味がある.しかし,このまま正三角形や頂点を M が占める三角ピラミッド構造になっても電子則を満たさず,もっと不安定になる!(T 字→Y 字構造への変化は可能) 立体的に混み合った d$^8$[Rh(PPh$_3$)$_3$]$^+$ が Y 字に少し変形したこの構造をもつ(図 2.8).

上記の 6 電子の BX$_3$ に 2 電子加わった 8 電子の NX$_3$(NH$_3$)は三角ピラミッド(四面体構造において 1 個の頂点を $lp$ が占める)構造でオクテット則が満たされる(図 2.7).T 字構造の典型元素化合物には ClF$_3$ や BrF$_3$(10 電子)があるが(図 2.7),互いにトランス位にある 2 つの F$_{tr}$ はそのシス位にある F$_{cis}$ の方に傾いている.VSEPR 則では 5 配位三角両錐構造において三角平面の 2 頂点が $lp$ に置き換わった T 字構造とみなされ(実は 1 組の $lp$ は F$_{cis}$ のトランス側にあり,もう 1 組は T 字平面に垂直な非結合性の p 軌道にある),これらの $lp$ と結合電子対との反発を避けるように T 字構造から変形していると考える.F$_{tr}$—Cl—F$_{tr}$ 結合が 3 中心結合であり,この結合は Cl—F$_{cis}$ 結合より長い.

**問題 2.9** 平面 3 配位の例として挙げた [Pt(PPh$_3$)$_3$] と [Cu(S=PMe$_3$)$_3$]$^+$ の金属周りの総価電子数が 16 であることを確かめよ.

**(c) 配位数 4 の錯体**

4 配位の錯体は多い.大別すると**四面体**(tetrahedral,T$_d$)構造と**平面**

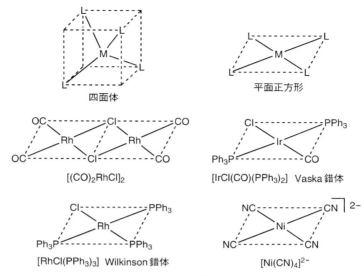

図 2.9　4 配位錯体

正方形(square-planar，SPL)構造がある(図 2.9)．四面体構造には [Cu(CN)$_4$]$^{3-}$，[Zn(NH$_3$)$_4$]$^{2+}$，[Ni(CO)$_4$]，[FeCl$_4$]$^-$，[CoCl$_4$]$^{2-}$，[MnO$_4$]$^-$ などがある．前三者では M が d$^{10}$ 配置であり，p 軌道(t$_2$)が d(t$_2$)軌道($xy$, $yz$, $zx$)に混入し(sp$^3$(d$^3$) 混成)，d(t$_2$)軌道のエネルギーが下がって 18 電子則を満たす．ただし d 軌道と s 軌道のエネルギー差が小さい d$^{10}$ の重金属では，直線構造(14 電子)や三角形構造(16 電子)になる傾向を示す．

d$^0$ や d$^{10}$(または d 軌道が半閉殻の高スピン d$^5$)のような球対称の電子配置をもつ場合には VSEPR 則に一致して四面体構造をとることが多い([TiCl$_4$]，[FeCl$_4$]$^-$，[ZnCl$_4$]$^{2-}$ など)．d$^{10}$ 配置では d 軌道に関する限りどの構造をとっても安定性に大差ない．たとえば，四面体構造の [Pt(PPh$_3$)$_4$](18 電子)は溶液中で PPh$_3$ を解離して正三角形 [Pt(PPh$_3$)$_3$](16 電子)や直線 [Pt(PPh$_3$)$_2$](14 電子)と平衡状態にあり，それぞれの構造は VSEPR 則に一致する．このような場合では M のサイズ，配位子間の反発，s 軌道や p 軌道の混入などが構造を決める要因になる．たとえば Cd$^{2+}$(d$^{10}$)では配位子次第で 2，4～7 の配位数をとる．d$^6$[FeCl$_4$]$^{2-}$，d$^7$[CoCl$_4$]$^{2-}$ や d$^8$[NiCl$_4$]$^{2-}$ では結合が比較的弱いので，Cl$^-$ 間の静電反発が小さい四面体構造をとると考えられる(3.4 節(f)項参照)．なお，Ni$^{2+}$

($d^8$)は配位子間の(静電)反発が小さければ結晶場安定化(3.2節(b)項参照)を稼げる八面体構造をとる傾向が一般に強いが，結合力の強い $CN^-$ などとは平面4配位錯体を生成する(3.3節(d)項，3.4節(f)項参照).

$[MnO_4]^-$ では酸化数の高い $Mn^{7+}$ ($d^0$)を4個の $O^{2-}$ が四面体的に取り囲んでいて，$O^{2-}$ の占有p軌道から $Mn^{7+}$ の空軌道に強い π 供与が起こっている(四面体構造ではd軌道はすべて π 結合に関与でき(3.4節(c)項参照)，形式的には $[^-O-Mn(=O)_3]$ ).$[VO_4]^{3-}$，$[CrO_4]^{2-}$，$[MoO_4]^{2-}$，$[WO_4]^{2-}$ などの酸素酸イオンも同様である($d^0$ 以外の $[MO_4]^{n-}$ 型錯体も多い).負電荷が高いとOの高い求核性のために，典型元素の酸素酸イオン $SiO_4^{4-}$，$PO_4^{3-}$，$SO_4^{2-}$ などが縮合して多量体を生成するのと同じように，酸性条件下で $[V_2O_7]^{4-}$，$[V_3O_9]^{3-}$，$[V_{10}O_{28}]^{6-}$，$[Cr_2O_7]^{2-}$，$[Mo_6O_{19}]^{2-}$，$[Mo_7O_{24}]^{6-}$，$[Mo_8O_{26}]^{4-}$ のような頂点を共有したイソポリ酸イオンを生成する傾向を示す(配位数が増加して結果的に八面体の $[MO_6]$ が縮合単位となった構造もある).2種以上の酸素酸イオンが縮合したものはヘテロポリ酸イオンとよばれ，$[XO_4M_{12}O_{36}]^{3-}$(XはP, Asなど，MはMo, Wなど)は代表的なKeggin構造($MO_6$ 単位からなる多面体の中心に四面体構造の $XO_4$ が位置する構造)をもつ.

平面4配位構造の $ML_4$ 錯体($s(d_{z^2})p^2d_{x^2-y^2}$ 混成)は，Mが低スピン $d^8$ のときが圧倒的に多い(16電子).2.1節(d)項ですでに登場した $[(\eta^3-C_3H_5)Pd(\mu-Cl)_2Pd(\eta^3-C_3H_5)]$ は平面4配位の $Pd^{2+}$ ($d^8$)の2核錯体である(図2.5).$[(CO)_2RhCl]_2$(2つのClで架橋された二量体)，**Vaska錯体** $[IrCl(CO)(PPh_3)_2]$ や **Wilkinson錯体** $[RhCl(PPh_3)_3]$ や $[PtCl_4]^{2-}$ も16電子の平面4配位構造である(図2.9).平面4配位構造が低スピン $d^8$ 配置のままで四面体構造に変化することは，エネルギー的にも軌道対称性的にも不可能である(電子的励起状態では可能).

$d^8$ 配置の $Ni^{2+}$ は配位子との結合が弱い場合には八面体構造や，ときには四面体構造もとる.2個の不対電子をもつ $[Ni(NH_3)_6]^{2+}$ と $[NiCl_4]^{2-}$ がその例である.ところが結合力が強い $CN^-$ とは平面4配位構造の $[Ni(CN)_4]^{2-}$ (不対電子なし)を生成する.同じ $d^8$ 配置の第2と第3遷移金属イオン $Pd^{2+}$，$Pt^{2+}$，$Au^{3+}$ ではもっと結合が強くサイズも大きいので，配位子が $Cl^-$ であっても平面4配位構造の $[MCl_4]^{n-}$ 錯体を生成する.これらの金属ではd軌道が広がっているのでスピン対形成(3.2節(b)項参

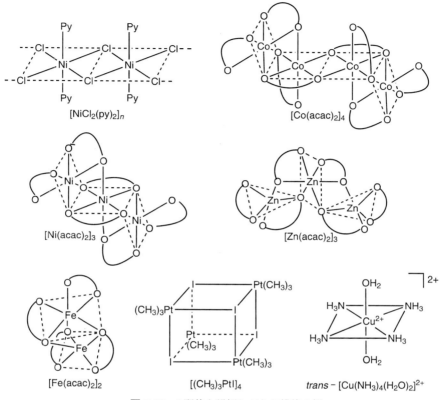

**図 2.10** 4 配位と誤解しがちな錯体の例

照)による不安定化が軽減されることも平面 4 配位構造を有利にする(3.3 節(d)項,3.4 節(f)項参照).

最後に錯体の組成式からだけでは配位数を推定できない例をもう少し挙げる.[$CoCl_2(py)_2$] は四面体構造であるが,[$NiCl_2(py)_2$]$_n$ は Cl 架橋をもち $Ni^{2+}$ 周りが八面体構造の多量体である(図 2.10).$Ni^{2+}$ は結合が弱く,配位子間反発が小さいときには八面体構造をとる傾向が強いのである.[$Cu(acac)_2$] は単量体で平面 4 配位(固体状態では上下の O も加えて 4+2 配位)だが,[$Co(acac)_2$]$_4$ と [$Ni(acac)_2$]$_3$ は M を O で架橋した acac を含む 4 核錯体と 3 核錯体で,各 M は八面体型 6 配位である(図 2.10).さらに [$Zn(acac)_2$]$_3$ は 6 配位と 5 配位の $Zn^{2+}$ をもつ 3 核錯体,[$Fe(acac)_2$]$_2$ は 6 配位と 5 配位の $Fe^{2+}$ をもつ 2 核錯体である.また [$(CH_3)_3$

PtI]の組成をもつ錯体は,中心金属が$Pt^{4+}$($d^6$)なので四量体のcubane(立方体)構造[$(CH_3)_3PtI$]$_4$をもち,各$I^-$は3つの[$Pt(CH_3)_3$]ユニットに2電子ずつ供与している(各Pt周りは八面体型で18電子,図2.10).

$d^9$[$Cu(NH_3)_4$]$^{2+}$は平面正方形構造である(図2.10).結晶中や水溶液中では平面の上下から対イオンや水分子が$Cu^{2+}$に弱く配位していて上下にのびた八面体型錯体とみなせる(水溶液中では*trans*-[$Cu(NH_3)_4(H_2O)_2$]$^{2+}$として存在).これは3.2節(c)項で述べるJahn-Teller効果のせいである.

四面体構造の典型元素化合物には$CH_4$,$BF_4^-$,$SiCl_4$,$ClO_4^-$,$SO_4^{2-}$など多数あり,オクテット則を基礎にして結合は解釈される.平面正方形構造をもつものには$XeF_4$や[$ICl_4$]$^-$(12電子)などがある(図2.11).これらの4本の結合は2個の3中心結合で説明される.VSEPR則では2組の$lp$が正方形の上下に位置すると考えるが,実際には1組の$lp$が平面に垂直な非結合性$p_z$軌道に収容され,1つの反結合性軌道と,置換基のみからなる非結合性軌道にそれぞれ2電子が収容されている(あと2組は反結合性軌道と置換基の軌道からなる非結合性軌道にある).なお,10電子の$PF_4^-$,$SF_4$,$BrF_4^+$も4配位であるが,三角両錐構造の三角平面の1頂点が$lp$で占められたバタフライ構造をもつ(図2.11).VSEPR則ではその$lp$との反発を避けるように軸方向の2個の$F_{ap}$が面内の$F_{eq}$側に傾き,$F_{eq}$—S—$F_{eq}$角も狭くなると解釈する.$F_{ap}$—S—$F_{ap}$結合が3中心結合にな

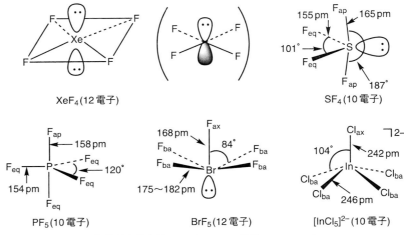

図2.11 典型元素化合物$AX_4$と$AX_5$の構造.ax:アキシャル,ba:ベイサル,ap:アピカル,eq:エカトリアル.

るので S—F$_{eq}$ 結合より長く，σ 供与性の強い置換基はエクアトリアル（面内）に位置する．

■**問題 2.10** 配位数が 4 の錯体にみられる典型的な構造を 2 種図示せよ．

**(d) 配位数 5 の錯体**

18 電子則からいえば 5 配位の ML$_5$ は M が d$^8$ 配置のとき生成するはずである．5 配位の構造には**三角両錐**（trigonal-bipyramidal，TBP）と**四角錐**または**正方錐**（square-pyramidal，SPY）の 2 つの極限構造がある（図 2.12）．それぞれは sp$^3$d$_{z^2}$/sp$_z$d$^3$ と s(p$_z$)p$^2$d$_{z^2}$d$_{x^2-y^2}$/s(p$_z$)d$^4$ 混成である．実際にはこのような理想的な構造よりも，四角錐構造では四角錐の底面から中心金属が浮かび上がった構造がむしろ普通である．典型元素化合物では 10 電子のときが三角両錐構造であり（PF$_5$ や [SnCl$_5$]$^-$），12 電子（BrF$_5$ や [SbF$_5$]$^{2-}$）では四角錐構造をもち，中心原子は底面より下に位置している（底面の外側に位置している $lp$ との反発を避けている，図 2.11）．さらに，ベイサルの置換基からなる非結合性軌道に 2 電子収容されている．ただし，10 電子あるいは d$^{10}$ で例外的に四角錐構造をもつ [InCl$_5$]$^{2-}$ や [SbPh$_5$] では M は底面から浮いている（$lp$ がないからと考えればよい）．

d$^8$[Ni(CN)$_5$]$^{3-}$ では四角錐構造と少し歪んだ三角両錐構造の両方が知

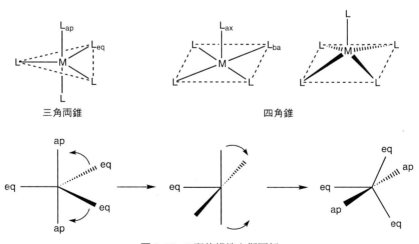

**図 2.12** 5 配位構造と擬回転

られている.前者では底面(ベイサル)の $L_{ba}$ との結合(185 pm)の方が軸上(アキシャル)の $L_{ax}$ との結合(217 pm)より短い.$d^7$ 四角錐構造の $[Co(CN)_5]^{3-}$ でも M—$L_{ba}$ 結合が短い(190 pm と 201 pm).一方,歪んだ三角両錐構造の $d^8[Ni(CN)_5]^{3-}$ では $z$ 軸上のアピカル結合(M—$L_{ap}$)の方が三角面内のエクトリアル結合(M—$L_{eq}$)より短い(184 pm と平均 194 pm).三角両錐構造 $d^8[Co(CNCH_3)_5]^+$ でもアピカル結合が短い(184 pm と 188 pm).四角錐構造の典型元素化合物 $BrF_5$(12 電子)や $[InCl_5]^{2-}$(10 電子)ではアキシャル結合が短く,三角両錐構造の $PF_5$(10 電子)ではエクトリアル結合が短いのとは対照的である(図 2.11).典型元素化合物では反結合性軌道がたいてい非占有なので,各結合 1 本当たりに使われる p 軌道の数が多いほど結合は強く(短く)なる(球対称の s 軌道では結合力に差が出ない).ところが d 軌道が部分的に占有された金属錯体では反結合性の d 軌道がどのように占有されるかが M—L の結合力を決める要因になることが多い.これらについては 3.4 節 (g),(h) 項で詳しく議論する.

　配位子の立体的込み合いからみれば三角両錐構造の方が安定であろうが,固体の $[Ni(CN)_5]^{3-}$ では両方の構造が知られているように,$d^8$ 配置では両者のエネルギーは接近している.たとえば $[Fe(CO)_5]$ は固体状態では三角両錐構造であり,軸方向と面内の CO は区別され,アピカル結合が少し短い(181 pm と 183 pm).ところが溶液中ではその $^{13}$C-NMR は等価に観測される.これは三角両錐構造と四角錐構造の間で相互変換が起こり,アピカルとエクトリアルの立場がすばやく入れ替わる(Berry の**擬回転**(pseudorotation)という)からである(図 2.12,ここで $L_{eq}$ と $L_{ap}$ の移動は同時に起こり,途中段階では M が底面から浮いた四角錐構造を経る).このようにエネルギー的に接近した(あるいは等価な)複数の構造の間で相互変換する性質のことを**揺動的**(フラクショナル(fluxional))という(2.3 節 (c) 項参照).10 電子の $PF_5$(三角両錐構造)や 10 電子の $SF_4$($lp$ を L とみなすと三角両錐構造)でも四角錐構造(後者ではアキシャル位が $lp$ で占められた四角錐構造)とのエネルギー差が小さいので,上記の擬回転を起こす.しかし,12 電子の $BrF_5$(四角錐構造)では三角両錐構造とのエネルギー差が大きいので四角錐→三角両錐の変化は起こらない($[InCl_5]^{2-}$ や $[SbPh_5]$ のように 10 電子の四角錐構造はあるが 12 電子の三角両錐構造はない).

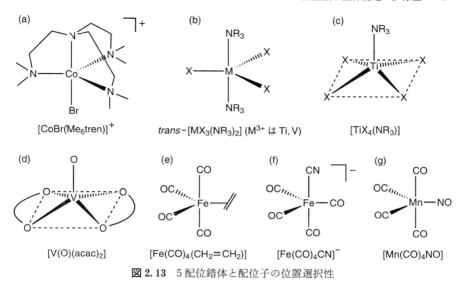

**図 2.13** 5 配位錯体と配位子の位置選択性

各 N が Me 基を 2 個もつ三脚状テトラアミン Me$_6$tren を配位子とする三角両錐構造の d$^7$ 錯体 [CoBr(Me$_6$tren)]$^+$ が知られている（図 2.13(a)）．この場合では構造が配位子の立体的規制を強く受けていて，この配位子を使うと平面 4 配位を好む d$^8$Pd$^{2+}$ ですら三角両錐構造をとる．

---

■**問題 2.11** 配位数が 5 の錯体にみられる典型的な構造を 2 種図示せよ．
■**問題 2.12** 5 配位構造における擬回転とは何か．

---

三角両錐構造では σ 結合に関して非結合的な（ただし π 結合できる）d 軌道が 2 個（$yz, zx$）ある（表 3.9，図 3.20(b) 参照）．だからこれらだけが占有される d$^0$～d$^2$ 配置の M はこの構造をとりやすい（不安定な σ 反結合性の d 軌道を占めることによる被害を受けないから）．Ti$^{3+}$(d$^1$) や V$^{3+}$(d$^2$) の錯体にそのような例が知られている（図 2.13(b)）．四角錐構造ではそのような d 軌道が 3 つ（$xy, yz, zx$）あり（表 3.9，図 3.20(a) 参照），上と同じ理由で d$^0$～d$^3$ の錯体に四角錐構造が期待される（図 2.13(c), (d)）．ただしこれらの錯体では L（π ドナー）との π 結合の寄与が相当ある．たとえば [TiX$_4$(NR$_3$)] では Ti$^{4+}$(d$^0$) とし，各 X$^-$ が σ/π ドナーとして 4 電子供与すれば 18 電子則を満たす．L が π アクセプターである場合では，低ス

ピンであればもっとd電子が多くても π 逆供与結合によって安定化できる($d^7$ 四角錐構造 $[Co(CN)_5]^{3-}$ や $d^8$ 四角錐構造 $[Ni(CN)_5]^{3-}$, $d^8$ 三角両錐構造の図2.13(e)〜(g)がその例).

この5配位錯体ではアピカル(アキシャル)とエカトリアル(ベイサル)とは立場が異なるので配位子の**位置選択性**(site preference)という面白い現象が見られる(図2.13(e)〜(g)). たとえば, 三角両錐構造の $d^8[Fe(CO)_4(CH_2=CH_2)]$ ではエチレンはエカトリアル位にあり, その C—C 軸は三角平面に平行に配向している(d電子数が少ないと垂直になる). また, 三角両錐構造の $[Fe(CO)_4CN]^-$ や $[Mn(CO)_4NO]$ では σ ドナー性の $CN^-$ はアピカル位を, π アクセプター性の NO はエカトリアル位を占め, $d^8$ の四角錐構造の錯体では σ/π ドナー性の高い L はベイサル位を占める(d電子が少ないと逆になる). このような位置選択性も3.4節(g), (h)項で解析する.

**(e) 配位数6の錯体**

**八面体構造**(octahedral, $O_h$)は配位数6の典型的な構造で, 例は非常に多い(図2.14). 18電子則からは M が $d^6$ 配置(低スピン)の錯体がこの

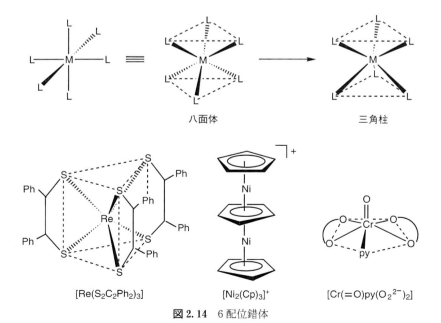

図2.14 6配位錯体

構造をとる($sp^3d^2$混成)．エネルギーの低い $\sigma$ 非結合性の $t_{2g}(xy, yz, zx)$ 軌道(図3.2，図3.11，図3.18参照)のみが占有されるからである．有機金属錯体では $fac\text{-}[Cr(CO)_3(PMe_3)_3]$, $fac\text{-}[W(Cp)(CO)_3]^-$, $[Fe(Cp)_2]$ などがいずれも18電子則を満たす八面体型の $d^6ML_6$ 錯体である．なぜ3つのCOが八面体の三角面に位置する($fac$ 異性体というが，これについては2.3節(a)項参照)のかなどは3.4節(h)項で議論する．$d^3$ 配置(たとえば $Cr^{3+}$)でもこの構造が現れやすいが($xy, yz, zx$ 軌道が1電子ずつで占められる)，Lとの結合が弱ければ電子配置にあまり関係なく，Mのサイズが十分であればこの構造になることが多い(例 $[M(H_2O)_6]^{n+}$ や $[M(phen)_3]^{n+}$)．ただし，独立した $[MX_6]^{n-}$ 型の錯体はMの電荷が6つの $X^-$ を保てるほど高くなければX間の(静電)反発のために生成しにくい(固体の $MX_2$ などではMの電荷が低くても電荷の中和が十分起こるので6配位も可能である)．このような場合には反発が少ない四面体構造の $[MX_4]^{n-}$(あるいは $[MO_4]^{n-}$)を生成することが多い(3.4節(f)項参照)．

典型元素化合物では $SF_6$, $PCl_6^-$, $SbCl_6^-$ のような12電子の超原子価化合物がこの構造をもち，結合は3本の3中心結合で説明される(実際には置換基のみからなる2個の非結合性軌道に4電子収容されるので結合次数は4)．なお，14電子の $XeF_6$, $SbCl_6^{3-}$, $TeCl_6^{2-}$ などでは形式的に結合電子対(6組)と $lp$(1組)が合計7組あることになるので，VSEPR則では $lp$ も含めて五角両錐構造を予想するが(実際，14電子の $[Sb(ox)_3]^{3-}$ は一方のアピカル位を $lp$ が占めた五角両錐構造)，実は揺動的な挙動をする(あるいは歪んだ)八面体構造をもつ(追加された2電子は反結合性軌道に収容されるので結合次数は3)．このような現象は下の周期の重原子にみられる．この場合の $lp$ は，不活性電子対であり，s軌道に収容されていて結合には関与せず，立体的な効果をもたないと考える(不活性電子対効果)．

もう1つの6配位構造には**三角柱**(trigonal prismatic，三角プリズム，$s(d_{z^2})p_zd^4$ 混成)があり(八面体構造で1つの三角面を $C_3$ 軸周りで60°回転すると三角柱になる，図2.14)，例にはジチオラトのトリス錯体 $[Re(S_2C_2Ph_2)_3]$, $[Nb(S_2C_2Ph_2)_3]^-$ や $[Mo(S_2C_2Ph_2)_3]$ がある．配位子を $-2$ 価イオンとすれば，それぞれ $d^1Re^{6+}$, $d^0Nb^{5+}$ と $d^0Mo^{6+}$ の $ML_6$ 型錯体である．$d^1[V\{S_2C_2(CN)_2\}_3]^{2-}$ や $d^2[Mo\{S_2C_2(CN)_2\}_3]^{2-}$ のように八面

体($\alpha=60°$)と三角柱($\alpha=0°$)の中間のねじれ角$\alpha$をもつ構造もある．一般に三角柱構造より八面体構造の方が立体的込み合いが少ないが，単座配位子からなる$d^0$ [W(CH$_3$)$_6$]や[Zr(CH$_3$)$_6$]$^{2-}$も三角柱構造である([WF$_6$]は八面体構造)．

サンドイッチ構造のメタロセン[M(Cp)$_2$](上下のCpが重なった構造と互い違いの構造が可能)や[Cr(benzene)$_2$]も6配位構造であり，[Ni$_2$(Cp)$_3$]$^+$(34電子)のような三階建てのサンドイッチ構造の錯体も知られている(図2.14)．最後に，$d^0$ [Cr(=O)py(O$_2^{2-}$)$_2$]は6配位で五角錐構造(=Oが頂点を占め，Crは五角面から=O側に浮いている)をもつことを付け加えておく．

■**問題 2.13** 配位数が6の錯体にみられる典型的な構造を2種図示せよ．

### (f) 配位数7の錯体

配位数が増えるにつれて，Mに供与される電子数が増えるのでd電子数の少ないMがこの配位数をとる(低スピン$d^4$ML$_7$が18電子則を満たす)．具体的には**五角両錐**(pentagonal bipyramidal, PB, sp$^3$d$^3$混成)，**C$_{2v}$-面冠三角柱**(C$_{2v}$-capped-trigonal prismatic, C$_{2v}$-CTP, s(p$_z$)p$^2$d$^4$/p$^2$d$^5$混成)，**C$_{3v}$-面冠八面体**(C$_{3v}$-capped octahedral, CO$_h$, sp$^3$d$^3$/sp$_z$d$^5$混成)がよく知られている．四角面と三角面に上下からMが挟まれたような構造(4:3ピアノ椅子型)もある．これらの構造(図2.15)の錯体はσ非結合的(しかしπ結合的)な2個のd軌道をもつという共通の特徴をもつ(図3.18，表3.9参照)．その結果，これらの2つのd軌道のみが占有される電子配置では7配位構造がみられる(σ反結合性のd軌道を占めることによる被害を受けないから)．たとえば，Ti$^{3+}$($d^1$)錯体[Ti(CN)$_7$]$^{4-}$(五角両錐構造)，[Ti(ox)$_3$(H$_2$O)]$^{3-}$(五角両錐構造)，V$^{3+}$/Cr$^{4+}$($d^2$)錯体[V(CN)$_7$]$^{4-}$(五角両錐構造)，[V(nta)(H$_2$O)$_3$](C$_{3v}$-面冠八面体構造)，[Cr(O)(O$_2$)$_2$(bipy)]，[Cr(O$_2$)$_2$(NH$_3$)$_3$](五角両錐構造でO$_2^{2-}$は$\eta^2$配位の3員環となる2座配位子；章末問題2.5)，低スピン$d^4$の[Mo(CN)$_7$]$^{5-}$や[Cr(CNBu)$_7$]$^{2+}$などがある．その他，低スピンMo$^{2+/3+/4+}$またはW$^{2+/3+/4+}$($d^{4/3/2}$)，Re$^{3+}$やOs$^{4+}$($d^4$)などに7配位錯体が知られている．$d^0$の[NbF$_7$]$^{2-}$や[TaF$_7$]$^{2-}$はC$_{2v}$-面冠三角柱構造([ZrF$_7$]$^{3-}$や[ReF$_7$]

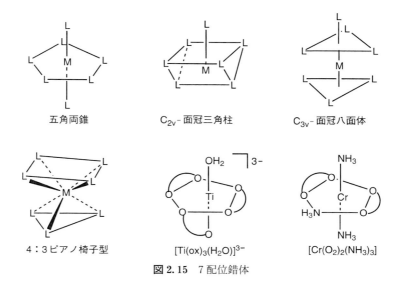

図 2.15 7 配位錯体

は五角両錐構造), $d^4$ の [W(CO)$_4$Br$_3$]$^-$ は $C_{3v}$-面冠八面体構造で, 歪んだ八面体に $fac$ 型で配位した 3 つの CO の間にもう 1 つの CO が位置している. 4:3 ピアノ椅子型には [CpMo(CO)$_3$X](Mo$^{2+}$ は $d^4$)などがある. 典型元素化合物では 14 電子の IF$_7$ や [TeF$_5$(OMe)$_2$]$^-$ が VSEPR 則に一致して五角両錐構造である(より電気陰性な F が多中心(6 中心 10 電子)結合の五角面内に位置する).

$d^0$ 配置の M では立体的な込み合いがなければ多くの配位子と結合するほど安定化する(3.4 節参照). 実際, $d^0$ の [ZrF$_7$]$^{3-}$ や [ReF$_7$] は 7 配位五角両錐構造であるが, 8 配位の [ZrF$_8$]$^{4-}$(正方逆プリズム)や [Zr(ox)$_4$]$^{4-}$(十二面体), 9 配位の [ReH$_9$]$^{2-}$ もある. さらに, $d^0$ の Nb$^{5+}$ は 5 配位四角錐構造の [Nb(NMe$_2$)$_5$], 6 配位八面体構造の [NbF$_6$]$^-$, 7 配位五角両錐構造の [NbOF$_6$]$^{3-}$ や $C_{2v}$-面冠三角柱構造の [NbF$_7$]$^{2-}$, 8 配位正方逆プリズム構造の [NbF$_8$]$^{3-}$ を生成する. 同様に, 球対称の高スピン $d^5$ 配置をもつ M もいろいろな配位数をとる. たとえば Fe$^{3+}$ では 4 配位四面体構造, 6 配位八面体構造以外に, 5 配位三角両錐構造の [Fe(N$_3$)$_5$]$^{2-}$, 7 配位の edta 錯体 [Fe(edta)(H$_2$O)]$^-$(構造は対イオンに依存する), 8 配位十二面体構造の [Fe(NO$_3$)$_4$]$^-$ が知られている. 同じく球対称の $d^{10}$ では, d 軌道による安定化がゼロなので, s 軌道と p 軌道が d 軌道に強く混

入しない限り M—L 結合は s 軌道と p 軌道だけが担うことになる(配位数が 4 を越えると多中心結合). 13〜17 族の $d^{10}$(あるいは $d^{10}s^2$)配置の M イオンも同じ運命にある.

> **問題 2.14** 配位数が 7 の錯体にみられる典型的な構造を 2 種図示せよ.

### (g) 配位数 8 の錯体

配位数が増加すると L の立体的込み合いのために,M はサイズが大きく,L は配位座数の割にかさ高くないものになる.典型的な 8 配位の例としては**正方プリズム**(square prismatic, SP;立方体はもっと対称性が高い),**正十二面体**(dodecahedral, DD, $sp^3d^4$ 混成),**正方逆プリズム**(square antiprismatic, SAP, $p^3d^5$ 混成)がある(図 2.16).これらに共通して 1 個の d 軌道が σ 非結合性なので(図 3.18,表 3.9 参照;対称性の高い立方体や六角両錐などでは 2 個が σ 非結合性),これのみが占有されていく $d^0$〜低スピン $d^2$ 配置の錯体が 8 配位構造をとる(低スピン $d^2ML_8$ が 18 電子則を満たす).よくみられるのは十二面体と正方逆プリズム構造で,前者の例には $d^0[Zr(ox)_4]^{4-}$,$[Ti(NO_3)_4]$ や $[TiCl_4(As—As)_2]$,$d^1[Cr(O_2^{2-})_4]^{3-}$ などが,後者には $d^0[TaF_8]^{3-}$,$[Y(H_2O)_8]^{3+}$ や [Zr

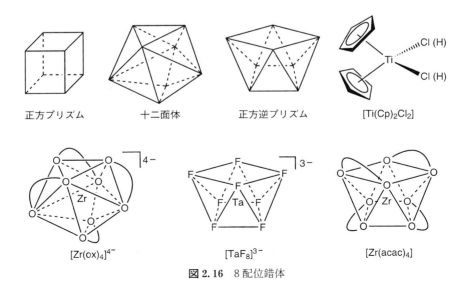

正方プリズム　　十二面体　　正方逆プリズム　　[Ti(Cp)₂Cl₂]

[Zr(ox)₄]⁴⁻　　[TaF₈]³⁻　　[Zr(acac)₄]

**図 2.16** 8 配位錯体

(acac)$_4$]がある(図2.16).また[M(CN)$_8$]$^{3-/4-}$(Mは Mo$^{5+/4+}$(d$^{1/2}$), W$^{5+/4+}$(d$^{1/2}$))のように対イオンによって正方逆プリズムと十二面体の両方の構造をとるものもある(正方プリズムより安定である理由は3.4節(j)項参照).配位数が多くなると同じ配位数で異なる構造間のエネルギー差は小さくなるからである.典型元素化合物では8配位として正方逆プリズム構造の IF$_8^-$(16電子)と[XeF$_8$]$^{2-}$(18電子)がある.後者でも不活性電子対が想定される.

d$^0$[Ti(Cp)$_2$Cl$_2$]や[Ti(Cp)$_2$(H)$_2$]は8配位である(Cpを1つの集団とみれば四面体型構造ともみなせる.2つのCpは平行ではなく二面角は約130°;図2.16).総価電子数は16で,18に満たない.前周期遷移金属では軌道のエネルギーが高く,価電子数が少ない,つまり配位数が大きすぎるのでこのような現象が起こることがある.むろん8配位の[Cp$_2$Nb(Et)(H$_2$C=CH$_2$)]などの18電子錯体もある.このような[Cp$_2$ML$_n$]型錯体($n$=1~3)ではML$_n$は同一平面上にある.

**(h) 9以上の配位数の錯体**

9配位には**三面冠三角柱**(tricapped trigonal prismatic, TTP, sp$^3$d$^5$混成),**面冠正方逆プリズム**(capped square antiprismatic, CSAP),**面冠十二面体**などの構造があり(σ非結合性のd軌道なし),配位子からの電子対だけで18電子則を満たす(Mはd$^0$).三面冠三角柱構造の[ReH$_9$]$^{2-}$(Re$^{7+}$はd$^0$)は古くから知られている(図2.17).立体的に込み合うので(上の例ではLはサイズの小さいH),三面冠三角柱構造の[Nd(H$_2$O)$_9$]$^{3+}$(Nd$^{3+}$は(4f)$^3$(5d)$^0$の電子配置であるが,非結合的なf電子は無視できる)のようにサイズの大きいランタノイド,アクチノイドが配位数の大きい錯体を生成する.[Th(ox)$_4$(H$_2$O)$_2$]$^{4-}$(Th$^{4+}$は(6d)$^0$),[Ce(CO$_3$)$_5$]$^{6-}$(Ce$^{4+}$は(5d)$^0$),[M(NO$_3$)$_3$(H$_2$O)$_4$]型が10配位(二面冠正方逆プリズムなど),[Th(NO$_3$)$_4$(H$_2$O)$_3$]や[La(NO$_3$)$_3$(H$_2$O)$_5$]が11配位(十八面体など)であり,CO$_3^{2-}$やNO$_3^-$はかさ高くない(挟み角が小さい)2座のキレート配位子として働いている.12配位としては二十面体構造(図2.17)の[Ce(NO$_3$)$_6$]$^{3-}$(Ce$^{3+}$は(4f)$^1$(5d)$^0$)や[Th(NO$_3$)$_6$]$^{2-}$が知られている.このようにd$^0$電子配置をもちサイズが大きいMは大きな配位数をとることができる.なお,ランタノイド錯体の結合は4f軌道が結合に関与しないので配位結合というより静電的な相互作用と考えた方が

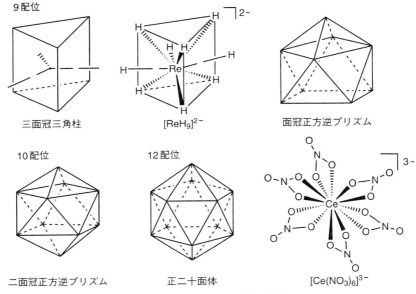

図 2.17 9 以上の配位数の錯体

よい．アクチノイド(5f)の後半の錯体でも同様である．

> **問題 2.15** 配位数が 8, 9, 10 の錯体の構造を 1 個ずつ図示せよ．

## 2.3 異性現象

錯体には多種多様な配位構造があるので多くの異性現象がみられる．ここではすべてを網羅するよりも錯体化学的に意味のある異性現象を紹介する．

**(a) 幾何異性**

まず，平面正方形錯体 [MA$_2$B$_2$] を考える．ここで A, B は単座配位子であり(B$_2$ は BC でも，もっと一般的には [MABCD] でもよい)，錯体の電荷は省略してある．図 2.18 のように 2 つの A(あるいは 2 つの B)がお互いにトランス位にあるものとシス位にあるものが可能であり，それぞれをトランス異性体とシス異性体という．[MABCD] では A に対して B, C,

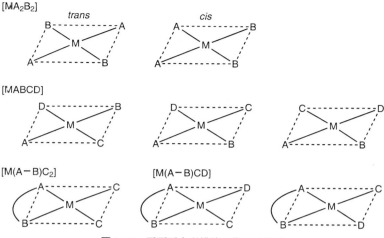

**図 2.18** 平面正方形錯体の幾何異性体

D がそれぞれトランス位置にある 3 つの異性体が可能である．[M(A—B)$C_2$] のように 2 座のキレート A—B をもてば A—B はシス位置を占めるのでシス異性体だけが生成するが，$C_2$ が CD となれば 2 種のシス異性体（A と C または A と D がトランス）がある．[M(A—B)$_2$] や [M(A—B)(C—D)] にもシスとトランスに相当する異性体がある．四面体型構造では [MABCD] には幾何異性 (geometrical isomerism) はないが，[M(A—B)$_2$] も含め光学異性 (2.3 節 (b) 項参照) はある．

　八面体型 6 配位の錯体 [MA$_4$B$_2$] にもトランス異性体とシス異性体がある (図 2.19)．$B_2$ は BC でも，また $A_4$ はキレート配位子 $(A—A)_2$ でも同じことである．ただキレート配位子が A—A′ タイプの場合には少し複雑になる（2 種のトランスおよび 3 種のシスとその光学対掌体がある）．$A_4$ が trien のような A—A′—A′—A タイプのキレートであれば，[M(trien)$X_2$] にはトランス (mer-mer) 異性体とシス異性体があるが，シス異性体には 2 種の幾何異性体がある (cis-α/fac-fac と cis-β/fac-mer)．ここで trien が 2 組の N—N—N 部分からなるとして，それぞれが八面体の三角面を占めているか (fac-, **facial**)，子午線上を占めているか (mer-, **meridional**) で異性体を区別している (図 2.19)．[M(trien)XY] や [M(trien)(A—B)] では 2 種の cis-β 異性体がある．

　八面体型錯体 [MA$_3$B$_3$] には fac 異性体と mer 異性体がある (図 2.20)．

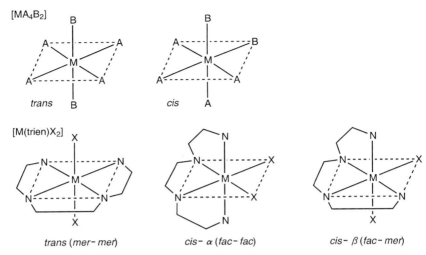

図 2.19 八面体型錯体の幾何異性体

アミノ酸イオン $NH_2CH(R)COO^-$ は A—B 型の 2 座配位子だから，これが 3 個配位した（トリス型の）八面体型錯体 $[M(N—O)_3]$ には mer と fac の幾何異性体がある（光学異性体も可能）．$Co^{3+}$ では両異性体が知られているが，$Cr^{3+}$ では mer 異性体は得にくい（理由は 3.4 節 (h) 項参照）．

3 座配位子 dien(A—A′—A) が 2 個配位した八面体型錯体 $[M(dien)_2]$ の場合でも mer 異性体と fac 異性体が可能だが（図 2.20），fac 異性体には中央の A′(2 級窒素) が互いにトランス（対称 symmetrical なので s-fac）とシス（非対称 unsymmetrical なので u-fac）のものがある．M が $Co^{3+}$ のときでは生成比は mer : s-fac : u-fac = 65 : 5 : 30 (20 ℃) である．

**問題 2.16** 八面体型錯体 $[M(A—B)_3]$（A—B は 2 座キレート配位子）に可能な幾何異性体は，統計的にどんな割合で生成するはずか． （答 fac : mer = 1 : 3）

### (b) 光学異性

　　　幾何異性と光学異性は Werner が配位説を証明するために利用した現象であることもあって，とくに Werner 型錯体について光学異性（optical isomerism）は詳しく研究されてきた．

　　　分子あるいはイオンが光学活性（キラル）である（旋光性をもつ；直線偏光が通過するとその偏光面が回転する）ための条件は，鏡面や反転中心と

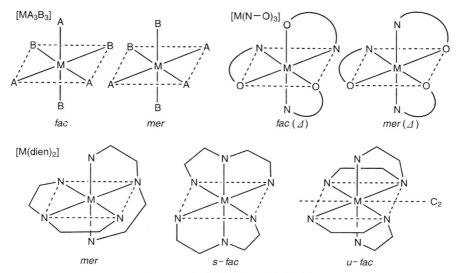

図 2.20 八面体型錯体の幾何異性体

いう対称要素(厳密には回映対称)をもたないことである．四面体型の[MABCD]および[M(A—B)₂]は当然キラルで，1組の**光学対掌体**(enantiomer)が存在する(図 2.21)．[M(Cp)L¹L²L³]型錯体は6配位であるが，Cpを1つの集団とすれば四面体型の[MABCD]であり，対称要素をもたないのでキラルである．八面体型の*fac*-[MA₃BCD]も同様である．さら

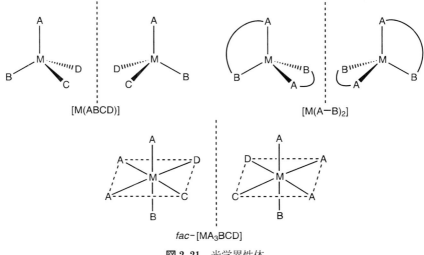

図 2.21 光学異性体

に $[(R^1R^2Cp)Co(Cp)]^+$ などもキラルになる.

■**問題 2.17**　ある分子あるいはイオンがキラルであるための条件は何か.

　八面体型錯体 $[M(A—A)_2B_2]$ を考えよう(図 2.22). トランス異性体は鏡面をもつので光学異性はない. ところがシス異性体では $C_2$ 対称軸(Mと 2 つの B の中間を貫く軸)はあるが, 鏡面や対称心はない($B_2$ が BCであれば対称軸もない). だからキラルで, ちょうど右手と左手のように鏡像体の関係にある 1 対の光学対掌体が存在する. 光学対掌体はお互いに同じ大きさで反対符号の旋光能をもち, 不斉場(キラルな雰囲気下)においてのみ区別できる.

　八面体型 $[M(A—A)_3]$ にも光学対掌体がある. $C_3$ 軸とこれに垂直な $C_2$ 軸があるので $D_3$ 点群に属する. 上で述べた $[M(dien)_2]$ の $u$-$fac$ 異性体は $C_2$ 対称なのでキラルである(図 2.20). $mer$ 異性体には鏡面が, $s$-$fac$ 異性体には対称中心があるのでキラルではない(アキラルであるという). $[M(trien)X_2]$ では $cis$-$\alpha$ 異性体と $cis$-$\beta$ 異性体がキラルであるが, トランス体は鏡面をもつのでアキラルである(図 2.19). edta が 4 つの O と 2 つの N で M に配位した八面体型錯体 $[M(edta)]^{n-}$ もキラル($C_2$ 対称)であり(図 2.22), M が $Co^{3+}$ などでは別途光学分割した $cis$-$[Co(NO_2)_2(en)_2]^+$ や $[Co(ox)(en)_2]^+$ とのジアステレオ異性塩の溶解度差を利用して光学分割され, 円二色性(4.3 節参照)などの分光学的性質が広く調べられている.

　2 核錯体では左右の掌性(キラリティ)が逆になった**メソ体**(meso isomer)も存在する(図 2.23). 4 核錯体 $[Co\{cis\text{-}Co(NH_3)_4(\mu_2\text{-}OH)_2\}_3]^{6+}$

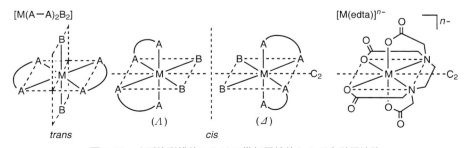

**図 2.22**　八面体型錯体における幾何異性体および光学異性体

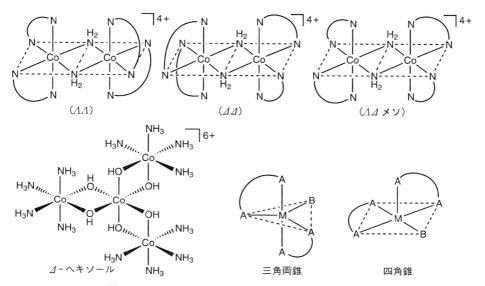

**図 2.23** 八面体型の多核錯体と 5 配位錯体の光学異性体

(ヘキソール)は八面体型の $cis$-$[Co(NH_3)_4(OH)_2]^+$ が 2 個の OH で $Co^{3+}$ にトリス型にキレート配位した八面体 $[Co(A-A)_3]$ 型の錯体とみなすことができ,Werner が C 原子を含まないキラルな錯体として光学分割した錯体である(図 2.23).

> **問題 2.18** 八面体型錯体 $[Co(trien)XY]^{n+}$(X, Y は異なる単座配位子)に可能な異性体をすべて挙げよ.

5 配位錯体の光学異性はあまり例がない.三角両錐構造の $[M(A-A)_2B]$ でキレート A—A がいずれもアピカル-エカトリアルに配位すれば(B はエカトリアル面内)$C_2$ 対称となり,キラルである(図 2.23).四角錐構造の $[M(A-A)_2B]$ で一方の A—A がベイサル-ベイサルを,もう一方がアキシャル-ベイサルを占めるとやはりキラルになる.ところが三角両錐構造と四角錐構造は擬回転によって相互に入れ替わり,容易にラセミ化する可能性が高い.

八面体型錯体の**絶対配置**(absolute configuration)は $\Delta, \Lambda$ で表示することになっている.3 つのキレート A—A が結合したトリスキレート [M

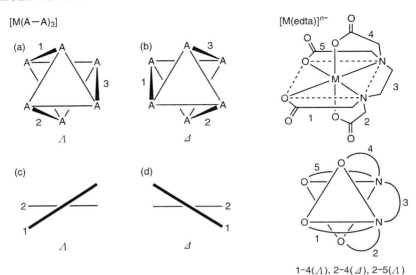

**図 2.24** 八面体型錯体における絶対配置の定義

(A—A)₃] を例として説明する．この錯体を $C_3$ 軸から眺めると，図 2.24 のように3つのキレート A—A が位置する仕方には2通りある((a), (b))．まず(a)について A—A の2組(たとえば1と2)を選び，A—A の2直線を手前と後ろとを意識して重ねると(c)のようになる(左手で手前の1を親指とし，後ろの2を人差し指とするとその関係が一致する)．これでキラリティが定義され，この絶対配置を $\varLambda$ とよぶ．他の組合せ(1と3，2と3)についても $\varLambda$ になる．3組が等価なのでこれを単に $\varLambda$ とする．(b)については(右手の親指と人差し指の関係)$\varDelta\varDelta\varDelta$ となり，絶対配置は $\varDelta$ となる(d)．同じ作業を $cis$-[M(A—A)₂X₂] について行うとやはり $\varLambda$ と $\varDelta$ が定義できる(この場合は重ねる組は1組)．5個のキレート環をもつ [M(edta)]$^{n-}$ では重ねるべきキレートの組は3組あり，$\varLambda\varDelta\varLambda$ と $\varDelta\varLambda\varDelta$ の絶対配置がある(図 2.24)．$s$-$fac$-[M(dien)₂] については2組あるが，一方が $\varLambda$ であれば他方は $\varDelta$ となり，分子内でラセミ(メソ)の関係が成立していることがわかる．$mer$ 体では4組あるがやはりメソになっている(図 2.25)．$u$-$fac$ 体はキラルである．

もう一度 [M(trien)X₂] 型の錯体に戻る(図 2.26)．$cis$-$\alpha$ 異性体($fac$-$fac$)では中間の2個の2級アミンの N は4種の異なる原子と結合してい

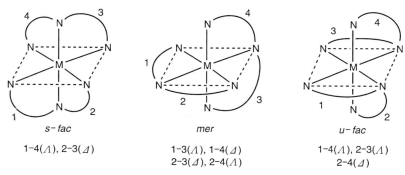

**図 2.25** [M(dien)$_2$] におけるキラリティ

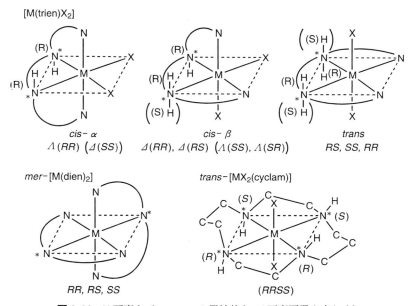

**図 2.26** N 不斉とジアステレオ異性体（*は不斉原子を表わす）

るので不斉であるが，その H の配置は自動的に決まる（キレートによる絶対配置が $\Lambda$ であれば 2 個の N の不斉は $RR$，$\Delta$ であれば $SS$ となるのでお互いに光学対掌体である）．ところが，cis-$\beta$ 異性体（fac-mer）では mer に結合した N—N—N の中央の N に H が上から結合した場合と下から結合した場合とで N の不斉は逆になる．この場合では $\Delta$ には $RR$ と $RS$ の，$\Lambda$ には $SS$ と $SR$ の**ジアステレオ異性体**（diastereomer または diastereoisomer）が存在することになる（図2.26）．トランス体ではキレートによるキラリティはないが，N不斉（$RS$, $SS$, $RR$）があるはずである．同様に $mer$-[M(dien)$_2$] にも中央の N（2個）に不斉がある．Ni$^{2+}$ との鋳型反応（template reaction）で作られる大環状配位子 cyclam の八面体型錯体 $trans$-[MX$_2$(cyclam)] にも配位した4つのN原子の不斉によって原理的には5種類のジアステレオ異性体が生じるが，$RRSS$ 体が最安定である（シス体では3異性体のうち $RSRS$ 体が最安定）．

[CpML$^1$L$^2$L$^3$] がキラルであることは述べた．いま L$^3$ として $-$CH$_2$Ph を想定すると，この C は不斉ではないが2個の H は等価ではなくなる．このような H は**ジアステレオトピック**（diastereotopic）であるといわれ，$^1$H-NMR において区別できる．この現象はもっと一般的に説明すべき事柄であるが，ここではこれ以上述べない．

これまで en などの5員環キレートは平面と考えた．実は2種のゴーシュ配座（λ と δ）をとるので固定されればキラルになる．[M(en)$_3$]$^{n+}$ では配座が容易に入れ替わるが，en キレート環の C 上にメチル基をもつキラルな $R$($S$)-pn を配位子に用いると配座が λ(δ) に固定され，さらに異性体生成比に立体選択性が発現する．ここではこれ以上は述べないが，アミノ酸も含めたキラルな配位子を用いた系統的な研究によって金属錯体の立体化学が確立されてきた．

**問題 2.19** 錯体のジアステレオ異性体とは何か．

## （c）構造異性

同じ組成式で構造が異なる化合物を**構造異性体**（structural isomer）という．たとえば CrCl$_3$·6H$_2$O には [Cr(H$_2$O)$_6$]Cl$_3$, [CrCl(H$_2$O)$_5$]Cl$_2$·H$_2$O, [CrCl$_2$(H$_2$O)$_4$]Cl·2H$_2$O（$cis$ と $trans$），[CrCl$_3$(H$_2$O)$_3$]·3H$_2$O（$mer$ と $fac$）などの八面体構造の異性体が想定できる（図2.27）．ここで[ ]内の配位子は Cr$^{3+}$ に直接配位結合し，[ ]の外のものは対イオン（Cl$^-$ では Ag$^+$ の添加によってただちに沈殿する）や結晶水として働いている．平面構造の [Pt(NH$_3$)$_2$Cl$_2$] についてもシス/トランス異性体以外に [Pt(NH$_3$)$_4$][PtCl$_4$] や [Pt(NH$_3$)$_3$Cl][Pt(NH$_3$)Cl$_3$] の塩，さらに2核錯体 (NH$_4$)$_2$[Cl$_2$Pt(μ-NH$_2$)$_2$PtCl$_2$] や [(NH$_3$)$_2$Pt(μ-Cl)$_2$Pt(NH$_3$)$_2$]Cl$_2$ もある．

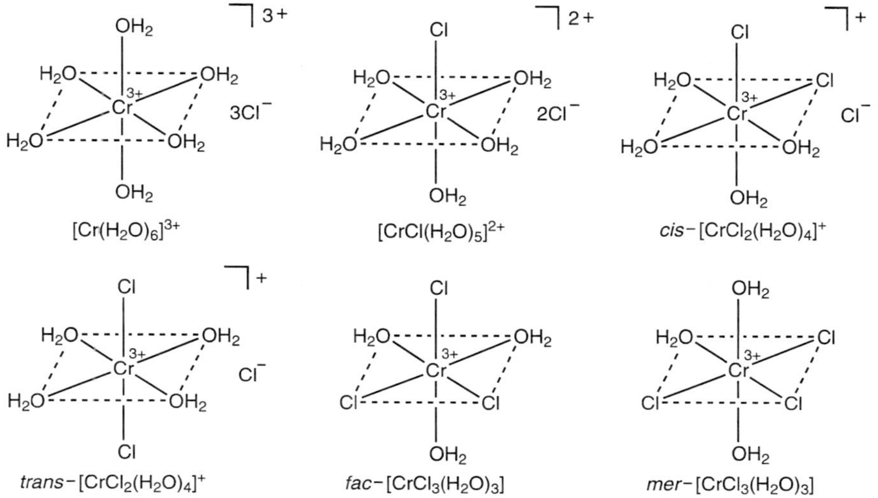

**図 2.27** CrCl$_3$·6H$_2$O の構造異性体

　錯体らしい異性現象として連結異性がある．たとえば両手(両座)配位子 NO$_2^-$ が N で配位したニトロ錯体 [Co(NH$_3$)$_5$(NO$_2$)]$^{2+}$ と O で配位したニトリト錯体 [Co(NH$_3$)$_5$ONO]$^{2+}$ はお互いに**連結異性体**(linkage isomer)であるという．後者の方が不安定で，固体/溶液中で分子内機構でニトロ錯体に異性化する．d$^3$ の Cr$^{3+}$ は π ドナー配位子を好むので Cr$^{3+}$ はニトリト錯体のみを生成する(1.1節(d)項，図 1.9 参照)．NCS$^-$ についても [(Ph$_3$P)$_2$Pd(SCN)$_2$](チオシアナト)と [(Ph$_3$P)$_2$Pd(NCS)$_2$](イソチオシアナト)が知られている．[Co(NCS)(NH$_3$)$_5$]$^{2+}$ と [Co(SCN)(NH$_3$)$_5$]$^{2+}$ の対や [Co(SCN)(CN)$_5$]$^{3-}$ と [Co(NCS)(CN)$_5$]$^{3-}$ の対も知られているが，それぞれ前者の方が安定である．硬い金属は N 配位を，軟らかい金属は S 配位を，好む傾向があるからであるが，硬い Co$^{3+}$ でも軟らかい CN$^-$ に囲まれると軟らかい酸になるのである(1.1節(d)項参照)．CN$^-$ も両手配位子であり，たいていは C 配位であるが，両方の配位原子で架橋配位子として働く場合は多い(たとえば図 4.2 参照)．SO$_3^{2-}$ と S$_2$O$_3^{2-}$ は S または O で配位できる．SO$_3^{2-}$ では，S で配位する場合には sulfito-S，O で配位する場合には sulfito-O，同様に S$_2$O$_3^{2-}$ のときは，thiosulfato-S，thiosulfato-O のように区別して記述する．

■**問題 2.20** NCS⁻ は直線構造であるが，N で配位するときは M—N—C が直線的であり，S で配位するときは M—S—C が屈曲するのはなぜか．

　有機金属錯体にも構造異性はあるが，Werner 型錯体ほどは系統的に研究されていない．[Cp(CO)Fe($\mu_2$-CO)$_2$Fe(CO)Cp]（Fe—Fe 単結合あり）には Cp が互いにシスとトランス（立体反発が少ないのでより安定）のものがあり，溶液内での異性化は CO 架橋のない異性体 [Cp(CO)$_2$Fe—Fe(CO)$_2$Cp] を経由して進むものと思われる（図 2.28(a)）．4 電子供与のブタジエン CH$_2$=CH—CH=CH$_2$ はトランス構造では 2 つの M にそれぞれ 2 電子供与することも，たまに 1 つの M に 4 電子供与で配位することもある．シス構造では普通 2 座配位子（4 電子供与）として働くが，まるで —CH$_2$—CH=CH—CH$_2$— が両端の C で 2 個の σ 結合，中央の CH=CH 部分で 2 電子供与した（全体として 4 電子供与で 3 座配位子）ような構造も知られている（図 2.28(b)）．H$_2$ でもその σ 結合電子対を単座で供与した場合と，2 つの H がそれぞれヒドリド配位子として結合する場合（各 H が 1 電子供与で単座配位）と（その中間）がある．H—C≡CR が 2 電子供与で

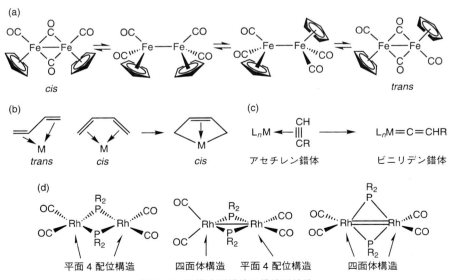

図 2.28　有機金属錯体の構造異性体

Mに配位したアルキン錯体がビニリデン錯体 M=C=CHR に異性化すればこれは互変異性である(図2.28(c)).

$[(CO)_2Rh(\mu_2-PR_2)_2Rh(CO)_2]$ では Rh—Rh 間の結合の有無によって電子則に応じて異性体が生じる(図2.28(d)).Rh—Rh 間に結合がないとすれば各 Rh 周りは 16 電子となり(各 $\mu_2$-PR$_2$ は一方の Rh に 1 電子,他方に 2 電子供与),各 Rh 周りは平面 4 配位構造となる.Rh=Rh を仮定すると 18 電子になり,各 Rh 周りは四面体構造となる.両者の中間では,Rh—Rh 単結合があり,一方の Rh は 2 つの PR$_2$ から 1 電子ずつ供与され 16 電子で平面 4 配位構造,もう一方は 2 電子ずつ供与され 18 電子で四面体構造となる.

有機金属錯体では異性体間の動的平衡が原因になって揺動的な挙動を示すものがある.たとえばすでに述べた $[Fe(CO)_5]$ は固体中では五角両錐構造であるが,溶液にすると 5 つの CO は擬回転によって NMR 的に等価になる(図2.12).揺動的な錯体として有名な $[(\eta^5\text{-Cp})(\eta^1\text{-Cp})Fe(CO)_2]$ では(図2.29),$\eta^5$-Cp の H(C) は等価であるが,温度を上げると $\eta^1$-Cp に関しても H(C) の等価性が見られる.M に直接結合した C が入れ替わっているのである.この場合は異性体間の平衡ではなく,化学的に等価な構造間でのすばやい交替(スクランブリング)が原因である.$[Ti(\eta^5\text{-Cp})_2(\eta^1\text{-Cp})_2]$ では $\eta^1$-Cp の等価性がみられるだけでなく,高温では $\eta^5$-Cp と $\eta^1$-Cp も区別されなくなる.

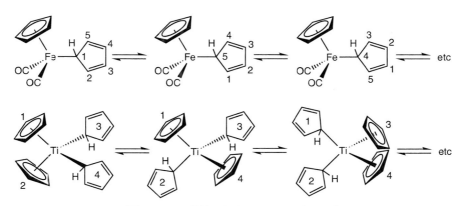

**図 2.29** Cp 錯体におけるスクランブリング

■**問題 2.21** 揺動的とはどのような性質か．

## 章末問題

**2.1** 囲み記事の命名法にならって次の錯体を命名し，光学異性体の可能性を考察せよ．
  (a) $[(en)_2Co(\mu_2-NH_2)_2Co(en)_2]^{4+}$   (b) $K[Fe(edta)(H_2O)]$

**2.2** 八面体型 $[M(A-A)(B-B)CD]$ 錯体に可能な異性体を図示せよ．

**2.3** 八面体型の $[Co(en)_2(X)_2]^+$（X は $NO_2^-$）にはいくつの異性体が考えられるか．ただし，en の配座異性は無視する．

---

▶▶▶ **金属錯体の命名法**

 IUPAC（国際純正および応用化学連合）による金属錯体の命名法を具体例を示すことで簡単に紹介する．まず $[Co(en)_2(CO_3)]Cl$ は carbonatobis(ethylenediamine)cobalt(III)chloride とよぶ．陽イオン部分から始め，錯体中では陰イオン配位子からよぶ．陰イオン配位子 $CO_3^{2-}$ は -o で終わるように carbonato とする．bis は (  ) 内の配位子が 2 個あることを示すが，たとえば $CH_3NH_2$ が 2 個あることを示すのに dimethylamine とすると $(CH_3)_2NH$ と区別できない．その場合には 2〜6 個などを表わす di, tri, tetra, penta, hexa ではなく，bis, tris, tetrakis, pentakis, hexakis などを頭に付ける．M のあとの (  ) 内にはその酸化数をローマ数字で入れる．最後に陰イオンを指定する．Co(III) に配位していない対イオン $Cl^-$ は chloride である．$K_3[Cr(ox)_3]$ は potassium trioxalatochromate(III) とよぶ．まず陽イオンの K（3 個の $K^+$ が必要なことは明白なので tripotassium とはしない），次いでシュウ酸陰イオンが 3 個なので trioxalato とする（tris とする必要はない）．錯体が陰イオンになるので chromium(III) ではなく chromate(III) とする．$Co^{2+/3+}$ では cobaltate(II)/(III) とする．$Fe^{2+/3+}$ では錯体が陽イオンまたは中性のときは iron(II)/(III) であるが，陰イオンの場合には ferrate(II)/(III) とする．Ag も silver と argentate，Au は gold と aurate，Cu は copper と cuprate，Pb は lead と plumbate，Sn は tin と stannate とする．$[(NH_3)_4Co(\mu_2-NH_2)(\mu_2-OH)Co(NH_3)_4]Cl_4$ は $\mu_2$-amido-$\mu_2$-hydroxobis[tetraamminecobalt(III)]chloride という．$\mu_2$ は 2 架橋（2 のときはしばしば省略）を意味し，$NH_3$ は特別に ammine という（2.1 節(a)項参照）．

2.4　$u\text{-}fac\text{-}[\text{Co}(\text{dien})_2]^{3+}$ の絶対配置を決めるキレートの3組の重なりを特定し，光学対掌体が存在するかどうかを判断せよ．

2.5　過酸化物イオン $O_2^{2-}$ (peroxide) が $\eta^2$ 様式で金属に結合するとき，$\sigma/\pi$ ドナーとして働くことを説明せよ．

2.6　O=C=O とアジドイオン $^-\text{N}=\text{N}^+=\text{N}^-$ は等電子構造であるが，配位子としては後者が優れている．なぜか．

2.7　キレート効果とは何か．

# 3 金属錯体の結合と構造の理論

　錯体という言葉は complex からきており，このような化合物に化学者が興味を覚え始めた当時では，典型元素の原子価論では複雑でよくわからないものと思えたからである．錯体化学の発展の歴史は他に譲るとして，本章では遷移金属と配位子との結合について詳しく述べることにする．化学結合の理解には分子軌道の概念が必須であり，錯体の結合を解析するにあたっては角重なり模型を導入することにする．この解析法によって，錯体の電子的安定性や各結合の結合力が半定量的に評価できるので，たとえば混合配位子錯体における配位子の位置選択性などの解析も可能となる．少しばかり高度な内容を含むが，多くの実例を挙げてわかりやすく解説する．また，有機基と金属錯体フラグメントとの類似性に着目し，これを利用した有機金属錯体や金属クラスターの結合・構造の解析も行う．

**3.1　原子価結合法と混成軌道**
錯体の結合と構造の初期的な解析に用いられた原子価結合法について学ぶ．

**3.2　結晶場理論**
金属と配位子間の結合を，静電的な相互作用として扱う結晶場理論とこれを用いた錯体の諸物性の解釈について学ぶ．

**3.3　配位子場理論と π 結合——Δ を決める因子**
金属と配位子間の結合を，π 結合も取り入れた分子軌道法によって定性的に解析する．

**3.4　角重なり模型**
結合の強さを評価できる角重なり模型について学び，これによって錯体の安定性や配位子の位置選択性などを解析する方法を学ぶ．

**3.5　18 電子則とアイソローバル関係**

80 3 金属錯体の結合と構造の理論

有機金属錯体について成立する18電子則と，有機基との電子的類似性（アイソローバル関係）について学ぶ．

**3.6 クラスターの結合と構造**

典型元素も含めたクラスター化合物の構造をWade則によって解析する．

## 3.1 原子価結合法と混成軌道

歴史的には金属錯体の結合と構造に関してはまずPaulingらによって混成軌道の立場（原子価結合法，VB法）から説明する試みがなされた．

たとえば八面体錯体では金属Mが$sp^3d^2$混成し（$d^2$は$x^2-y^2$と$z^2$で，まとめて$e_g$**軌道群**という），空軌道に6個の配位子:Lの電子対を収容して6つの$\sigma$結合ができるとする（図1.3左，図3.1(a)）．Mがもつd電子は混成に参加しなかった$xy, yz, zx$（$t_{2g}$**軌道群**という）に収容する．Mのd電子が$t_{2g}$軌道でも収まりきらない場合にはすべてのd軌道まで使って収容する．その代わり主量子数が1つ大きいd軌道が$sp^3d^2$混成に関与してLの電子対を収容すると考える（図3.1(b)）．d電子の詰め方には，Hundの規則に従って平行スピンが多くなるようなやり方と，あくまでエネルギーの低い軌道から順に入れていくやり方とがある．

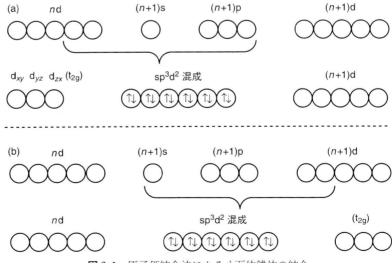

**図3.1** 原子価結合法による八面体錯体の結合

2配位直線構造では s($d_{z^2}$)$p_z$ 混成，平面正三角形(配位数 3)では s($d_{z^2}$)$p^2$($d^2$) 混成($p^2$ は $p_x, p_y$，$d^2$ は $xy, x^2-y^2$)，四面体(4)では $sp^3$($d^3$) 混成($d^3$ は $xy, yz, zx$)，平面正方形(4)では s($d_{z^2}$)$p^2 d_{x^2-y^2}$ 混成($p^2$ は $p_x, p_y$)，三角両錐(5)では $sp^3 d_{z^2}$ 混成，あるいは $sp_z d^3$ 混成($d^3$ は $z^2, xy, x^2-y^2$)，正四角錐(5)では s($p_z$)$p^2 d^2$ 混成($p^2$ は $p_x, p_y$，$d^2$ は $x^2-y^2, z^2$)または四角錐(5)の s($p_z$)$d^4$ 混成($d^4$ は $xy$ 以外)，八面体(6)では $sp^3 d^2$ 混成($d^2$ は $z^2, x^2-y^2$)，三角柱(6)では s($d_{z^2}$)$p_z d^4$ 混成($d^4$ は $z^2$ 以外)，五角両錐(7)では $sp^3 d^3$ 混成($d^3$ は $z^2, x^2-y^2, xy$)，$C_{3v}$-面冠八面体(7)では $sp^3 d^3$ 混成($d^3$ は $z^2, yz, zx$)または $sp_z d^5$ 混成，$C_{2v}$-面冠三角柱(7)では s($p_z$)$p^2 d^4$ 混成($p^2$ は $p_x, p_y$，$d^4$ は $yz$ 以外)または $p^2 d^5$ 混成($p^2$ は $p_x, p_z$)，正方逆プリズム(8)では $p^3 d^5$ 混成，正十二面体(8)では $sp^3 d^4$ 混成($d^4$ は $x^2-y^2$ 以外)，立方体(8)では $sp^3 d^3 f$ 混成($d^3$ は $xy, yz, zx$，f は $f_{xyz}$)，三面冠三角柱(9)では $sp^3 d^5$ 混成軌道に，それぞれ L からの電子対が収容されて σ 結合が生成する(表 3.1 参照)．ここでカッコ内の軌道は直前のものと置き換えられることを示す．この混成軌道による解釈(VB 法)ではどの構造をとるかをあらかじめ推定できないが，構造が決まればその磁性(不対電子数)については定性的な説明が可能である．しかし励起状態が直接関係する錯体の色(吸収スペクトル)はまったく説明できない．VB 法はいまや歴史的意味しかないので，次節では結晶場と配位子場の理論について解説する．

■**問題 3.1** 四面体，平面正方形，三角両錐，四角錐，八面体構造の錯体で配位子との σ 結合に使われる d 軌道が関与する混成軌道はそれぞれ何か．

## 3.2 結晶場理論

**結晶場理論**(crystal field theory, CFT)は，もともとイオン結晶における金属イオンのエネルギー準位を説明するために提案されたもので，これを錯体に適用して d 軌道のエネルギー準位を計算しようというものである．

(a) **八面体場と四面体場**

負の(点)電荷をもつ(あるいは $NH_3$ のように双極子の負極を M に向け

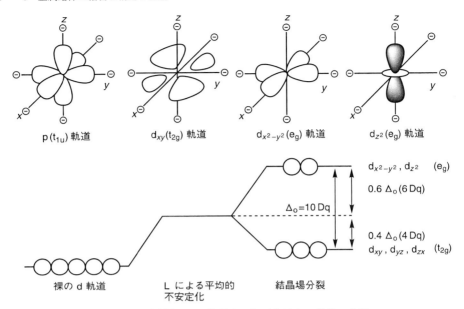

**図 3.2** 八面体場での配位子との相互作用と d 軌道の分裂.
⊖ は負電荷をもつ配位子

る)等価な 6 つの配位子 L によって M が八面体的に等距離で取り囲まれた八面体場から始める(図 3.2). まず, M の 3 つの p 軌道(中の電子)は $\pm x, \pm y, \pm z$ に置かれた L から同じ静電反発を受ける. だからこれらの軌道のエネルギーは同じだけ高くなるだけで縮重したままである(八面体場では $t_{1u}$ 軌道群という). 球対称の s 軌道($a_{1g}$)はもともと縮重がない(通常の遷移金属錯体では s 軌道と p 軌道は非占有である).

一方, 5 つの d 軌道も縮重しているが(実際には d 電子が 2 個以上の場合では電子の詰め方によって異なるエネルギーの状態, **項**(term)が生じる, 4.2 節(b)項参照), やはり L から静電反発を受け, d 軌道中の電子は平均的に不安定化する. これらのうち $x, y, z$ 軸の間に分布している $xy, yz, zx$ 軌道(**$t_{2g}$ 軌道群**)は, L の分布に対して等価でしかも L からの反発が少ないが, $x^2-y^2$ 軌道と $z^2$ 軌道(**$e_g$ 軌道群**)は軸方向に分布しているので L から強く反発を受ける. すなわち, $t_{2g}$ 軌道群は平均より反発が少なく相対的に安定であり, $e_g$ 軌道群は反発が大きく不安定になる. こうして 5 つの d 軌道は八面体場に置かれると $t_{2g}$ 軌道群と $e_g$ 軌道群に分裂する(図 3.2). ここで $z^2(=2z^2-x^2-y^2)$ が, $x^2-y^2$ と同じ反発を受ける $y^2-z^2$ と

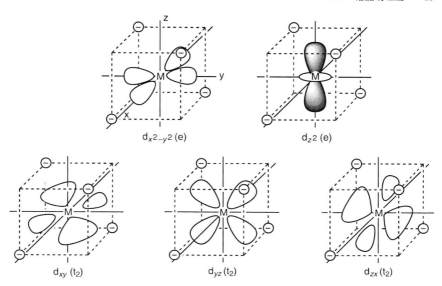

図 3.3　四面体場での d 軌道と配位子との相互作用

$z^2-x^2$ の1次結合であることから，$z^2$ が $x^2-y^2$ と同じ大きさの反発を受けることがわかる．両軌道群間のエネルギー差を $\Delta_o$ (o は八面体 octahedral) または 10 Dq とすれば，$t_{2g}$ 軌道群は平均よりも $0.4\Delta_o$ (4 Dq) だけ安定化し，$e_g$ 軌道群は $0.6\Delta_o$ (6 Dq) だけ不安定化することになる．平均より $t_{2g}$ 軌道群が安定化した分だけ $e_g$ 軌道群が不安定化するのである！（重心則 barycenter rule）．この分裂を**結晶場分裂**(crystal field splitting)といい，その大きさ $\Delta_o$ は（現段階では）d 軌道中の電子と L との反発の大きさに依存するとしておく（実験的に得られた $\Delta_o$ の値は表 3.5 に与えてある）．こうして八面体場では $t_{2g}$ 軌道群と $e_g$ 軌道群はそれぞれ $-0.4\Delta_o$ $=-4$ Dq と $0.6\Delta_o=6$ Dq のエネルギー準位にある（表 3.1）．

　四面体錯体では（座標軸の取り方に注意，図 3.3），今度は $xy, yz, zx$ 軌道（四面体場では **$t_2$ 軌道群**；対称心がないので偶 gerade と奇 ungerade の区別がない）の方が大きな反発を受け不安定になり，$x^2-y^2$ 軌道と $z^2$ 軌道（**e 軌道群**）が相対的に安定になる．つまり，**四面体場での d 軌道の分裂パターンは八面体場とは逆になる**（p 軌道はやはり等価）．四面体錯体での両軌道群のエネルギー差，つまり結晶場分裂の大きさを $\Delta_t$ (t は四面体 tetrahedral) とすれば e 軌道群は平均より $0.6\Delta_t$ だけ安定に，$t_2$ 軌道群は

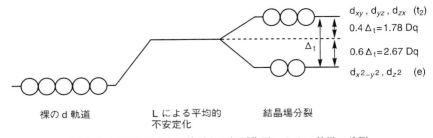

**図 3.4** 四面体場での配位子との相互作用による d 軌道の分裂

**表 3.1** 典型的な構造における d 軌道のエネルギー準位(Dq 単位)

| 配位数 | 錯体の形(混成) | $x^2-y^2$ | $z^2$ | $xy$ | $yz$ | $zx$ |
|---|---|---|---|---|---|---|
| 2 | 直線[a)]$(s(d)p)D_{\infty h}$ | −6.28* | 10.28 | −6.28* | 1.14* | 1.14* |
| 3 | 正三角形[b)]$(s(d)p^2(d^2))D_{3h}$ | 5.46 | −3.21 | 5.46 | −3.86* | −3.86* |
| 4 | 正四面体$(sp^3(d^3))T_d$ | −2.67* | −2.67* | 1.78 | 1.78 | 1.78 |
| 4 | 平面正方形[b)]$(s(d)p^2d)D_{4h}$ | 12.28 | −4.28 | 2.28* | −5.14* | −5.14* |
| 5 | 三角両錐[c)]$(sp^3d/spd^3)D_{3h}$ | −0.82 | 7.07 | −0.82 | −2.72* | −2.72* |
| 5 | 正四角錐[c)]$(s(p)p^2d^2/s(p)d^4)C_{4v}$ | 9.14 | 0.86 | −0.86* | −4.57* | −4.57* |
| 6 | 正八面体$(sp^3d^2)O_h$ | 6.00 | 6.00 | −4.00* | −4.00* | −4.00* |
| 6 | 三角柱[d)]$(s(d)pd^4)D_{3h}$ | −5.84 | 0.96* | −5.84 | 5.36 | 5.36 |
| 7 | 五角両錐[c)]$(sp^3d^3)D_{5h}$ | 2.82 | 4.93 | 2.82 | −5.28* | −5.28* |
| 8 | 正方逆プリズム$(p^3d^5)D_{4d}$ | −0.89 | −5.34* | −0.89 | 3.56 | 3.56 |

下線は混成に絡むことを示し, * 印の軌道は σ 非結合. a) 配位子は $z$ 軸上. b) 配位子は $xy$ 面上. c) 錐の底面は $xy$ 平面. d) $C_3$ 軸は $z$ 軸. 立方体は四面体の倍.

$0.4\Delta_t$ だけ不安定になる(重心則, 図 3.4). 四面体場では $t_2$ 軌道群ですら L の正面に向いていないし, L の数は四面体場では 4 個なので, 同じ M を同じ L が同じ距離で取り囲んだ場合では $\Delta_t$ は $\Delta_o$ の半分以下である(実は $\Delta_t = 4/9 \Delta_o = 4.44$ Dq, 3.4 節(c)項参照). こうして四面体場では $t_2$ 軌道群と e 軌道群はそれぞれ $0.4\Delta_t = 1.78$ Dq と $-0.6\Delta_t = -2.67$ Dq のエネルギー準位にある(表 3.1).

他の構造についても同様に扱えるが, 実は結晶場理論では M と L 間の結合性を正しく評価していない(反発のみがあるのになぜ M—L 結合が起こるのか!). さらに π 結合や M の s 軌道や p 軌道の役割はまったく考慮されていない. そこで, その他の構造については d 軌道のエネルギー準位を表 3.1 にまとめて示すにとどめる. なお, 重心則から各構造におい

て d 軌道のエネルギーの総和はつねにゼロであることに注意する.

▰**問題 3.2** d 軌道の結晶場分裂とは何か.
▰**問題 3.3** 平面正方形錯体と四角錐錯体のいずれにおいても $x^2-y^2$ 軌道と $xy$ 軌道のエネルギー差は $\Delta_\mathrm{o}(10\,\mathrm{Dq})$ に等しい. なぜか.

## (b) 結晶場安定化エネルギー

八面体場にある $\mathrm{d}^1$ 配置の M を考えよう. その電子は当然エネルギーの低い $\mathrm{t}_{2g}$ 軌道を占める($\mathrm{t}_{2g}$ 軌道群を 1 電子が占めるので $\mathrm{t}_{2g}^1$ と表わす). したがって平均(仮想的に球対称な電子分布の場合)に比べ $4\,\mathrm{Dq}=0.4\,\Delta_\mathrm{o}$ だけ系は安定となる. この安定化を**結晶場安定化エネルギー**(crystal field stabilization energy, **CFSE**)という. $\mathrm{d}^2,\mathrm{d}^3$ 配置の場合でも Hund の規則に従って $\mathrm{t}_{2g}$ 軌道群が平行スピンで占められる($\mathrm{t}_{2g}^2$, $\mathrm{t}_{2g}^3$). だから CFSE はそれぞれ $4\,\mathrm{Dq}\times2(=0.8\,\Delta_\mathrm{o}$;近似的, 4.2 節(b)項参照), $4\,\mathrm{Dq}\times3(=1.2\,\Delta_\mathrm{o})$ である. $\mathrm{d}^4$ 以降では($\mathrm{d}^7$ まで)電子の詰め方に 2 つの選択肢がある(図 3.5). 1 つは Hund の規則に従って平行スピンが多くなるように, 4, 5 番目の電子がエネルギーの高い $\mathrm{e}_g$ 軌道を占め($\mathrm{t}_{2g}^3\mathrm{e}_g^1$, $\mathrm{t}_{2g}^3\mathrm{e}_g^2$, この

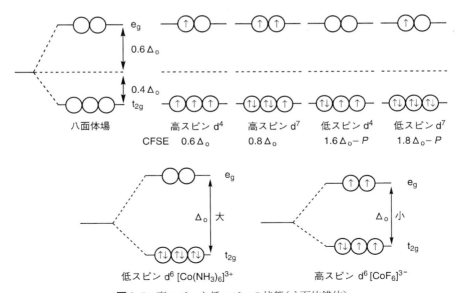

図 3.5 高スピンと低スピンの状態(八面体錯体)

**表 3.2** 八面体($O_h$)錯体と四面体($T_d$)錯体の結晶場安定化エネルギー(CFSE)

| d 電子数 | 高スピン 電子配置 $O_h$ | CFSE | 低スピン 電子配置 $O_h$ | CFSE | 高スピン 電子配置 $T_d$ | CFSE |
|---|---|---|---|---|---|---|
| $d^1$ | $t_{2g}^{\ 1}$ | $0.4\,\Delta_o$ | | | $e^1$ | $0.6\,\Delta_t$ |
| $d^2$ | $t_{2g}^{\ 2*}$ | $0.8\,\Delta_o$ # | ($t_{2g}^{\ 2}$ | $0.8\,\Delta_o$) | $e^2$ | $1.2\,\Delta_t$ |
| $d^3$ | $t_{2g}^{\ 3}$ | $1.2\,\Delta_o$ | | | $e^2 t_2^{\ 1*}$ | $0.8\,\Delta_t$ # |
| $d^4$ | $t_{2g}^{\ 3} e_g^{\ 1}$ | $0.6\,\Delta_o$ | $t_{2g}^{\ 4}$ | $1.6\,\Delta_o - P$ | $e^2 t_2^{\ 2}$ | $0.4\,\Delta_t$ |
| $d^5$ | $t_{2g}^{\ 3} e_g^{\ 2}$ | $0\,\Delta_o$ | $t_{2g}^{\ 5}$ | $2.0\,\Delta_o - 2P$ | $e^2 t_2^{\ 3}$ | $0\,\Delta_t$ |
| $d^6$ | $t_{2g}^{\ 4} e_g^{\ 2}$ | $0.4\,\Delta_o$ | $t_{2g}^{\ 6}$ | $2.4\,\Delta_o - 2P$ | $e^3 t_2^{\ 3}$ | $0.6\,\Delta_t$ |
| $d^7$ | $t_{2g}^{\ 5} e_g^{\ 2*}$ | $0.8\,\Delta_o$ # | $t_{2g}^{\ 6} e_g^{\ 1}$ | $1.8\,\Delta_o - P$ | $e^4 t_2^{\ 3}$ | $1.2\,\Delta_t$ |
| $d^8$ | $t_{2g}^{\ 6} e_g^{\ 2}$ | $1.2\,\Delta_o$ | | | $e^4 t_2^{\ 4*}$ | $0.8\,\Delta_t$ # |
| $d^9$ | $t_{2g}^{\ 6} e_g^{\ 3}$ | $0.6\,\Delta_o$ | | | $e^4 t_2^{\ 5}$ | $0.4\,\Delta_t$ |
| $d^{10}$ | $t_{2g}^{\ 6} e_g^{\ 4}$ | $0\,\Delta_o$ | | | $e^4 t_2^{\ 6}$ | $0\,\Delta_t$ |

\* 印は強い場での電子配置であり, # 印の CFSE は近似値(弱い場では $0.6\,\Delta$, 4.2節(b)項参照). Jahn-Teller 効果(後述)による寄与は考慮していない.

とき CFSE は 6 Dq ずつ減少する), 6, 7, 8 番目がスピン対を形成しながら $t_{2g}$ 軌道を占め($t_{2g}^{\ 4} e_g^{\ 2}$, $t_{2g}^{\ 5} e_g^{\ 2}$, $t_{2g}^{\ 6} e_g^{\ 2}$ で CFSE はそれぞれ 4 Dq, 8 Dq (近似的), 12 Dq), 9, 10 番目が $e_g$ 軌道を占める($t_{2g}^{\ 6} e_g^{\ 3}$, $t_{2g}^{\ 6} e_g^{\ 4}$ で CFSE はそれぞれ 6 Dq, 0 Dq)やり方である. $d^4$ から $d^7$ についてこのように電子が詰められた状態を**高スピン**(high spin)**状態**, そのような錯体を**高スピン錯体**という.

ここで同じ軌道に 2 電子を詰めると電子間反発がある(逆に別々の軌道に平行スピンで詰めると交換エネルギーによる安定化がある). これによる電子対 1 組当たりの不安定化を**スピン対形成エネルギー**(spin-pairing energy)$P$ とすると, 高スピンの場合では配位子と結合していないフリーの金属と同じ個数のスピン対をもつので, 正味の CFSE には $P$ を考慮する必要はない. これらが表 3.2 にまとめてある.

もう 1 つの詰め方では, 4〜6 番目の電子がスピン対を形成しながらエネルギーの低い $t_{2g}$ 軌道を占め($t_{2g}^{\ 4}$, $t_{2g}^{\ 5}$, $t_{2g}^{\ 6}$), 7 番目以降がエネルギーの高い $e_g$ 軌道を占める($t_{2g}^{\ 6} e_g^{\ 1}$, $t_{2g}^{\ 6} e_g^{\ 2}$, $t_{2g}^{\ 6} e_g^{\ 3}$ など, 図 3.5). こうすると $d^4$ から $d^7$ の CFSE は表 3.2 のようになる. このような状態を**低スピン**(low spin)**状態**, このスピン状態の錯体を**低スピン錯体**という. ここで $d^0$(0 Dq)や $d^1$〜$d^3$, $d^8$〜$d^{10}$ では高スピン, 低スピンの区別はない. 球対称の高スピン $d^5$ と $d^{10}$ では安定化と不安定化がちょうど相殺されるので CFSE はゼロであり, $d^0$ でも d 電子がないのでゼロである.

■**問題 3.4** CFSE とは何か.
■**問題 3.5** 表 3.2 の八面体構造と四面体構造の CFSE の値を計算せよ.

$d^n$ 配置($n=4\sim7$)をもつ八面体錯体がどちらのスピン状態をとるかは，$\Delta_o$ とスピン対形成エネルギー $P$ の相対的な大きさによって決まる．d 軌道と L との反発が大きい(実は M—L 結合が強い)場合には $\Delta_o$ が大きいので安定な $t_{2g}$ 軌道が優先的に占有され低スピン状態が実現されやすく，逆の場合ではできるだけスピン対を形成しない高スピン状態になる．

たとえば $d^6$ では，低スピン状態のエネルギーは $-4\,\mathrm{Dq}\times6+2P=-2.4\Delta_o+2P$，高スピンでは $-4\,\mathrm{Dq}=-0.4\Delta_o$ である．これは CFSE の符号を逆にしたものと同じ値である．このとき $-2.4\Delta_o+2P<-0.4\Delta_o$ (低スピン状態の方がエネルギーが低い)，つまり $P<\Delta_o$ ならば低スピン状態が，$P>\Delta_o$ ならば高スピン状態が実現される(他の電子配置でも同様)．スピン対形成エネルギーを電子対の数に比例するとするのはあくまで近似であり，実際には電子間の反発と平行スピン対の数 $n(n-1)/2$ ($n$ は平行スピン数)に近似的に比例する交換エネルギーとが関係する．このため，$d^5$ 配置(の第 1 遷移金属)は平行スピン数の多い高スピン状態を，$d^6$ 配置(とくに 3 価イオン)は CFSE を稼げる低スピン状態をとりやすい．たとえば $Fe^{3+}(d^5)$ や $Mn^{2+}(d^5)$ は結合力の強い $CN^-$ などとのみ低スピン $d^5$ 錯体 $[Fe(CN)_6]^{3-}$ や $[Mn(CN)_6]^{4-}$ を生成するが，$Co^{3+}(d^6)$ では $[CoF_6]^{3-}$ 以外はほとんど低スピン錯体である．M の周期を下がると M—L 結合は強くなり($\Delta_o$ が大きくなる)，さらに d 軌道が広がるので電子間反発も小さくなり，第 2 と第 3 遷移金属はたいてい低スピン錯体を生成する．さらに L が π アクセプター性であれば $t_{2g}$ 軌道も π 結合性になるので(3.3 節(b)項参照) $t_{2g}$ 軌道がすべて占有されてこれらの錯体は 18 電子則に従うようになる．

■**問題 3.6** 高スピン錯体と低スピン錯体とは何か．また，どのようなときに各錯体が生成するか．

上の近似で $P$ と $10\,\mathrm{Dq}$ の大きさが接近していれば両方のスピン状態が

混在し，温度によってその平衡が移動する現象がみられる．このような錯体を**スピン・クロスオーバー錯体**（spin crossover complex）という．たとえば $Fe^{3+}$（$d^5$）の八面体型錯体 $[Fe(dtc)_3]$（$dtc^-$ の構造は図 2.1）は室温では高スピン状態であるが，低温にするにつれて低スピン状態をとるようになる．$d^6[Fe\{(pz)_3BH\}_2]$（$(pz)_3BH^-$ は tris(pyrazolyl)borate）も溶液中で類似の挙動を示す．$d^6[Fe(phen)_2(NCS)_2]$ は常温では高スピン状態であるが，170 K 付近で急激に低スピン状態に変化する（急激な高スピン→低スピンの変化なので厳密にはスピン・クロスオーバー錯体とはよばない）．ヘモグロビン中の $Fe^{2+}$ も $O_2$ と結合すると高スピン→低スピンに変化する．このようなスピン状態の変化は錯体の磁気モーメントの測定によって検出できる（磁性の詳細については 4.4 節参照）．

**問題 3.7**　スピン・クロスオーバー錯体とはどんなものか．

　四面体錯体について同様の考察を高スピン状態について行った結果も表 3.2 にまとめた．この場合 $\Delta_t = 4/9\,\Delta_o$ だから低スピン状態をとることはまれである．八面体構造の場合と比較すると，$d^3$，低スピン $d^6$，$d^8$ の場合に CFSE は四面体構造より八面体構造の方が相当大きく，これらは八面体構造をとりやすいことがわかる．高スピン $d^4$ と $d^9$ でも CFSE は八面体構造の方がかなり大きいが，これらの電子配置では Jahn-Teller 変形（後述）が起こる．ただし CFSE を使って錯体の安定性を評価することには問題がある！（3.4 節(d)項参照）．その他の構造についても表 3.1 から CFSE を計算できる．たとえば，平面正方形構造の低スピン $d^8ML_4$ では $x^2-y^2$ だけが非占有なので，CFSE は $2(5.14+5.14+4.28-2.28)\,Dq-P = 24.56\,Dq-P$ である．$\Delta$ の大きさは d-d 遷移に基づく吸収スペクトルによって実験的に決めることができるが（表 3.5 参照），d 軌道の分裂が生じる原因とその大きさについては $\pi$ 結合も取り扱える配位子場理論（3.3 節）のところで議論する．

**問題 3.8**　第 1 遷移金属の低スピン四面体錯体はほとんどない．一方，第 2 と第 3 遷移金属錯体はほとんど低スピンである．なぜか．

> **■問題 3.9** $d^8$ の $Ni^{2+}$ 錯体は配位子間の反発が大きくなければ四面体構造よりも八面体構造をとりやすいのはなぜか(章末問題 3.7 参照).

### (c) 結晶場分裂によって説明される錯体の諸性質

結晶場理論では d 軌道の分裂は d 電子と配位子との静電反発に基づくものとしている.たとえば,$F^-$ と $NH_3$ とでは前者は負の電荷を帯びているので d 電子との反発が大きく,$F^-$ の方が大きな $\Delta_o$ を与えると予想される.ところが実際には八面体構造の $[CoF_6]^{3-}$ は高スピン,$[Co(NH_3)_6]^{3+}$ は低スピン錯体であって(図3.5),$NH_3$ の方が大きな $\Delta_o$ を与える.これは M—L 結合が静電反発に基づく結晶場理論によって正しく記述されていないからである.このように d 軌道が分裂する原因の理解は現段階では不十分であるが,この分裂によって説明できる錯体に特徴的な多くの性質がある.以下いくつか例を挙げる.

**配位構造選択性**

たとえば $d^3(d^8)$ や低スピン $d^6$ 配置の M は大きな CFSE が得られる八面体構造をとりやすいことは述べた.また,低スピン $d^8$ は 4 配位平面正方形構造では $24.56\,Dq-P$ もの CFSE を稼げる(d 軌道が広がっている第 2 と第 3 遷移金属では $P$ の値が小さいので平面正方形構造がより有利になる).一方,球対称の $d^0$,高スピン $d^5$,$d^{10}$ 配置では CFSE がゼロなので,どの構造をとるかは主に M と L の立体的要因(VSEPR 則)によって決まる(実は $d^0$ や高スピン $d^5$ では後述の配位子場安定化があり,$d^{10}$ のみ d 軌道の寄与が無視できる).実際,これらの配置の M は多様な配位数をとる(2.2節の例参照).後周期になると軌道のエネルギーが下がり,s 軌道や p 軌道も結合に相当関与するのでこれらの寄与も無視できなくなる.たとえば $d^{10}$ 配置の重金属は s, p 軌道の混入によって 2 配位直線や 3 配位三角形構造を,$d^8$ 配置でも s 軌道の混入によって 4 配位平面構造をとる傾向を示すことはすでに触れた.この配位構造の選択性の問題は配位子場理論によって3.4節(f)項で再度扱う.

**遷移金属イオンの半径**

遷移金属イオンの半径はその酸化物の M—O 結合距離から見積もられる.第 1 遷移金属の酸化物 MO のほとんどでは $M^{2+}$ が 6 つの $O^{2-}$ に八面

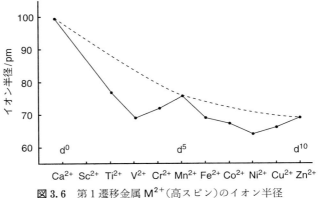

図 3.6　第 1 遷移金属 $M^{2+}$（高スピン）のイオン半径

体的に取り囲まれている（Ti と Cu は平面 4 配位，ZnO は四面体 4 配位）．同じ電荷と配位数で比較すると周期表を右に進むと有効核荷電の増大に伴って $M^{2+}$ のサイズは小さくなるはずだが，実際には図 3.6 のように変化する．CFSE がゼロの $d^0(Ca^{2+})$，高スピン $d^5(Mn^{2+})$，$d^{10}(Zn^{2+})$ を結ぶ線は予想通りなだらかな減少を示すが，その他の $d^n$ 配置（高スピン）のイオンではその線よりも下にある．反発の少ない $t_{2g}$ 軌道を占める場合には球対称の電子分布の場合に比べ $O^{2-}$ がより近くまで $M^{2+}$ に接近できるからである．$M^{3+}$ でも同じ傾向になるが，低スピン状態をとれば配位子との反発が少ない $t_{2g}$ 軌道がすべて占有される $d^6$ の半径がもっとも小さくなる（Mn＞Fe＞Co＜Ni＜Cu）．なお，イオン半径は Shannon のイオン半径に見られるように配位数の増大に伴って大きくなる．

## 遷移金属イオンの水和エンタルピー

　真空中の $M^{n+}$ を水中に移行するとき（$M^{n+}(g) + H_2O(l)$（過剰）→ $[M(H_2O)_6]^{n+}(aq)$），発する熱を水和エンタルピー $\Delta H°_{hyd}$ という．$\Delta H°_{hyd}$ は $M^{n+}$ と水分子間の静電的相互作用の強さに依存するので，同じ電荷の $M^{n+}$ の半径が小さいほど負に大きくなる（強く発熱する）．図 3.7(a)には第 1 遷移金属の $M^{2+}$ の $\Delta H°_{hyd}$ が d 電子数に対して示してある（すべて高スピン）．同じ周期で右に進むとイオン半径が小さくなるので，右上がりの傾向を示すことは理解できる．実際，$d^0$, $d^5$, $d^{10}$（CFSE がゼロ）の点を結んだ線はスムースな右上がりのカーブを描く．ところが $d^2(Ti^{2+})$〜$d^4(Cr^{2+})$，$d^6(Fe^{2+})$〜$d^9(Cu^{2+})$ の値はそのカーブよりも上にある，つまり

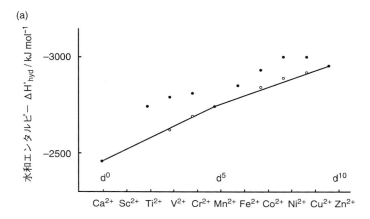

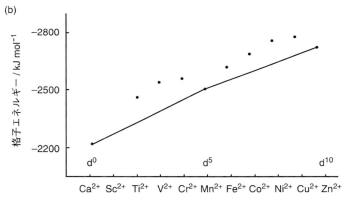

図 3.7 第 1 遷移金属 $M^{2+}$ の水和エンタルピー(a)と
ハロゲン化物の格子エネルギー(b)

発熱量が多い．これらでは CFSE による余分の安定化があるからである（$d^4, d^9$ の場合，CFSE の寄与が予想以上に大きいのは後述の Jahn-Teller 効果による）．この CFSE の補正をすると(白丸)右上がりの曲線上に乗る．$M^{3+}$ についても同様である．第 1 遷移金属のハロゲン化物 $MX_2$ の結晶では M が 6 つの X に八面体的に取り囲まれている($CuX_2$ はやや変則的)．この結晶の格子エネルギーも水和エンタルピーの場合と同じ理由で二こぶのカーブを描く(図 3.7(b))．

---

■問題 3.10　図 3.7 はなぜ二こぶになるのか説明せよ．

## スピネルの位置選択性

$M^{2+}(M'^{3+})_2O_4$ で示される複合酸化物は**スピネル構造**(spinel structure)をとる．4つの O からなる立方最密格子の 8 個の四面体間隙のうち 1 個を $M^{2+}$ が占め，4 個の八面体間隙のうち 2 個を $M'^{3+}$ が占めた構造を**正スピネル**(normal spinel)，$M'^{3+}$ が四面体間隙を，$M^{2+}$ と $M'^{3+}$ とが八面体間隙を占めた構造を**逆スピネル**(inverse spinel)，という．八面体場の方が $\Delta$ が大きいので，大きい CFSE が得られる電子配置をもつ $M^{n+}$ が八面体間隙を選択的に占めるはずである．逆に $d^0$，高スピン $d^5$，$d^{10}$ 配置の $M^{n+}$ はどちらを占めても CFSE は稼げないので他のイオンの犠牲になる．たとえば $Fe^{2+}(Fe^{3+})_2O_4$ では $Fe^{2+}$（高スピン $d^6$）だけが CFSE を稼ぐので，$Fe^{2+}$ が八面体間隙を占める逆スピネル構造をとる．ただし CFSE は錯体の安定性の一部を担っているに過ぎないし，イオンサイズの影響もある．また，$d^0$，高スピン $d^5$ の $M^{n+}$ は実際には配位子場の安定化を受けるので(3.4 節(d)項参照)，たとえば $ZnFe_2O_4$ では $Zn^{2+}(d^{10})$ ではなく $Fe^{3+}$（高スピン $d^5$）が八面体間隙に入る（正スピネル）．

> **問題 3.11** $ZnCr_2O_4$ がどのスピネル構造をとるかを CFSE から判定せよ．

## Jahn-Teller 効果（変形）

八面体場に置かれた $d^9$ 配置の $Cu^{2+}$ では $t_{2g}^6 e_g^3$ のように d 軌道が占められる（図 3.8）．$t_{2g}^6$ はこれが唯一の状態であり，電子的な縮重はない．ところが $e_g^3$ では $(z^2)^2(x^2-y^2)^1$ と $(z^2)^1(x^2-y^2)^2$ の2つの可能性がある（電子的に二重縮重しているという）．一般に非直線分子またはイオンが電子的に縮重している場合には，構造の対称性を低下させ，この縮重を解き安定化する．このような変形を **Jahn-Teller 効果**（変形）(Jahn-Teller effect(distortion)) という．この場合では $z$ 軸上の 2 つの $L_z$ と M の結合が長くなり，$x$ と $y$ 軸上の 4 つの $L_{xy}$ と M の結合が相対的に短くなるか，逆に 2 つの $L_z$ が短く，4 つの $L_{xy}$ が長くなる．前者の変形では $z^2$ との反発が弱くなり，そのエネルギーは $\delta$ だけ低くなる．一方，4 つの $L_{xy}$ の方は短くなるので $x^2-y^2$ のそれは $\delta$ だけ高くなる．こうして縮重していた $e_g$ 軌道は 2 つに分裂する(Jahn-Teller 分裂)．さらに $xy$ 平面に分布する $xy$ は反発が大きくなって少しエネルギーが高くなり($\delta'$)，$yz, zx$ はその半

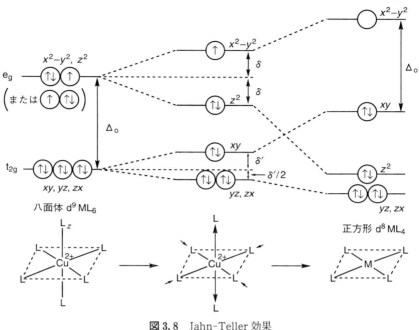

**図 3.8** Jahn-Teller 効果

分 ($\delta'/2$) だけ低くなる(重心則).ただし $t_{2g}$ 軌道は配位子との反発が少ないので軌道の分裂幅 $\delta'$ は $e_g$ 軌道の分裂幅 $\delta$ より小さい.このような変形によって軌道が分裂した結果,$d^9$ 配置では $z^2$ に 2 電子,$x^2-y^2$ に 1 電子を収容した状態が変形前より $\delta$ だけ安定となる.こうして正八面体構造の場合より余分な安定化エネルギー($\delta$)が稼げることになる.$t_{2g}$ の方は分裂してもすべて占有されているので安定化には寄与しない.

2 つの $L_z$ が短く,4 つの $L_{xy}$ が長い場合には $z^2$ 軌道と $x^2-y^2$ 軌道の順序が逆転し($xy$ と $yz, zx$ の順序も逆転),エネルギーの高い $z^2$ に 1 電子,低い $x^2-y^2$ に 2 電子収容した状態が実現される(同じく $\delta$ の余分の安定化).いずれの変形も可能だが,$Cu^{2+}$ 錯体ではいつも 2 つの $L_z$ が長い.$D_{4h}$ 対称になると後周期の $Cu^{2+}$ では s 軌道が $z^2$ 軌道へ混入するため,安定化した $z^2$ を 2 電子が占有する方が安定になるからであろう.$e_g^1$ 配置でも二重縮重があるので(つまり $e_g$ 軌道群が非対称に占有されているので)高スピン $d^4$($t_{2g}^3 e_g^1$),低スピン $d^7$($t_{2g}^6 e_g^1$)の錯体には変形による安定化が期待される.$Cr^{2+}$ や $Mn^{3+}$(表 3.3)と $Co^{2+}$ や $Ni^{3+}$ の錯体の例がある($[NiF_6]^{3-}$

**表 3.3**　6配位の Cu(II)，Cr(II)，Mn(III) の化合物の M—L 結合距離/pm

| 結合＼錯体 | CuF$_2$* | CuCl$_2$* | CrF$_2$* | CrCl$_2$* | MnF$_3$* | [Mn(acac)$_3$]** |
|---|---|---|---|---|---|---|
| M—L($xy$) | 193 | 230 | 199 | 240 | 185(平均) | 200(193) |
| M—L($z$) | 227 | 295 | 243 | 292 | 209 | 195(212) |

\* 印の結晶中では M$^{2+}$ や M$^{3+}$ は歪んだ八面体型6配位構造.
\*\* 2種の錯体がある.

では L$_z$ が短く，Co$^{2+}$ では L$_z$ が長い例がある）．d$^1$(t$_{2g}^1$)，d$^2$(t$_{2g}^2$)，低スピン d$^4$(t$_{2g}^4$)，低スピン d$^5$(t$_{2g}^5$)，高スピン d$^6$(t$_{2g}^4$e$_g^2$)，高スピン d$^7$(t$_{2g}^5$e$_g^2$) では t$_{2g}$ 軌道群が三重縮重しているが，t$_{2g}$ 電子と L との反発が小さい（t$_{2g}$ が σ 非結合性な）のでこれらの電子配置の八面体錯体ではこの変形は観測されにくい（δ′ が小さいから，章末問題 3.6）．そのような場合では，変形した構造間ですばやい相互変換が起こって平均的には対称性の高い構造にみえることがある（動的 Jahn-Teller 効果という）．

いま，$z$ 方向の 2つの L$_z$ が無限大まで遠ざかり平面4配位の ML$_4$ 錯体になったとする（図 3.8 右側）．このとき $z^2$ は $xy$ 平面にも少し分布をもつが，$z$ 方向の L$_z$ との反発がなくなるのでそのエネルギーはかなり低くなる（s 軌道の混入もあり，L によっては $yz, zx$ より低くなることもある）．一方，$xy$ の準位は相対的に高くなる（とくに L が強い π ドナーのとき）．もちろん $x^2-y^2$ は ±$x$ 軸，±$y$ 軸方向の L$_{xy}$ との反発でもっともエネルギーが高くなり，$xy$ とのエネルギー差は $\Delta_\text{o}$ である．この $x^2-y^2$ だけが空になれば安定なので低スピン d$^8$ 配置の M はこの構造をとりやすい（d$^8$ の八面体構造から出発すれば，e$_g$ 軌道群が平行スピンで占められた (t$_{2g}$)$^6$($x^2-y^2$)$^1$($z^2$)$^1$ から (t$_{2g}$)$^6$($z^2$)$^2$ のような電子配置に変化して平面正方形になる極端な Jahn-Teller 変形とみることもできる）．つまり，d$^8$ 八面体構造では CFSE は 12 Dq，d$^8$ 平面4配位構造では 24.56 Dq − P であるから，Dq が大きく（つまり結合が強く），スピン対形成エネルギー P が小さい d$^8$ の第2と第3遷移金属錯体では平面4配位構造が断然安定である．

同じ d$^8$ 配置でも Ni$^{2+}$ のように Dq が小さく s-$z^2$ 軌道間のエネルギー差が大きいと，e$_g$ 軌道群が平行スピンで占められた（電子間反発が少ない）八面体構造（配位子間の反発が大きいときには四面体構造）が実現される．低スピン d$^6$ であれば反結合性の e$_g$ 軌道群がすべて非占有になるので八面体構造が非常に安定になる（たとえば Pt$^{4+}$，Co$^{3+}$，Rh$^{3+}$ など）．また，

低スピン $d^6$ では正四角錐構造（CFSE は $20\,\mathrm{Dq}-2P$）も可能である（3.3 節(c)項，3.4 節(f)項参照）．

■**問題 3.12** 金属錯体の Jahn-Teller 効果とは何か．また，八面体錯体では金属 M がどのような電子配置をとるときにこの効果が観測されるか．

四面体構造では d 軌道の分裂は八面体構造とは逆であり，高スピンの $e^2t_2^1(d^3)$，$e^4t_2^4(d^8)$，$e^2t_2^2(d^4)$，$e^4t_2^5(d^9)$ の配置では L との反発が大きい $t_2$ 軌道群が三重縮重しているので変形が期待される．前 2 者では 1 つの $t_2$ 軌道が他より 1 電子多いので四面体構造が引き伸ばされ，後 2 者では 1 つの $t_2$ 軌道が他より 1 電子少ないので押しつぶされる．たとえばスピネル $NiCr_2O_4$ 中の $d^8 Ni^{2+}$（四面体）と $d^9[CuCl_4]^{2-}$（L—M—L 角 $=130°$）がその例である．配位子との反発が小さい e 軌道群が縮重している場合ではやはり変形が観測されにくい．四面体構造では低スピン状態をとることはほとんどない．

### 酸化還元電位

水溶液中の金属イオンの還元電位 $E^\circ$ はアクア錯体のそれであり，たとえば

$$[Co(H_2O)_6]^{3+} + e^- \rightleftarrows [Co(H_2O)_6]^{2+} \quad E^\circ = +1.81\,\mathrm{V}$$

（標準水素電極 NHE に対して）

であるが，

$$[Co(en)_3]^{3+} + e^- \rightleftarrows [Co(en)_3]^{2+} \quad E^\circ = -0.26\,\mathrm{V}$$

である．$E^\circ$ は左右の化学種の熱力学的安定性の差を表わしていて，$H_2O$ より大きな $\Delta_o$ を与える σ 供与性の高い en で取り囲まれると，左辺の低スピン $d^6$ 錯体が大きな CFSE を得て非常に安定化するから還元されにくくなるのである．また，右辺の 2 価錯体は en から強い電子供与を受ける（$e_g$ 軌道のエネルギーが高くなる）ので，$[Co(H_2O)_6]^{2+}$ よりも酸化されやすくなる（$[Co(CN)_6]^{3-/4-}$ ではもっと還元されにくく $E^\circ = -0.83\,\mathrm{V}$）．一方，

$$[Fe(H_2O)_6]^{3+} + e^- \rightleftarrows [Fe(H_2O)_6]^{2+} \quad E^\circ = +0.77\,\mathrm{V}$$

に対して

$$[Fe(phen)_3]^{3+} + e^- \rightleftarrows [Fe(phen)_3]^{2+} \quad E^\circ = +1.21\,\mathrm{V}$$

である．この場合では $Fe^{2+}$ が phen で取り囲まれると π 逆供与結合によって安定化するから還元されやすくなる（$Fe^{3+}$（低スピン $d^5$）では電子数が減り d 軌道のエネルギーも下がるので逆供与による安定化は $Fe^{2+}$（$d^6$）より少ない）．

**問題 3.13** $Fe^{3+/2+}$ 還元電位（水溶液中）は 0.77 V，$[Fe(CN)_6]^{3-/4-}$ のそれは 0.36 V である．この傾向を説明せよ．

**Irving-Williams 系列**

金属錯体の溶液内での安定性は安定度定数で表現される．たとえば 2 価の第 1 遷移金属イオンの水溶液に L を加えると

$$[M(H_2O)_6] + L \rightleftarrows [ML(H_2O)_5] + H_2O$$

の平衡がある（平衡定数 $K_1$）．もっと一般的には $[M(H_2O)_6] + nL \rightleftarrows [ML_n(H_2O)_{6-n}] + nH_2O$ で平衡定数 $\beta_n = K_1 \cdot K_2 \cdot K_3 \cdots K_n$ である．この平衡定数（安定度定数）は L の種類によらず

$$Mn^{2+} < Fe^{2+} < Co^{2+} < Ni^{2+} < Cu^{2+} > Zn^{2+}$$

の順に大きくなる（表 3.4）．これを **Irving-Williams 系列**（series）という．ほぼこの順に $M^{2+}$ のサイズが小さくなるので L との静電相互作用が強くなり，これに CFSE の効果が上乗せされるからである．また，周期表で右に進むと d 軌道のエネルギーも下がるし，s 軌道や p 軌道も L との結合に関与するようにもなる．$Cu^{2+}$（$d^9$）では Jahn-Teller 効果のために余分の安定化（$\delta$）もあるので安定度の大小関係は CFSE の予想とは逆転する（Cu > Ni > Co）が，5 番目と 6 番目（2 座配位子 en では 3 番目）の配位子との結合力 $K_5$，$K_6$（en では $K_3$）は逆に極端に小さくなる（表 3.4）．$Sc^{2+}$（$d^1$）から $Mn^{2+}$（高スピン $d^5$）までと（ただし 2 価の状態が非常に不安定である

表 3.4 $M^{2+}$ の en 錯体と edta 錯体の安定度定数 $K$ と CFSE

| M(II)(半径/pm) | Mn(97) | Fe(92) | Co(88.5) | Ni(83) | Cu(87) | Zn(88) |
|---|---|---|---|---|---|---|
| $\log K_1$ | 2.77 | 4.34 | 5.97 | 7.51 | 10.72 | 5.92 |
| $\log K_2$ | 2.10 | 3.31 | 4.91 | 6.35 | 9.31 | 5.15 |
| $\log K_3/\log \beta_3$ | 0.92/5.79 | 2.05/9.70 | 3.18/14.1 | 4.42/18.3 | −1.0/19.0 | 1.86/12.9 |
| $\log K$(edta) | 13.6 | 14.3 | 16.1 | 18.6 | 18.8 | 16.5 |
| CFSE | 0 Dq | 4 Dq | 8 Dq # | 12 Dq | 6 Dq + $\delta$ | 0 Dq |

$K_1, K_2, K_3$ は単座配位子の場合の $K_1 \times K_2$，$K_3 \times K_4$，$K_5 \times K_6$ に相当．# は近似値．

ものもある),3価イオンでは $Sc^{3+}(d^0)$〜$Fe^{3+}(d^5)$ の高スピン錯体について同様の関係が見られる.ただし,L が π 結合性の場合ではこれほど単純ではない.

なお,一般に $K_n>K_{n+1}$ なのは,M に結合した L の数が増大するにつれて次の L が結合する配位座が少なくなるとともに解離できる L の数が増えること(統計的要因)と M 上の電子密度が増大することによる.また,配位子間の立体的/静電的反発も増大してくる.しかし,軌道の混成状態が変化し,配位数が変化する場合やスピン状態の変化を伴う場合にはこの限りではない.たとえば,$Fe^{2+}$ と phen で $\log K_1=5.9>\log K_2=5.4<\log K_3=10.0$ となるのは3個目の phen が配位するとき高スピン $d^6$→低スピン $d^6$ に変化して CFSE を稼ぐからである.また,$Ag^+$ と $NH_3$ では $\log K_1=3.2<\log K_2=3.8$ である.$[Ag(NH_3)(H_2O)_n]^+$ から $[Ag(NH_3)_2]^+$ を生成するとき混成が,$sp^3(d^3)$ から $s(d_{z^2})p$ 混成に変わるからだと考えられる.このような安定度定数の変則性は多様な配位数をとる $d^{10}$ の $Cu^+$,$Zn^{2+}$ や $Hg^{2+}$ などの錯体に見られる.配位子の立場からは安定度定数は一般にその塩基性が高いほど大きい.共役酸の $pK_a$ が大きいほど $H^+$ との結合が強いので $M^{n+}$ との結合も強いからである.だから $NO_3^-$ や $ClO_4^-$ のような強酸の共役塩基は配位力が弱い.ただし $H^+$ の場合とはちがって π 結合が関与したり,配位子がかさ高ければこの限りではない($H^+$ はサイズが小さく普通1個の L とのみ反応するが,金属錯体では複数個の L が M と結合するので L 間反発も安定度に影響を及ぼす重要な因子になる).また,HSAB の原理(1.1節(d)項)にも支配されるのは当然である.

以上のように遷移金属錯体を特徴づける性質には結晶場分裂によって説明できるものが多い.$[M(H_2O)_6]^{n+}$ の配位水分子の交換速度も5配位(解離機構)や7配位(会合機構)の中間体との CFSE の差によってある程度合理的な説明が可能である(章末問題3.3参照).4章で述べる吸収スペクトルや磁性も同様である.したがって結晶場分裂は錯体の性質を理解する上で重要であるが,Werner 錯体における全相互作用のうちで CFSE の大きさは 1/10 程度であるといわれている.とくに後周期遷移金属においては,s 軌道,p 軌道のエネルギーが低いのでその寄与は相当大きい.

## 3.3 配位子場理論とπ結合——Δを決める因子

　遷移金属と配位子の結合を結晶場理論で取り扱うことの問題点はすでに述べたが，とくに有機金属錯体において重要なπ結合がまったく考慮できないという致命的な欠点がある．そこでM—L結合を分子軌道法によって記述する試みがなされてきた．これを**配位子場理論**(ligand field theory, LFT)という．

**(a) 簡単な分子の分子軌道**

　錯体の分子軌道(MO)を取り扱う前に，平面三角形構造の$BH_3$を例として分子軌道の考え方を簡単に説明する．中心のBは2s, 2pの4つの原子価軌道をもつ．このBを三角形状に取り囲む3つのHの1s軌道を組み合わせて，中心のBの軌道と重なるような群軌道を作る(図3.9(a))．まず，$1a_1'$群軌道(＋ ＋ ＋)とBの2s軌道とが同じ位相(同符号)で重なると安定な**結合性分子軌道**(bonding molecular orbital)$1a_1'$を生じ，逆位相(反対

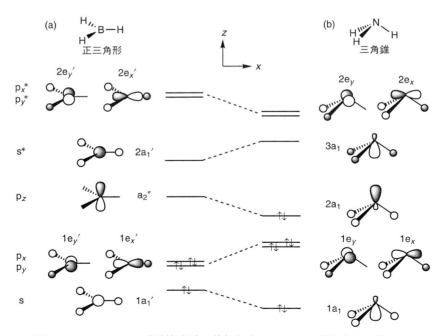

**図3.9** $BH_3$と$NH_3$の分子軌道(白は位相(＋)，アミかけは位相(−)を表わす)

符号)の重なり((＋ ＋ ＋)と2s(−)または(− − −)と2s(＋))によって対応するエネルギーの高い**反結合性分子軌道**(antibonding molecular orbital)$2a_1'$ができる．$2p_x$と重なる(＋ ＋ −)の群軌道と，$2p_y$と重なる(− ＋ 0)の群軌道($p_y$の節面にあるHの寄与はゼロ)は少し変則的に思えるが，両者の同位相の重なりから生じる結合性分子軌道($1e'$)は二重縮重している．これらの逆位相の重なりからは二重縮重した反結合性の分子軌道$2e'$軌道ができる．3個のHは残った$2p_z$軌道の節面に位置するので，この$2p_z$軌道は重なる相手がなく**非結合**(non-bonding)のままである($a_2''$)．こうしてHの1s軌道3個から群軌道が3個でき，これらとBの2s, 2pの4個の軌道(このうち$p_z$は非結合)が重なって合計7個の分子軌道ができる．このように，使われた軌道の数とできた分子軌道の数は常に等しい．価電子6個をエネルギーの低い順に詰めていくと，結合性の$1a_1'$と$1e'$とが占有され，$1e'$がHOMOで，$p_z(a_2'')$が空でLUMOとなる．全結合次数は3であり，3本のB—H結合に対応する．原子価結合法ではBは$sp^2$混成と考える．

いま，これに2電子加えて8電子にすると，非結合性の$p_z$軌道まで占有されるので電子供与性は強いが不安定になる．8電子の$NH_3$は実際は頂点にNがある三角ピラミッド構造(四面体の1頂点が$lp$で占められた構造)になる．この構造でも3つのHの1s軌道からなる群軌道$1a_1$(＋ ＋ ＋)は中心のNの2s軌道と重なる(図3.9(b))．s軌道は球対称なのでこの重なりは平面構造$BH_3$の場合($1a_1'$)とあまり変わらない．ところが群軌道$1a_1$(＋ ＋ ＋)は平面構造では非結合性だった$2p_z$軌道とも重なることができる(2次のJahn-Teller変形)．このような三つどもえの相互作用では(元の)$1a_1'$に$2p_z$軌道が混入してもっと結合的な(エネルギーが低い)$1a_1$になり，$2p_z$には(＋ ＋ ＋)の群軌道と2s軌道の成分が混入して元の$p_z$よりエネルギーが下がった$2a_1$になる．これはほぼ非結合的で，3つのHとは反対側に広がっていて2電子を$lp$(孤立電子対)として収容する．一方，反結合性の(元)$2a_1'$には$2p_z$成分が混入してもっと反結合的な$3a_1$になる．二重縮重の(元)$1e'$はピラミッド化によって重なりが悪くなるので平面構造のときよりエネルギーが高い$1e$となり，反結合性軌道の方は反結合性が減って前より低い$2e$になる($PF_3$などではこれらが$\pi$アクセプター軌道)．8電子の$NH_3$では$2a_1$まで占有されて，この電子対($lp$)が

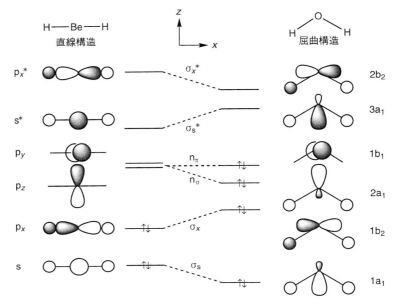

図 3.10　BeH₂ と OH₂ の分子軌道

ルイス塩基として働く．結合次数はやはり 3 である（原子価結合法では N は sp³ 混成）．これを無理やり平面構造にすると，HOMO の $2a_1$ のエネルギーが高くなるので不安定になる．逆に平面構造の $BH_3$（6 電子）を $NH_3$ のようにピラミッド化すると HOMO の $1e'$ が不安定化する．このように構造変化に伴う各分子軌道のエネルギー変化を示したものは **Walsh ダイアグラム**（diagram）とよばれる．

　直線構造の $BeH_2$（気体状態；4 電子）と屈曲構造の $OH_2$（8 電子）との関係は上の関係に似ている（図 3.10）．すなわち，直線構造では（＋ ＋）と（－ ＋）の群軌道がそれぞれ 2s と $2p_x$ と重なり，結合性分子軌道 $\sigma_s$ と $\sigma_x$，およびそれぞれに対応する反結合性分子軌道 $\sigma_s^*$ と $\sigma_x^*$ ができる．$p_y$, $p_z$ は非結合のままで，4 電子の $BeH_2$ では $\sigma_x$ まで占有される（原子価結合法では Be は sp 混成）．屈曲すると（＋ ＋）の群軌道は $p_z$ とも重なるようになるので，三つどもえの相互作用によってより結合的な $1a_1(\sigma_s)$，ほぼ非結合的な $2a_1(n_\sigma; \ell p)$，反結合的な $3a_1(\sigma_s^*)$ ができる．$p_x$ の重なりは直線の場合より悪くなるので $1b_2(\sigma_x)$ のエネルギーは前より高くなるが，対応する反結合性の $2b_2(\sigma_x^*)$ はエネルギーが下がる（$SR_2$ などではこれが π

アクセプター軌道). $p_y(1b_1; n_\pi)$ は相変わらず非結合性であり, 8電子の $CH_2$ では $2a_1(n_\sigma)$ と HOMO の π 性の $1b_1(n_\pi)$ が $lp$ を収容している(それぞれが σ と π ドナー軌道, 原子価結合法では O は $sp^2$ または $sp^3$ 混成).

金属錯体では金属の s, p 軌道と 5 つの d 軌道が原子価軌道となり(L の軌道よりエネルギーが高い), エネルギーの順序は $nd<(n+1)s<(n+1)p$ であること, また配位子は σ 軌道だけでなく, π 結合に使える軌道ももつことに注意する.

### (b) 八面体錯体の分子軌道

まず, 八面体錯体から始めよう. σ 軌道に $lp$ をもつ 6 つの L が M を八面体的に取り囲むと, これらの軌道から 6 つの群軌道ができる(図 3.11). M の s 軌道($a_{1g}$)と結合する 1 個の $a_{1g}$ 群軌道, p 軌道($t_{1u}$)と結合する 3 個の $t_{1u}$ 群軌道は簡単である. これらがお互いに重なって結合性の $1a_{1g}$(1個)と $1t_{1u}$(3個)と, 反結合性の $2a_{1g}$(1個)と $2t_{1u}$(3個)の分子軌道ができる. 5 つの d 軌道のうち $x^2-y^2$ と $z^2$($e_g$)はこれらに適合する L の群軌道($e_g$)と重なって結合性($1e_g$)と反結合性($2e_g$)分子軌道ができる. 残りの

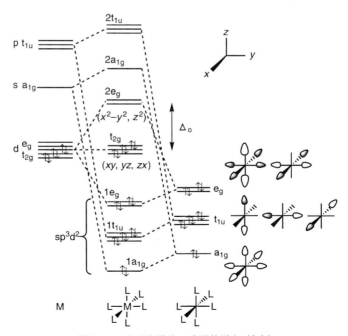

**図 3.11** 八面体錯体の分子軌道(σ 結合)

$xy, yz, zx$ ($t_{2g}$)には重なる σ 性の群軌道がないので非結合のままである(Lの σ 軌道がこれらの節面に位置するから．ただしこれらの $t_{2g}$ 軌道群はあとで述べる π 結合に関与する)．その結果，1 個の s，3 個の p，2 個の d 軌道が L との σ 結合に使われる($\mathbf{sp^3d^2}$ 混成に相当)．一般に L の軌道よりも M の原子価軌道の方がエネルギーが高いので，結合性分子軌道は主に L の軌道成分からなり，反結合性分子軌道には M の軌道の成分が多い(したがって L の電子対がより安定な軌道に収容されることになる)．こうして 5 つの d 軌道は σ 非結合性の $t_{2g}$ と反結合性の $2e_g$(L の軌道成分が混入している)に分裂し，そのエネルギー差が $\Delta_o$ であるとすれば定性的には結晶場理論と同じ結果になる．

明らかな相違は配位子場理論では d 軌道の分裂が，L との σ 結合によって $2e_g(d)$ が反結合性($3e_\sigma$)を帯びることから生じることである．つまり M―L 間の σ 結合が強くなり $2e_g$ が反結合性を強く帯びるほど $\Delta_o$ は大きくなる．結合性軌道の $1a_{1g}(L)$，$1t_{1u}(L)$，$1e_g(L)$ には L からの電子が収容され(安定化)，M の d 電子は σ 非結合性の $t_{2g}(d)$ と反結合性の $2e_g(d)$ に収容される．d 電子の詰め方は結晶場理論のときと同じで，Hund の規則に従うと高スピンに，電子間反発を受けながらエネルギーの低い $t_{2g}$ を一杯にしてから $2e_g$ を占めると低スピンになる．σ 非結合性の $t_{2g}$ を占めても(σ 結合に関する限り)錯体の安定性には影響しないが(結晶場理論では結晶場安定化エネルギー(CFSE)を得ることになる！)，σ 反結合性の $2e_g$ を占めると不安定化する．その結果，d 電子による**配位子場安定化エネルギー**(ligand field stabilization energy，**LFSE**，表 3.10 参照)は CFSE とは大きく異なる．たとえば $d^0$，高スピン $d^5$，$d^{10}$ 配置の錯体では CFSE はゼロだが，LFSE は $d^{10}$ のときのみゼロで，高スピン $d^5$ でもゼロではなく，$d^0$(から $d^3$)では大きな LFSE が得られることになる！

錯体の安定性を考える場合には M―L 結合生成によって L の電子対が安定化する効果($1a_{1g}$，$1t_{1u}$，$1e_g$ の電子)と，M 電子が反結合性の d 軌道を占めることによる不安定化を考慮しなければならない．σ 結合に関する限り，反結合性の $2e_g(d)$ が占有されると $1e_g(L)$ による安定化は帳消しになり，結合は長くなる．このように考えても結晶場理論で議論した諸性質を説明することができる．たとえば水和エンタルピーの二こぶカーブは，周期表の右に進むほど s 軌道と p 軌道の寄与が大きくなる効果と，この

LFSE の効果が加算されて生じている，と解釈される．LFSE については 3.4 節(d)項で改めて考察する．

$SF_6$, $PF_6^-$, $SiF_6^{2-}$（12 電子）のような八面体構造の典型元素化合物ではd軌道が使えないので配位子（置換基）の $e_g$ 群軌道は非結合である．つまり3つの3中心結合（$t_{1u}$）と全対称の $a_{1g}$ の結合があり（図 3.11），残りの4電子は配位子の $e_g$ 群軌道（非結合性）に収容される（結合次数 4）．だから中心原子周りは実は8電子である．14 電子の $[SbCl_6]^{3-}$（や $XeF_6$）がこの構造をとるときには，VSEPR 則では不活性電子対を想定するが，分子軌道による解釈では反結合性の $2a_{1g}$ 軌道まで占有されることになる（結合次数 3）．だから対応する 12 電子の $[SbCl_6]^-$ より Sb—Cl 結合は長い（265 pm と 235 pm）．

■**問題 3.14** 錯体を生成したとき起こる d 軌道の分裂についての解釈は，結晶場理論と配位子場理論とでどこが根本的に異なるか．

### (c) π 結合

4 配位錯体の分子軌道を考える前に π 結合を導入する．八面体構造で σ 結合に関与しない $t_{2g}$ 軌道群は，$\pm x, \pm y, \pm z$ に位置するLがp軌道のような π 軌道をもつ場合には，これらと π 型に重なることができる．たとえば $xy$ は $\pm x$ 軸と $\pm y$ 軸上のLの π 軌道（$z$ 軸に垂直な $\pi_y$）と π 結合する（図 3.12(a)）．$X^-$ や CO のように各Lが2個の π 軌道（$\pi_y$ と，$z$ 軸に平行な $\pi_x$）をもてば，八面体構造では3つの $t_{2g}(d)$ 軌道がそれぞれ4個の π 結合に関与する（分子軌道法的には π 軌道を2個ずつもつ6個の配位子から12個の群軌道（$t_{2g}$, $t_{1u}$, $t_{1g}$, $t_{2u}$）ができる．このうち図に示した3個の群軌道（$t_{2g}$）が $t_{2g}(d)$ 軌道と π 結合し，$t_{1u}$ 群軌道と p 軌道の重なりは無視され，$t_{1g}$ 群軌道と $t_{2u}$ 群軌道は対称性の合う d 軌道がないので非結合である）．

π 結合には2種類あって，1つはLの占有 π 軌道が π ドナーとして働く場合で（たとえば $X^-$ の占有 p 軌道），結果的に $t_{2g}(d_\pi)$ 軌道が π 反結合性に，Lの π 軌道が π 結合性軌道になる（図 3.12(b)）．$t_{2g}(d_\pi)$ 軌道が部分的にでも非占有であれば安定化するが，これらの $d_\pi$ 軌道が占有されるにつれて π 結合による安定化は帳消しになる．こうして d 電子数の少な

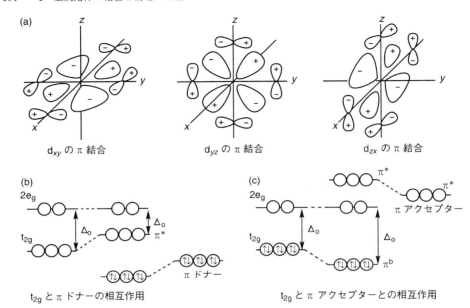

**図 3.12** 2 種類の π 結合

い M が π ドナーを好むことがわかる（図 1.9）．また，配位子場分裂は σ 配位子との相互作用の結果，$2e_g(d_\sigma)$ 軌道が不安定化することによって起こるが，これに π ドナーの効果が重なると，σ 非結合性だった $t_{2g}(d_\pi)$ 軌道が π 反結合性（$4e_\pi$）になる（エネルギーが高くなる）．したがって $2e_g(d_\sigma)$ 軌道とのエネルギー差 $\Delta_o$ は小さくなる（だからといって錯体が不安定になるとは限らないが，高スピン錯体になる傾向を示す）．

もう 1 つの π 結合は CO や $CH_2=CH_2$ のように L が比較的エネルギーの低い空の $\pi^*$ 軌道（d 軌道よりエネルギーは高い）をもつ π アクセプターの場合である．この場合では，M の占有 $t_{2g}(d_\pi)$ 軌道から L の $\pi^*$ 軌道へ π 逆供与が起こる（図 3.12(c)）．すなわち，今度は $t_{2g}(d)$ 軌道が π 結合性軌道になり，これが電子で占有されると安定化に寄与する（$\pi^*$ 軌道の方はエネルギーが高くなるが非占有）．だから $d_\pi$ 軌道が占有されている M は π アクセプターを好む．こうして $2e_g(d_\sigma)$ と $t_{2g}(d_\pi)$ 軌道のエネルギー差 $\Delta_o$ は，L が σ ドナー性しかもたない場合よりも**大きくなり**，低スピン錯体となって 18 電子則を満たす．ここでも $\Delta_o$ が大きいからといって錯体が安定であるとは限らないことに注意する．

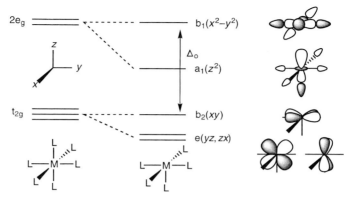

**図 3.13** 四角錐構造における d 軌道の分裂（σ/π ドナー）

M の p 軌道も L との π 結合に関与できるが（$t_{1u}$），すでに σ 結合に使われており，d 軌道よりもエネルギーが高いのでその寄与はここでは無視する．四面体錯体でも同様である（$t_2(p)$）．

なお，八面体錯体の z 軸の L を 1 つ除くと正四角錐構造になる（図 3.13）．旧 $t_{2g}$ 軌道のうち $xy(b_2)$ は八面体構造の場合と同じく 4 つの π 結合に関与するが（$4e_\pi$），$yz, zx(e)$ は抜けた L との π 結合を失い 3 つの π 結合に関与することになる（$3e_\pi$）．$x^2-y^2(b_1)$ は八面体錯体の場合と同じだけ σ 反結合性（$3e_\sigma$）になるが（だから $xy$ と $x^2-y^2$ のエネルギー差は $\Delta_o$），$z^2$（$a_1$）は z 軸上の L が 1 個抜けたのでその σ 反結合性は小さくなる（$2e_\sigma$）．さらに $z^2$ には s 軌道と $p_z$（の反結合性）軌道が混入するので（$s(p_z)p^2 d_{z^2} d_{x^2-y^2}$ 混成），$z^2$ の反結合性は実際にはもっと減る（対応する結合性軌道がもっと結合的になる）．ただし，このように 90° の結合角をもつ正四角錐構造の実例は少ない（典型元素化合物についても 2.2 節(d)項参照）．z 軸方向の配位子が強い σ ドナー性である場合には，$z^2$ 軌道の反結合性が大きくなり，$z^2$ と $x^2-y^2$ 軌道が非占有になる低スピン $d^6$ がこの構造をとることがある（3.4 節(f)項参照）．

**問題 3.15** $F^-$ は負電荷をもち，$NH_3$ は極性をもち，CO はほとんど無極性であるが，CO＞$NH_3$＞$F^-$ の順に大きな配位子場分裂 $\Delta$ を与える．なぜか．

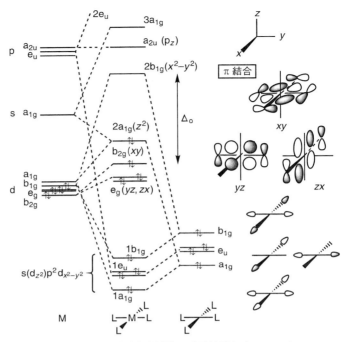

**図 3.14** 平面正方形錯体の分子軌道($\sigma/\pi$ ドナー)

### (d) 4配位錯体の分子軌道

八面体錯体の1つの軸($z$)上の2つの L を除くと正方形錯体になる(図 3.14).八面体錯体の場合と同様に扱うと M の s($a_{1g}$)軌道や $p_x, p_y$($e_u$)軌道に合う群軌道が作られる($\sigma$ 結合).一方,$p_z$($a_{2u}$)軌道は非結合のままである($\pi$ アクセプターとして働けるが,その寄与は d 軌道に比べ一般に小さい).$x^2-y^2$($b_{1g}$)は八面体錯体の場合と同じだけ $\sigma$ 反結合性($3e_g$)になり,$\sigma$ 非結合の旧 $t_{2g}$ 軌道のうち $xy$($b_{2g}$)は 4 つの $\pi$ 結合($4e_\pi$)に関与する(両者のエネルギー差は $\Delta_o$).一方,$yz, zx$($e_g$)はそれぞれ 2 つの $\pi$ 結合に関与するだけである(図 3.14 では L の $\pi$ ドナー軌道は省略).この構造では $z$ 方向には L はないが,$z^2$ は $xy$ 面内にも分布をもつので s 軌道が重なる群軌道($a_{1g}$)とも重なる.このような三つどもえの相互作用では,$1a_{1g}$(L)はもっと結合的に,$2a_{1g}$($z^2$)は s 軌道の混入によってほぼ非結合的に,$3a_{1g}$(s)軌道が強く反結合性に,なる(s($d_{z^2}$)$p^2 d_{x^2-y^2}$ 混成).s(や p)軌道の d 軌道への混入は後周期(重)金属ほど起こりやすいから,中心金

属が $d^8$ の第2と第3遷移金属 $Pd^{2+}$ や $Pt^{2+}$ などであれば，非結合的な $z^2$ も占有され $x^2-y^2$ だけが非占有となったこの構造をとりやすいことがわかる．なお，図3.14では $z^2$ と $xy$ のエネルギーの順序が図3.8，図3.38や図4.22とは逆になっている．この順序は配位子の π ドナー性や $z^2$ 軌道への s 軌道の混入の程度に依存する．

正方形構造をもつ $XeF_4$ や $ICl_4^-$（12電子）のような典型元素化合物では d 軌道が使えないので $a_{1g}$ 群軌道は中心原子の s 軌道とのみ重なり，$x^2-y^2$ と重なるはずの $b_{1g}$ 群軌道は非結合，中心原子の $p_z(a_{2u})$ も非結合のままで占有される（$e_u$ が $p_x$, $p_y$ と重なる）．反結合性の $a_{1g}$ まで占有されているので2個の3中心結合 $e_u$ だけが結合に寄与する（結合次数2；図3.14）．$BH_4^+$（6電子）では非結合性の $b_{1g}$ 群軌道も $p_z(a_{2u})$ も非占有になるのでこの構造が安定である（結合次数3）．一方，8電子の $CH_4$ では置換基が電気陰性ではないので $b_{1g}$ 軌道はエネルギーが高く非占有であり，$p_z$ まで占有するよりは次に述べる四面体構造になった方が安定である．

■**問題 3.16** 問題3.3を配位子場理論の立場で再考せよ．

四面体錯体では図3.15のように座標をとると，4つの L の σ 軌道は $x^2-y^2$ と $z^2$（e 軌道）の節面に位置するのでこれらの d 軌道は σ 非結合である．M の $t_2$ 軌道（$xy, yz, zx$）は L の σ 軌道の正面を向いてはいないが L の $1t_2$ 群軌道と重なることができる．八面体錯体の場合では d 軌道と p 軌道が重なる群軌道は別々であったが，四面体錯体では同じ $t_2$ 群軌道に $p(t_2)$ 軌道も重なることができる！（$yz$ と $p_x$, $zx$ と $p_y$, $xy$ と $p_z$ が同じ群軌道と重なる）．このため $d(t_2)$ 軌道には p 軌道の成分が混入することになる（4.1節（b）項参照）．この場合も三つどもえの相互作用によって L の $t_2$ が σ 結合性の $1t_2(L)$ に，M の $t_2$ がほぼ非結合性の $2t_2(d)$ に（したがって $\Delta_t$ は小さくなる），M の p 軌道（$t_2$）が反結合性の $3t_2(p)$ になる．M の $s(a_1)$ 軌道は L の $a_1$ 群軌道と重なり，それぞれ反結合性の $2a_1(s)$ と結合性の $1a_1(L)$ となる（これと上の3つ（$t_2$）と合わせて $sp^3(d^3)$ 混成に相当する）．

四面体錯体の π 結合は角重なり模型のところで述べるが，M の $2t_2(d)$ も $e(d)$ も π 結合に関与し（図3.15），σ 非結合性の $e(d)$ の方が π の相互作用は大きい（3倍）．だから $\Delta_t$ も π ドナー配位子によって減少し，π ア

108　3　金属錯体の結合と構造の理論

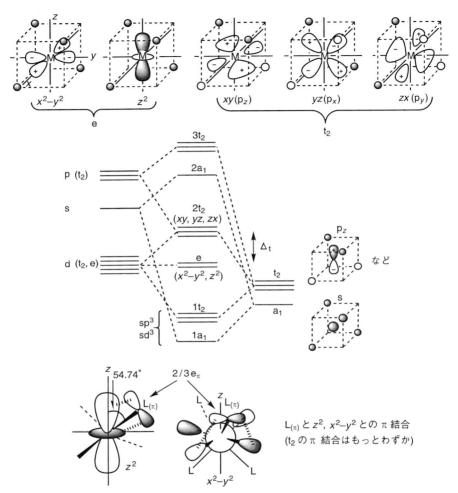

**図 3.15**　四面体錯体の分子軌道（σ 結合）と π 結合

クセプター配位子によって増大する．M の p 軌道（$t_2$）は σ 結合にも π 結合にも関与するが π 結合は無視される．8 電子の $CH_4$ のような四面体構造の典型元素化合物では $a_1$ 群軌道が中心原子の s 軌道と，$t_2$ 群軌道が p 軌道のみと，相互作用する（$sp^3$ 混成）．4 つの結合性軌道だけに電子を収容すればオクテット則が満たされる．6 配位の三角柱，5 配位の三角両錐，7 配位の五角両錐や $C_{2v}$-面冠三角柱，8 配位の正方逆プリズム構造などでの d 軌道の分裂の様子（図 3.18，表 3.9 参照）は 3.4 節で述べる．

> **問題 3.17** 四面体錯体の M の $2t_2(xy, yz, xz)$ 軌道はほとんど σ 非結合的であり,有機金属錯体では電子が占めている.なぜか.

### (e) Δ を決める因子

　　　　配位子場理論によって d 軌道の分裂の大きさ Δ は M—L 間の π 結合を含めた相互作用の強さによって決まることが明らかになった.この Δ は分裂した d 軌道間の電子遷移(d-d 遷移)に基づく吸収スペクトルから決めることができる(その原理は 4.2 節で述べる).八面体型 $[ML_6]^{n\pm}$ について得られた $\Delta_o$ の値を表 3.5 に示す(一部は結晶状態での測定値).

　　　　ある M について Δ が大きくなる順に配位子を並べたものを**分光化学系列**(spectrochemical series)という.一般に,M に無関係に $I^- < Br^- < \underline{S}CN^- < Cl^- < \underline{N}O_3^- < F^- < \underline{O}H^- \sim Ac\underline{O}^- < \underline{O}NO^- < C_2O_4^{2-} < H_2O < \underline{N}CS^- < py \sim \underline{N}H_3 < en < \underline{N}H_2OH < bpy \sim phen < \underline{N}O_2^- < P\underline{P}h_3 < \underline{C}N^- < \underline{C}O$(下線は配位原子)の順序が確立されている(表 3.5).この系列で下位にある配位子は π ドナー性,上位にあるものは π アクセプター性であることは,Δ が π 結合を含む M—L 間相互作用の強さに依存することと一致する.$H_2O$ は π ドナー性をもつが,陰イオン $OH^-$ になった方が負電荷を帯びるのでその能力が高くなり下位にある(だからといって $M—OH_2$ 結合より $M—OH^-$ 結合の方が弱いわけではない! d 電子数による).$NH_3$ は σ ドナーであり,配位原子が電気陽性(C>N>O>X)であるほどその $\ell p$ のエネルギーが高いので,一般にこの順に σ/π ドナー性が高くなる.だからた

**表 3.5** 八面体錯体 $[ML_6]^{n\pm}$ の $\Delta_o$ の値
(kcm$^{-1}$ 単位;1 kcm$^{-1}$=11.96 kJ mol$^{-1}$)

| $M^{n+}$ \ L | $Cl^-$ | $F^-$ | $H_2O$ | $NH_3$ | $CN^-$ |
|---|---|---|---|---|---|
| $Ti^{3+}$ | 13.0 | 17.5 | 20.1 |  | 22.3 |
| $V^{3+}$ | 12.0 | 16.1 | 18.5 |  | 23.9 |
| $Cr^{3+}$ | 12.7 | 15.2 | 17.4 | 21.6 | 26.6 |
| $Fe^{3+}$ | 11.0 | 14.0 | 14.3 |  | 35.0 |
| $Co^{3+}$ |  | 13.1 | 20.8 | 22.9 | 34.8 |
| $Fe^{2+}$ |  | 7.7 | 9.4 |  | 32.8 |
| $Co^{2+}$ | 6.9 | 7.7 | 9.3 | 10.1 |  |
| $Ni^{2+}$ | 7.2 | 7.5 | 8.5 | 10.8 |  |
| $Rh^{3+}$ | 20.3 | 22.3 | 27.0 | 34.1 | 45.0 |

とえば $[Co(NH_3)_6]^{3+}$ は低スピン，$[CoF_6]^{3-}$ は高スピンである．ハロゲンイオンでは $I^- < Br^- < Cl^- < F^-$ の順になっているのは，周期を下がると主に σ ドナー性が低下するからである（ドナー軌道が広がって M の軌道との重なりが悪くなるからであり，ドナー軌道は $I^-$ がもっともエネルギーが高く d 軌道とのエネルギー差は小さいはずである）．$CN^-$ は π アクセプター性もあるが負電荷をもつので C 上の $lp$ の軌道も $π^*$ 軌道もエネルギーが高くなって強い σ ドナー性を示す．等電子の CO は中性なので π アクセプターであり，上位にある．$NO^+$ も等電子だが正電荷をもつのでその $π^*$ 軌道のエネルギーが低く，もっと強い π アクセプターである．L を一定として M を変えたとき，例外はあるが $\Delta_o$ は $Mn^{2+} < Ni^{2+} < Co^{2+} < Fe^{2+} < V^{2+} < Fe^{3+} < Cr^{3+} < V^{3+} < Co^{3+} < Rh^{3+} < Ru^{3+} < Ir^{3+} < Pt^{4+}$ の順に増大する（表 3.5）とされている．このことから，$\Delta_o$ を M と L の因子の積で表わそうという試みもある．一般に同じ M であれば Δ は $M^{2+} < M^{3+} < M^{4+}$ の順であり，族と電荷が同じとき周期を下がるごとに 3〜4 割増し程度になる．これは，d 軌道と L の軌道との重なりがよくなるからであり，第 2 と第 3 遷移金属はもっぱら低スピン錯体を生成する．

---

■**問題 3.18** 分光化学系列とは何か．また，σ ドナー配位子，π ドナー配位子，π アクセプター配位子はこの系列でどの位置にあるか．また，なぜか．

---

## 3.4 角重なり模型

　　M と L との相互作用を半定量的に見積もる方法として角重なり模型について解説する．少々数式を扱うことになるが案外単純である．

### （a）d 軌道と配位子軌道との重なり

　　ここで解説する**角重なり模型**（angular overlap model, AOM）では軌道間の相互作用が両者の重なりの 2 乗に比例する（両軌道間のエネルギー差の逆数にも比例）という近似を使うことによって d 軌道の反結合性を見積もる．その導出は専門書に譲るが，結果は錯体の結合/構造の説明に非常に有用である．

表 3.6 d, p 軌道と配位子の重なりの角度部分 $F$

| M の軌道 | $F(\sigma)$ | $F(\pi_y)$ | $F(\pi_x)$ |
| --- | --- | --- | --- |
| $z^2$ | $(1+3\cos 2\theta)/4$ | 0 | $-\sqrt{3}\sin 2\theta/2$ |
| $yz$ | $\sqrt{3}\sin\phi\sin 2\theta/2$ | $\cos\phi\cos\theta$ | $\sin\phi\cos 2\theta$ |
| $zx$ | $\sqrt{3}\cos\phi\sin 2\theta/2$ | $-\sin\phi\cos\theta$ | $\cos\phi\cos 2\theta$ |
| $xy$ | $\sqrt{3}\sin 2\phi(1-\cos 2\theta)/4$ | $\cos 2\phi\sin\theta$ | $\sin 2\phi\sin 2\theta/2$ |
| $x^2-y^2$ | $\sqrt{3}\cos 2\phi(1-\cos 2\theta)/4$ | $-\sin 2\phi\sin\theta$ | $\cos 2\phi\sin 2\theta/2$ |
| $p_x$ | $\cos\phi\sin\theta$ | $-\sin\phi$ | $\cos\phi\cos\theta$ |
| $p_y$ | $\sin\phi\sin\theta$ | $\cos\phi$ | $\sin\phi\cos\theta$ |
| $p_z$ | $\cos\theta$ | 0 | $-\sin\theta$ |

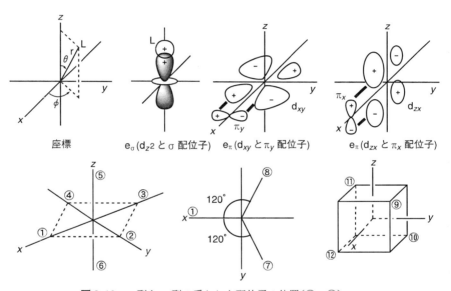

図 3.16 σ 型と π 型の重なりと配位子の位置(①〜⑫)

M から $r$ の距離にある球面上の任意の点 $(\theta, \phi)$ に位置する L の軌道と M の d 軌道との重なりの角度部分 $F$ は，天下り的であるが，表 3.6 で与えられる．ここで $\phi$ は $+x$ 軸からの $xy$ 平面内の角，$\theta$ は $+z$ 軸からの角である(図 3.16)．上の仮定によれば L との相互作用による d 軌道の反結合性は σ 結合に関しては $\boldsymbol{F}^2 \times \mathrm{e}_\sigma$，π 結合に関しては $\boldsymbol{F}^2 \times \mathrm{e}_\pi$ で与えられる．ここで $\mathrm{e}_\sigma$ は $z^2$ 軌道と $+z$ 軸上 $(\theta=0)$ の距離 $r$ にある L との σ 相互作用の大きさを表わす．$\mathrm{e}_\pi$ は，たとえば $xy$ 軌道と $+x$ 軸上 $(\theta=90°, \phi=0°)$ の距離 $r$ にある L の $\pi_y$ 軌道($z$ 軸に垂直)との π 相互作用の大きさ，

あるいは $zx$ 軌道と $+x$ 軸上の距離 $r$ にある L の $\pi_x$ 軌道（$z$ 軸に平行）との $\pi$ 相互作用の大きさを表わす（図 3.16）．また，相互作用する L が複数個あればその和をとる（加成性）．こうすると $e_\sigma$ や $e_\pi$ は L や M の種類や M—L 結合距離に依存し，L と M の軌道のエネルギー差も含んだパラメータになる．

d-d 遷移の解析から得られた $Co^{3+}/Cr^{3+}$ の八面体錯体の $e_\sigma$ と $e_\pi$ の値は（単位は $kcm^{-1}$），

$CN^-$ ($e_\sigma=12.15/8.48$, $e_\pi=0.39/-0.29$)
$NH_3$ ($e_\sigma=7.81/7.18$, $e_\pi=0/0$)
$H_2O$ ($e_\sigma=6.60/5.94$, $e_\pi=1.08/0.50$)
$OH^-$ ($e_\sigma=9.61/8.66$, $e_\pi=4.54/2.25$)
$Cl^-$ ($e_\sigma=6.29/5.56$, $e_\pi=1.29/0.90$)

である（$e_\pi$ は $\pi$ ドナーのとき正，$\pi$ アクセプターのとき負）．$Co^{3+}$ の方が 3d 軌道は低いので $\sigma/\pi$ ドナーとの相互作用は $Cr^{3+}$ より強いはずであり，上記のデータはこのことを支持している（$CN^-$ は d 軌道が低い $Co^{3+}$ に対しては $\pi$ ドナー，d 軌道が高い $Cr^{3+}$ に対しては $\pi$ アクセプター，として働いている）．また，$H_2O$ より負電荷をもつ $OH^-$ の方が $\sigma/\pi$ ドナー性が高い．さらに $e_\sigma \gg |e_\pi|$ である．M の p 軌道と L の重なりも表 3.6 に示した．p 軌道の $e_\sigma$ や $e_\pi$ の値は d 軌道とは区別する必要がある．

**(b) 正八面体錯体での配位子と d 軌道の重なり**

例として正八面体構造を考える．図 3.16 のように L に番号付けすると，$L(\theta, \phi)$ は ①$(90°, 0°)$，②$(90°, 90°)$，③$(90°, 180°)$，④$(90°, 270°)$，⑤$(0°, A)$，⑥$(180°, A)$ となる（$A$ は任意角）．これらを表 3.6 に代入すると

表 3.7　正八面体錯体における d 軌道と各配位子との重なりの角度部分 $F$

| d 軌道 | $z^2$ | | | $x^2-y^2$ | | | $xy$ | | | $yz$ | | | $zx$ | | |
|---|---|---|---|---|---|---|---|---|---|---|---|---|---|---|---|
| L 型 | $\sigma$ | $\pi_y$ | $\pi_x$ | $\sigma$ | $\pi_y$ | $\pi_x$ | $\sigma$ | $\pi_y$ | $\pi_x$ | $\sigma$ | $\pi_y$ | $\pi_x$ | $\sigma$ | $\pi_y$ | $\pi_x$ |
| ① | $-1/2$ | 0 | 0 | $\sqrt{3}/2$ | 0 | 0 | 0 | 1 | 0 | 0 | 0 | 0 | 0 | 0 | $-1$ |
| ② | $-1/2$ | 0 | 0 | $-\sqrt{3}/2$ | 0 | 0 | 0 | $-1$ | 0 | 0 | 0 | $-1$ | 0 | 0 | 0 |
| ③ | $-1/2$ | 0 | 0 | $\sqrt{3}/2$ | 0 | 0 | 0 | 1 | 0 | 0 | 0 | 0 | 0 | 0 | 1 |
| ④ | $-1/2$ | 0 | 0 | $-\sqrt{3}/2$ | 0 | 0 | 0 | $-1$ | 0 | 0 | 0 | 1 | 0 | 0 | 0 |
| ⑤ | 1 | 0 | 0 | 0 | 0 | 0 | 0 | 0 | 0 | 0 | $\cos A$ | $\sin A$ | 0 | $-\sin A$ | $\cos A$ |
| ⑥ | 1 | 0 | 0 | 0 | 0 | 0 | 0 | 0 | 0 | 0 | $-\cos A$ | $\sin A$ | 0 | $\sin A$ | $\cos A$ |
| $\sum F^2$ | $3e_\sigma$ | $0e_\pi$ | | $3e_\sigma$ | $0e_\pi$ | | $0e_\sigma$ | $4e_\pi$ | | $0e_\sigma$ | $4e_\pi$ | | $0e_\sigma$ | $4e_\pi$ | |

**表 3.8** 各配位子と d 軌道との相互作用の係数 $F^2$

| d 軌道 | $z^2$ | | $x^2-y^2$ | | $xy$ | | $yz$ | | $zx$ | | $\sum\sigma$ | $\sum\pi$ |
|---|---|---|---|---|---|---|---|---|---|---|---|---|
| L \ 型 | σ | π | σ | π | σ | π | σ | π | σ | π | | |
| ① | 1/4 | 0 | 3/4 | 0 | 0 | 1 | 0 | 0 | 0 | 1 | 1 | 2 |
| ② | 1/4 | 0 | 3/4 | 0 | 0 | 1 | 0 | 1 | 0 | 0 | 1 | 2 |
| ③ | 1/4 | 0 | 3/4 | 0 | 0 | 1 | 0 | 0 | 0 | 1 | 1 | 2 |
| ④ | 1/4 | 0 | 3/4 | 0 | 0 | 1 | 0 | 1 | 0 | 0 | 1 | 2 |
| ⑤ | 1 | 0 | 0 | 0 | 0 | 0 | 0 | 1 | 0 | 1 | 1 | 2 |
| ⑥ | 1 | 0 | 0 | 0 | 0 | 0 | 0 | 1 | 0 | 1 | 1 | 2 |
| ⑦ | 1/4 | 0 | 3/16 | 3/4 | 9/16 | 1/4 | 0 | 3/4 | 0 | 1/4 | 1 | 2 |
| ⑧ | 1/4 | 0 | 3/16 | 3/4 | 9/16 | 1/4 | 0 | 3/4 | 0 | 1/4 | 1 | 2 |
| ⑨ | 0 | 2/3 | 0 | 2/3 | 1/3 | 2/9 | 1/3 | 2/9 | 1/3 | 2/9 | 1 | 2 |
| ⑩ | 0 | 2/3 | 0 | 2/3 | 1/3 | 2/9 | 1/3 | 2/9 | 1/3 | 2/9 | 1 | 2 |
| ⑪ | 0 | 2/3 | 0 | 2/3 | 1/3 | 2/9 | 1/3 | 2/9 | 1/3 | 2/9 | 1 | 2 |
| ⑫ | 0 | 2/3 | 0 | 2/3 | 1/3 | 2/9 | 1/3 | 2/9 | 1/3 | 2/9 | 1 | 2 |

表 3.7 の結果を得る．たとえば①〜④と $z^2$ との重なりが負($-1/2$)であるのは，$z^2$ が $\pm z$ 方向で正(だから⑤，⑥との重なりは正)，$xy$ 平面内(襟巻き部分)で負の符号をもつからである．

**(c) d 軌道の反結合性**

同様に⑦$(90°, 120°)$，⑧$(90°, 240°)$，⑨$(\cos^{-1}\sqrt{1/3}\fallingdotseq 54.74°, 45°)$，⑩$(180°-\cos^{-1}\sqrt{1/3}\fallingdotseq 125.26°, 135°)$，⑪$(\cos^{-1}\sqrt{1/3}, 225°)$，⑫$(180°-\cos^{-1}\sqrt{1/3}, 315°)$ の L(図 3.16)についても $F$ を計算できる．表 3.8 にこれらの $F^2$ の値を与える(ここで $\pi_x$ と $\pi_y$ の 2 乗和を $\pi$ の値とした)．

各 L が 1 つの σ 結合と 2 つの π 結合に使える軌道をもつとしたので，**各 L ごとに $F^2$ の値を σ と π についてそれぞれ合計すると 1 と 2 になる．**このことは配位数に関係なく常に成り立つ．表 3.8 によれば，たとえば $+x$ 軸上の L①は $z^2$ とは $1/4e_\sigma$ の，$x^2-y^2$ とは $3/4e_\sigma$ の相互作用をもち，これらの軌道とは π 型の相互作用はしない(図 3.17)．さらに①は $xy$ や $zx$ とはそれぞれ $1e_\pi$ の相互作用をもち($xy$ と $\pi_y$, $zx$ と $\pi_x$)，$yz$ とは相互作用しない．各 d 軌道について配位子からの $F^2$ を合計すると，その d 軌道の反結合性の大きさ $E$ が見積もられる(加成性)．

八面体錯体では表 3.8 から $z^2$ は $xy$ 面内の①〜④までの L によって $1/4e_\sigma\times 4$ だけ，$z$ 軸上の⑤，⑥によって $1e_\sigma\times 2$ だけ反結合的になる(合計 $3e_\sigma$)．また，$x^2-y^2$ は①〜④によって $3/4e_\sigma\times 4=3e_\sigma$ だけ反結合的になる．

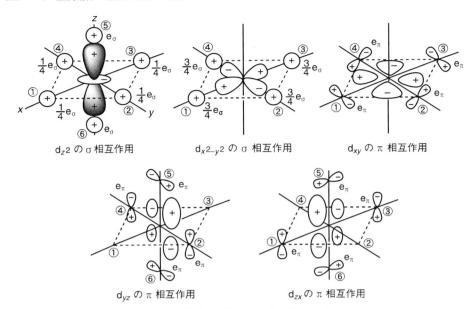

**図 3.17** d 軌道と配位子との相互作用の大きさ

しかしこれら2つの d 軌道はどの L とも π 型の相互作用はしない（図 3.17）. 一方, $xy$ は①〜④との, $yz$ は②④⑤⑥との, $zx$ は①③⑤⑥との π 結合によって, それぞれ $1e_\pi \times 4 = 4e_\pi$ だけ π 反結合的になる（π ドナーのとき. π アクセプターでは π 結合的になる）. また, これらの $xy, yz, zx$ 軌道はどの L とも σ 型の相互作用はしない. L の寄与を d 軌道ごとに合計すると

$$E(e_g ; x^2-y^2, z^2) = 3e_\sigma, \qquad E(t_{2g} ; xy, yz, zx) = 4e_\pi$$

となる. こうして配位子場分裂 $\boldsymbol{\Delta_o} = E(e_g) - E(t_{2g}) = \boldsymbol{3e_\sigma - 4e_\pi}$ である. 角重なり模型ではとりあえず錯体の対称性を考慮する必要がないという便利さはあるが, 各 d 軌道が固有関数になっているかどうか（非対角要素がゼロであるかどうか）は確認しておく必要がある. そうでなかったら固有関数になるように d 軌道を混合しなければならないが, これについては本書では述べない.

表 3.8 を使えば四面体構造では⑨〜⑫の和をとって,

$$E(t_2 ; xy, yz, zx) = 4/3 e_\sigma + 8/9 e_\pi, \qquad E(e ; z^2, x^2-y^2) = 8/3 e_\pi$$

（立方体ではこの2倍）

3.4 角重なり模型　115

表3.9 代表的な構造でのd軌道の反結合性(角重なり模型)

| 構造<br>(配位数) | d軌道<br>$z^2$ | $x^2-y^2$ | $xy$ | $yz$ | $zx$ | 配位子Lの位置とコメント |
|---|---|---|---|---|---|---|
| 直線(2) | $2e_\sigma$ | 0 | 0 | $2e_\pi$ | $2e_\pi$ | ⑤+⑥, Lは$z$軸上 |
| 正三角形(3) | $3/4e_\sigma$ | $9/8e_\sigma$ $+3/2e_\pi$ | $9/8e_\sigma$ $+3/2e_\pi$ | $3/2e_\pi$ | $3/2e_\pi$ | ①+⑦+⑧, Lは$xy$面内 |
| T字(3) | $0.634e_\sigma$ | $2.366e_\sigma$ | $3e_\pi$ | $2e_\pi$ | $1e_\pi$ | Lは$xy$面内, $z^2$と$x^2-y^2$は混合 |
| 正四面体(4) | $8/3e_\pi$ | $8/3e_\pi$ | $4/3e_\sigma$ $+8/9e_\pi$ | $4/3e_\sigma$ $+8/9e_\pi$ | $4/3e_\sigma$ $+8/9e_\pi$ | ⑨〜⑫の和 |
| 正方形(4) | $1e_\sigma$ | $3e_\sigma$ | $4e_\pi$ | $2e_\pi$ | $2e_\pi$ | ①〜④の和, Lは$\pm x$と$\pm y$軸上 |
| 正四角錐(5) | $2e_\sigma$ | $3e_\sigma$ | $4e_\pi$ | $3e_\pi$ | $3e_\pi$ | ①〜⑤の和, $z$軸がアキシャル |
| 三角両錐(5) | $11/4e_\sigma$ | $9/8e_\sigma$ $+3/2e_\pi$ | $9/8e_\sigma$ $+3/2e_\pi$ | $7/2e_\pi$ | $7/2e_\pi$ | ①, ⑤〜⑧の和, $z$軸がアピカル |
| 正八面体(6) | $3e_\sigma$ | $3e_\sigma$ | $4e_\pi$ | $4e_\pi$ | $4e_\pi$ | ①〜⑥の和 |
| 三角柱(6) | $4e_\pi$ | $1e_\sigma$ $+8/3e_\pi$ | $1e_\sigma$ $+8/3e_\pi$ | $2e_\sigma$ $+4/3e_\pi$ | $2e_\sigma$ $+4/3e_\pi$ | $z$軸が$C_3$軸 |
| 五角両錐(7) | $13/4e_\pi$ | $15/8e_\sigma$ $+5/2e_\pi$ | $15/8e_\sigma$ $+5/2e_\pi$ | $9/2e_\pi$ | $9/2e_\pi$ | $z$軸がアピカル |
| $C_{2v}$-面冠三角柱(7) | $2.35e_\sigma$ $+1.56e_\pi$ | $0.13e_\sigma$ $+4.47e_\pi$ | $2.75e_\sigma$ $+0.91e_\pi$ | $0.22e_\sigma$ $+4.31e_\pi$ | $1.55e_\sigma$ $+2.75e_\pi$ | $z$軸がM-キャップ軸, $z^2$と$x^2-y^2$は混合 |
| $C_{3v}$-面冠八面体(7) | $1.52e_\sigma$ $+2.74e_\pi$ | $0.19e_\sigma$ $+4.38e_\pi$ | $0.19e_\sigma$ $+4.38e_\pi$ | $2.55e_\sigma$ $+1.25e_\pi$ | $2.55e_\sigma$ $+1.25e_\pi$ | $z$軸が$C_3$軸, $z^2$以外は固有関数ではない |
| 立方体(8) | $16/3e_\pi$ | $16/3e_\pi$ | $8/3e_\sigma$ $+16/9e_\pi$ | $8/3e_\sigma$ $+16/9e_\pi$ | $8/3e_\sigma$ $+16/9e_\pi$ | 正四面体の値の倍 |
| 正方逆プリズム(8) | $5.32e_\pi$ | $1.33e_\sigma$ $+3.56e_\pi$ | $1.33e_\sigma$ $+3.56e_\pi$ | $2.67e_\sigma$ $+1.78e_\pi$ | $2.67e_\sigma$ $+1.78e_\pi$ | |
| 十二面体(8) | $1.67e_\sigma$ $+3.40e_\pi$ | $5.05e_\sigma$ | $2.94e_\sigma$ $+1.13e_\pi$ | $1.70e_\sigma$ $+3.21e_\pi$ | $1.70e_\sigma$ $+3.21e_\pi$ | |

$$\Delta_t = E(t_2) - E(e) = 4/3e_\sigma - 16/9e_\pi = 4/9(3e_\sigma - 4e_\pi) = \mathbf{4/9\Delta_o}$$

であることがわかる．四面体錯体では$t_2$軌道も$e$軌道も$\pi$結合に関与し，$e$軌道の方が$\pi$の相互作用が大きい(3倍)．

同様にして代表的な構造についてd軌道の反結合性を計算した結果が表3.9にまとめてある．ここで配位子は$\sigma/\pi$ドナーとしたので，$e_\pi$の係数は正になっている．また，各配位子は1個の$\sigma$軌道と2個の$\pi$軌道を

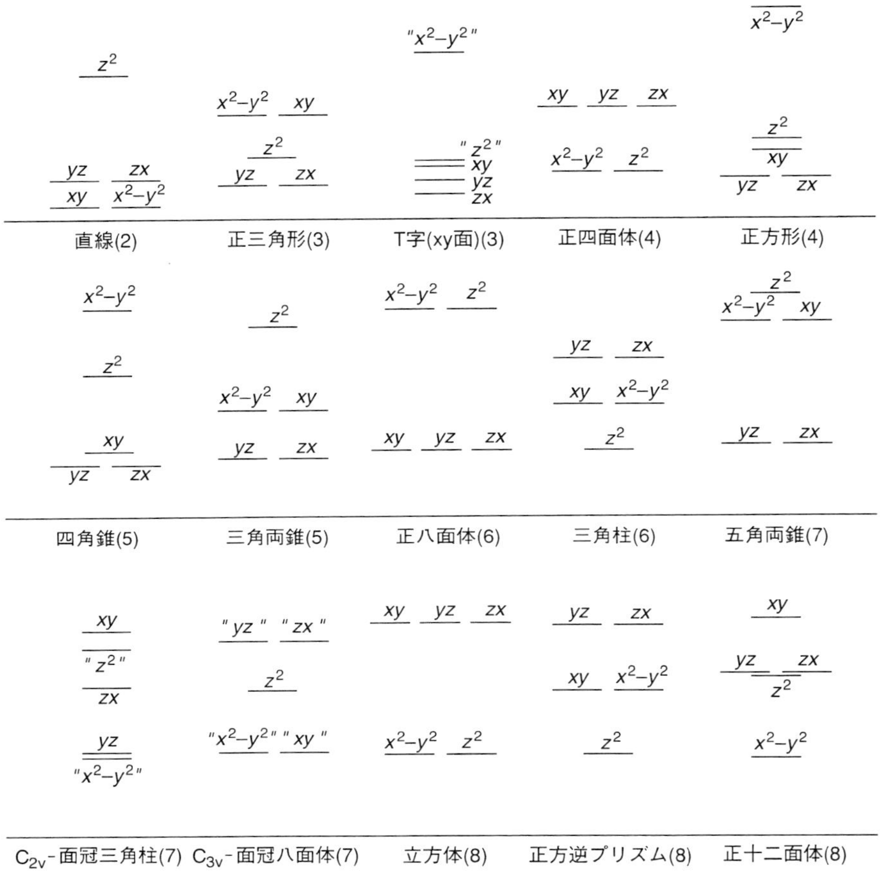

116    3 金属錯体の結合と構造の理論

| | | | | | |
|---|---|---|---|---|---|
| | | | "$x^2-y^2$" | | $\overline{x^2-y^2}$ |
| $\underline{z^2}$ | $\underline{x^2-y^2}$  $\underline{xy}$ | | | $\underline{xy}$  $\underline{yz}$  $\underline{zx}$ | $\underline{z^2}$ |
| | $\underline{z^2}$ | "$\equiv z^2$" | | | $\underline{xy}$ |
| $\underline{yz}$  $\underline{zx}$ | $\underline{yz}$  $\underline{zx}$ | $\underline{xy}$ $\underline{yz}$ $\underline{zx}$ | $\underline{x^2-y^2}$  $\underline{z^2}$ | | $\underline{yz}$  $\underline{zx}$ |
| $\underline{xy}$  $\underline{x^2-y^2}$ | | | | | |
| 直線(2) | 正三角形(3) | T字(xy面)(3) | 正四面体(4) | | 正方形(4) |

| | | | | | | |
|---|---|---|---|---|---|---|
| $\underline{x^2-y^2}$ | | $\underline{x^2-y^2}$  $\underline{z^2}$ | | | $\underline{z^2}$ | |
| | $\underline{z^2}$ | | $\underline{yz}$  $\underline{zx}$ | | $\underline{x^2-y^2}$  $\underline{xy}$ | |
| $\underline{z^2}$ | | | $\underline{xy}$  $\underline{x^2-y^2}$ | | | |
| | $\underline{x^2-y^2}$  $\underline{xy}$ | $\underline{xy}$  $\underline{yz}$  $\underline{zx}$ | $\underline{z^2}$ | | $\underline{yz}$  $\underline{zx}$ | |
| $\underline{xy}$ | $\underline{yz}$  $\underline{zx}$ | | | | | |
| $\underline{yz}$  $\underline{zx}$ | | | | | | |
| 四角錐(5) | 三角両錐(5) | 正八面体(6) | 三角柱(6) | | 五角両錐(7) | |

| | | | | |
|---|---|---|---|---|
| | | $\underline{xy}$  $\underline{yz}$  $\underline{zx}$ | $\underline{yz}$  $\underline{zx}$ | $\underline{xy}$ |
| $\underline{xy}$ | "$\underline{yz}$"  "$\underline{zx}$" | | | $\underline{yz}$  $\underline{zx}$ |
| "$\underline{z^2}$" | $\underline{z^2}$ | | $\underline{xy}$  $\underline{x^2-y^2}$ | $\underline{z^2}$ |
| $\underline{zx}$ | | $\underline{x^2-y^2}$  $\underline{z^2}$ | | |
| $\underline{yz}$ | "$\underline{x^2-y^2}$"  "$\underline{xy}$" | | $\underline{z^2}$ | $\underline{x^2-y^2}$ |
| "$\underline{x^2-y^2}$" | | | | |
| $C_{2v}$-面冠三角柱(7) | $C_{3v}$-面冠八面体(7) | 立方体(8) | 正方逆プリズム(8) | 正十二面体(8) |

**図 3.18**  角重なり模型による各種の構造での d 軌道の分裂(π ドナー)

もつとしたので，**各構造での $e_\sigma$ の係数の総和は配位数に，$e_\pi$ の係数の総和はその２倍に等しい**．さらに，三角柱(6)は正八面体構造の三角面を 60°回転した構造とし，$C_{2v}$-面冠三角柱，$C_{3v}$-面冠八面体，十二面体には，ある最適化した構造を採用している．もう一つの注意点は，T字，$C_{2v}$-面冠三角柱，$C_{3v}$-面冠八面体の構造ではd軌道が固有関数になっていないために，$z^2$ と $x^2-y^2$ あるいは $xy$ と $x^2-y^2$，$zx$ と $yz$ がお互いに混合していることであるが（だから図 3.18 などでは "$z^2$" や "$x^2-y^2$" のように示してある），これ以上立ち入らないことにする．

以上の結果をLがπドナーの場合について図 3.18 に定性的に示す．元

の表3.6に戻れば他の構造に対してもd軌道の相互作用を見積もることができる．たとえば正四角錐構造では$L_{ba}$―M―$L_{ax}$角は90°であるが，普通みられる100°(110°)とすれば$E(x^2-y^2)$=2.82(2.34)$e_\sigma$+0.12(0.41)$e_\pi$，$E(z^2)$=1.83(1.42)$e_\sigma$+0.35(1.24)$e_\pi$，$E(yz, zx)$=0.175(0.62)$e_\sigma$+2.83(2.41)$e_\pi$，$E(xy)$=3.88(3.53)$e_\pi$となる(とくに$z^2$もある程度π結合に関与するようになることに注意)．なお，一般に$e_\sigma \gg |e_\pi|$なのでσ反結合性が大きいd軌道のエネルギーが高いとすればよい．

**問題 3.19** 四面体錯体では$E(t_2)$=4/3$e_\sigma$+8/9$e_\pi$，$E(e)$=8/3$e_\pi$となることを表3.8を使って確認せよ(とくに$t_2$軌道もπ結合に関与すること)．

**問題 3.20** 表3.8を使って八面体のシス位の2個のLが抜けた4配位構造について$E(z^2)$=2.5$e_\sigma$，$E(x^2-y^2)$=1.5$e_\sigma$，$E(yz, zx)$=3$e_\pi$，$E(xy)$=2$e_\pi$を示せ．

## (d) 配位子場安定化エネルギー

ここで配位子場安定化エネルギー(LFSE)について検討する．八面体型$ML_6$錯体とし，Lはσ/πドナーとする(πドナー軌道を2個もつ)．各Lの各σ軌道とπ軌道はMとの相互作用によってそれぞれ1$e_\sigma$と1$e_\pi$だけ安定化する．したがって$d^0$の場合，各結合性軌道が2電子で占有されるので，錯体の電子的安定性の尺度となるLFSEは2$e \times 6(L_\sigma) \times 1e_\sigma$=12$e_\sigma$(配位数の2倍)と2$e \times 12(L_\pi) \times 1e_\pi$=24$e_\pi$(配位数の4倍)となる(図3.19)．一方，π反結合性の$t_{2g}$を1電子が占めるごとに4$e_\pi$だけ不安定になり，σ反結合性の2$e_g$を1電子が占めるごとに3$e_\sigma$の不安定化がある．このようにして各d電子配置についてLFSEが求まる(表3.10；電子間反発は無視)．実際にはLの軌道の安定化よりもd軌道の不安定化の方が大きいが，ここでは両者が等しいとする．

Lがπアクセプターのときは，$d^0$ではπ結合性の$t_{2g}$(d)軌道は非占有なのでπ結合による安定化はゼロである(σ結合による安定化は12$e_\sigma$)．この$t_{2g}$を1電子が占めるたびに4$e_\pi$の安定化が得られ，σ反結合性の2$e_g$を1電子が占めるたびに3$e_\sigma$の不安定化がある(図3.19)．こうして得られた表3.10の結果は以前の結晶場安定化エネルギー(CFSE)(表3.2)とは相当異なる．四面体構造でも$E(t_2)$=4/3$e_\sigma$+8/9$e_\pi$，$E(e)$=8/3$e_\pi$なので，Lがσ/πドナーであれば$d^0$のとき安定化は2$e \times 4(L_\sigma) \times 1e_\sigma$=8$e_\sigma$(配

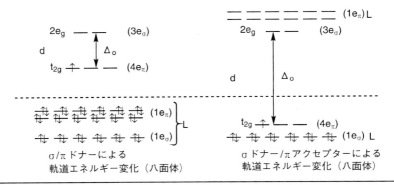
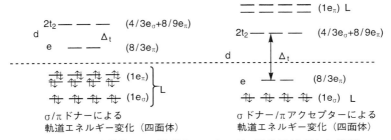

**図 3.19** 八面体錯体と四面体錯体のエネルギー準位図（角重なり模型）

**表 3.10** 正八面体錯体の配位子場安定化エネルギー(LFSE)*

| d 電子数 | 高スピン($\pi$ドナー) 電子配置 | LFSE | 低スピン($\pi$ドナー) 電子配置 | LFSE | 低スピン($\pi$アクセプター) 電子配置 | LFSE |
|---|---|---|---|---|---|---|
| $d^0$ | $t_{2g}^0$ | $12e_\sigma + 24e_\pi$ | | | $t_{2g}^0$ | $12e_\sigma + 0e_\pi$ |
| $d^1$ | $t_{2g}^1$ | $12e_\sigma + 20e_\pi$ | | | $t_{2g}^1$ | $12e_\sigma + 4e_\pi$ |
| $d^2$ | $t_{2g}^2$ | $12e_\sigma + 16e_\pi$ | | | $t_{2g}^2$ | $12e_\sigma + 8e_\pi$ |
| $d^3$ | $t_{2g}^3$ | $12e_\sigma + 12e_\pi$ | | | $t_{2g}^3$ | $12e_\sigma + 12e_\pi$ |
| $d^4$ | $t_{2g}^3 e_g^1$ | $9e_\sigma + 12e_\pi$ | $t_{2g}^4$ | $12e_\sigma + 8e_\pi$ | $t_{2g}^4$ | $12e_\sigma + 16e_\pi$ |
| $d^5$ | $t_{2g}^3 e_g^2$ | $6e_\sigma + 12e_\pi$ | $t_{2g}^5$ | $12e_\sigma + 4e_\pi$ | $t_{2g}^5$ | $12e_\sigma + 20e_\pi$ |
| $d^6$ | $t_{2g}^4 e_g^2$ | $6e_\sigma + 8e_\pi$ | $t_{2g}^6$ | $12e_\sigma + 0e_\pi$ | $t_{2g}^6$ | $12e_\sigma + 24e_\pi$ |
| $d^7$ | $t_{2g}^5 e_g^2$ | $6e_\sigma + 4e_\pi$ | $t_{2g}^6 e_g^1$ | $9e_\sigma + 0e_\pi$ | $t_{2g}^6 e_g^1$ | $9e_\sigma + 24e_\pi$ |
| $d^8$ | $t_{2g}^6 e_g^2$ | $6e_\sigma + 0e_\pi$ | | | $t_{2g}^6 e_g^2$ | $6e_\sigma + 24e_\pi$ |
| $d^9$ | $t_{2g}^6 e_g^3$ | $3e_\sigma + 0e_\pi$ | | | $t_{2g}^6 e_g^3$ | $3e_\sigma + 24e_\pi$ |
| $d^{10}$ | $t_{2g}^6 e_g^4$ | $0e_\sigma + 0e_\pi$ | | | $t_{2g}^6 e_g^4$ | $0e_\sigma + 24e_\pi$ |

*各 L は 1 つの $\sigma$ 軌道と 2 つの $\pi$ 軌道をもつとする．電子間反発は無視．

位数の 2 倍)と $2e \times 8(L_\pi) \times 1e_\pi = 16e_\pi$(配位数の 4 倍)となり(図 3.19),他の電子配置の場合でも,L が π アクセプターの場合でも同様に計算できる.たとえば四面体構造の高スピン $d^5[FeCl_4]^-$ と高スピン $d^6[FeCl_4]^{2-}$では,CFSE がそれぞれ 0 と $0.6\Delta_t$ である(表 3.2)からといって,後者の方が安定であると判断してはならない! 錯体の真の安定度を反映しているのは CFSE ではなく LFSE であり,その値はそれぞれ $4e_\sigma + 8e_\pi$ と $4e_\sigma + 16/3 e_\pi$(電子間反発無視)である(確かめよ).$e_\sigma$ や $e_\pi$ の値は電荷の高い $Fe^{3+}$ の方が大きい(L との相互作用が強い)ので $[FeCl_4]^-$ の方が安定である(静電相互作用の寄与もあり,これも $Fe^{3+}$ の方が大きい).

この LFSE は d 軌道だけによるものである.実際には M の $(n+1)s$ 軌道や $(n+1)p$ 軌道も L との結合に関与する.L の軌道とのエネルギー差からは $nd$ 軌道の方が寄与が大きいと思われるが,$nd$ 軌道の方が内側に分布しているので L の軌道との重なりは劣る(とくに 3d 軌道).その結果,3d 金属では L との結合に対する d 軌道の寄与は比較的小さく,反結合性の d 軌道にも電子を収容した,電子則に合致しない錯体が多く出現する.すなわち,中心金属の有効核荷電に応じて適当に d 軌道が占有される(高スピンになる).4d, 5d 金属では d 軌道の寄与が大きくなり(結合が強いので $\Delta$ が大きくなって),反結合性の d 軌道が非占有の低スピン錯体になる.だから電子則に従うかまたは電子則に満たない総価電子数をもつことになる.π アクセプター配位子のときは反結合性の d 軌道は非占有で,π 結合性の d 軌道がすべて占有されるのが安定なので電子則に合致する価電子数をもつようになる.具体例を表 3.11 に示す.以下,s 軌道と p 軌道の寄与は錯体の対称性によっては d 軌道への混入という形で定性的に考慮するものの,基本的には LFSE にその寄与は取り入れていないことに注意する.

**表 3.11** 典型的な錯体の総価電子数

| $\Delta$ が小さい錯体($\sigma/\pi$ ドナー配位子の第 1 遷移金属錯体) | $\Delta$ は大きいが π アクセプター配位子をもたない第 2,第 3 金属錯体 | π アクセプター配位子をもち $\Delta$ が大きい錯体(電子則に従う) |
|---|---|---|
| $d^2[V(ox)_3]^{3-}$ (14 電子) | $d^0[ZrF_7]^{3-}$ (14 電子) | $d^6[V(CO)_6]^-$ (18 電子) |
| $d^5[FeCl_4]^-$ (13 電子) | $d^2[WCl_6]^{2-}$ (14 電子) | $d^8[Ni(CN)_5]^{3-}$ (18 電子) |
| $d^8[Ni(H_2O)_6]^{2+}$ (20 電子) | $d^8[PtCl_4]^{2-}$ (16 電子) | $d^{10}[Ni(H_2C=CH_2)_3]$ (16 電子) |
| $d^{10}[Zn(en)_3]^{2+}$ (22 電子) | $d^4[OsCl_6]^{2-}$ (16 電子) | |

■**問題 3.21** $d^8Ni^{2+}$ の八面体錯体と四面体錯体の LFSE を L が σ/π ドナーの場合について計算せよ． （答：$6e_σ$ と $8/3e_σ + 16/9e_π$ で八面体構造が安定）

### (e) 角重なり模型による錯体構造の解析

この角重なり模型計算では d 軌道の反結合性に加成性が成り立つとしているので，配位数の異なる錯体間での安定性の比較には使いにくい．配位数が増すと結合距離が長くなり $e_σ, e_π$ の値が減るからである（章末問題 3.3 の解答）．角重なり模型はむしろ同じ配位数の錯体間での安定性を比較するのに好都合である．また，各 M—L 結合の強さを簡便に評価できるという利点があるので混合配位子錯体の位置選択性などを理解するのにも有用である．

### (f) 配位構造の安定性と選択性

まず，18 電子則を満たす低スピン $d^8$ の $ML_5$ 錯体について四角錐構造と三角両錐構造の電子的安定性を比較する（図 3.20）．2 電子占有の各 L は d 軌道との σ 相互作用によって $1e_σ$ だけ安定化するので，$2e × 5(L_σ) × 1e_σ = 10e_σ$ の安定化がある．各 L が $X^-$ のように 2 個の π ドナー軌道をもてば，それぞれが $1e_π$ だけ安定化するので全部で $2e × 10(L_π) × 1e_π = 20e_π$ の安定化がある．一方，不安定化は電子が占めている d 軌道の反結合性

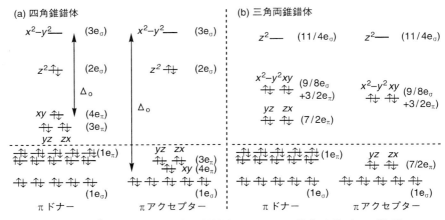

**図 3.20** $d^8$ 四角錐錯体と三角両錐錯体のエネルギー準位図（角重なり模型） （π アクセプター軌道は省略）

を加えればよい．$d^8$ 正四角錐構造（$L_{ba}$—M—$L_{ax}$ 角を 90° とする）では $z^2$ ($2e_\sigma$) まで占められるので（$3e_\sigma$ の $x^2-y^2$ は空），$2e \times 2e_\sigma(z^2)=4e_\sigma$ の不安定化がある．π の方は $4e \times 3e_\pi(yz, zx) + 2e \times 4e_\pi(xy) = 20e_\pi$ の不安定化なので π 結合の寄与はゼロとなる．その結果，$d^8$ 正四角錐構造での配位子場安定化エネルギー LFSE は $10e_\sigma - 4e_\sigma = 6e_\sigma$ となる．三角両錐構造について同様に求めると $5.5e_\sigma$ となる（電子間反発は無視）．

　もっと要領よくやる方法がある．d 軌道がすべて占有されていると L が σ/π ドナーの場合では安定化はゼロになるので，電子を収容していない d 軌道の反結合性を加えると LFSE が求まる（π アクセプターのときは π 結合性の占有 d 軌道の結合性を加えると π 結合による LFSE が求まる）．三角両錐構造では $11/4e_\sigma$ の $z^2$ が 2 電子分空なので LFSE は $2e \times 11/4e_\sigma$ ($z^2$) $=5.5e_\sigma$ となる（四角錐構造では $3e_\sigma$ の $x^2-y^2$ が 2 電子分空だから $2e \times 3e_\sigma = 6e_\sigma$, $L_{ba}$—M—$L_{ax}$ 角を 100° とすると $2e \times 2.82e_\sigma(x^2-y^2) = 5.64e_\sigma$）．こうして $d^8$ では σ 結合に関しては両構造の安定性にはほとんど差がない．いま，$e_\sigma = 7$ kcm$^{-1}$（3.4 節(b)項）とすると両者の差 $0.5e_\sigma$ と $0.14e_\sigma$ は 10 kcal/mol と 2.8 kcal/mol に過ぎない．ただし，ここでは s 軌道や p 軌道の寄与をまったく考慮していない．実際には三角両錐構造では s 軌道が $z^2(a_1')$ に混入し，面内の結合に関与する $p_x, p_y$ が $xy$ と $x^2-y^2(e')$ に混入する（$sp_zd^3/sp^3d_{z^2}$ 混成）．四角錐構造では $z^2(a_1)$ に s, $p_z$ 軌道が混入し，よくあるように底面から M が浮くと $x^2-y^2$ と $z^2$ の σ 反結合性は少し減り，$zx, yz(e)$ が少し σ 反結合性を帯びるようになる．さらに，面内の結合に関与している $p_x, p_y$ が $zx, yz(e)$ に混入する（$s(p_z)p^2d_{z^2}d_{x^2-y^2}/s(p_z)d^4$ 混成）．このような軌道混入によって一般に（配位子の）結合性軌道と d 軌道のエネルギーが下がって安定化する（つまり s, p 軌道の寄与を考慮したことになる）．むろん d 軌道に混入しないで p 軌道が独自に結合に寄与することも当然ある（たとえば三角両錐構造では $p_z(a_2'')$ は d 軌道には混入しないが独自にアキシャル配位子との σ 結合に関与する，$sp^3d_{z^2}/sp_zd^3$ 混成）．高スピン $d^8$ では四角錐構造は $5e_\sigma$（$L_{ba}$—M—$L_{ax}$ 角が 100° だと $4.65e_\sigma$），三角両錐構造は $3.875e_\sigma(+1.5e_\pi)$ の安定化をもち，前者の方が安定であるばかりでなく，後者では縮重した $x^2-y^2$ と $xy$ で 3 電子占有になるので（非対称に占有されているので）Jahn-Teller 変形が起こる．

　低スピン $d^8$ [Fe(CO)$_5$] は固体では三角両錐構造であるが，溶液中では

四角錐構造を経由して擬回転していることから両者の安定性には大差ないことは間違いない(図2.12). LがCOのようなπアクセプターの場合では(図3.20),占有された$d_\pi$軌道がπ結合による安定化に寄与するのでLFSEは,三角両錐構造では$4e \times 3/2 e_\pi (xy, x^2-y^2) + 4e \times 7/2 e_\pi (yz, zx) = 20 e_\pi$,四角錐構造では$2e \times 4 e_\pi (xy) + 4e \times 3 e_\pi (yz, zx) = 20 e_\pi$(結合角が100°であれば$19.8 e_\pi$)となって両者は等しい.しかし三角両錐構造ではσ結合によって$9/8 e_\sigma$だけσ反結合性になった(エネルギーが高くなった)占有の$x^2-y^2$と$xy$がπ逆供与結合に関与する.だからπアクセプター軌道とのエネルギー差が小さく,しかも軌道間の重なりが大きくなるので強いπ逆供与結合が形成される(詳しい説明は3.4節(h)項参照).一方,正四角錐構造ではσ非結合性で占有の$xy, yz, zx$だけがπ結合に関与する.その結果,Lがπアクセプターである$d^8 ML_5$錯体は三角両錐構造をとる傾向が強くなる.ただし,四角錐構造でMが底面から浮くと($L_{ba}$―M―$L_{ax}$角>90°),$z^2$もπ結合に関与しはじめるだけでなく,$yz, zx$もベイサル配位子との結合に関与するようになるのでもう少し微妙になる.

低スピン$d^7$ではπドナー/πアクセプターともに四角錐構造の方が安定である.たとえば$d^7$[Co(CN)$_5$]$^{3-}$や[Co(CNPh)$_5$]$^{2+}$は四角錐構造であるが,三角両錐構造は高スピン$d^8$の場合と同じ理由でJahn-Teller変形をおこす.低スピン$d^6$でもσ結合に関しては四角錐構造が安定で($10 e_\sigma$に対し$7.75 e_\sigma$),$yz, zx$もσ非結合性になる($L_{ba}$―M―$L_{ax}$角が90°)ときがもっとも安定である.とくに$z^2$軌道と相互作用するアキシャル配位子が強いσドナー性をもつときは,低スピン$d^6$であれば$z^2$が非占有なので結合角が90°に近い四角錐構造(16電子)になる.あるいは配位子を取り込んで6配位八面体構造($12 e_\sigma$)になって18電子則を満たす可能性もある.$d^9$では四角錐構造($3 e_\sigma$,100°では$2.82 e_\sigma$)と三角両錐構造($2.75 e_\sigma$)のLFSEはもっと接近するが(Cu$^{2+}$では両方の構造がある),Lがπアクセプターのときではσ反結合性のd軌道が関与するπ逆供与の効果は$d^8$の場合と同じように三角両錐構造を好む.逆に,σ非結合性のd軌道のみが占められる$d^0$〜低スピン$d^4$ではπ逆供与による安定化は両者であまり差がない(図3.20).だからVSEPR則に一致してd軌道がより均等に利用される三角両錐構造の方が有利になる(厳密には四角錐構造でMが底面からどの程度浮くかにもよる).Lがπドナーで$d^1$と$d^2$の場合では(たと

えば図 2.13 の $d^1$[V(O)(acac)$_2$]),π 供与結合による安定化は四角錐構造の方がわずかに大きい(図 3.20).

$d^{10}$ では両構造の σ 結合による LFSE はゼロであり,[CdCl$_5$]$^{3-}$,[SnCl$_5$]$^-$,[SbCl$_5$] は VSEPR 則に一致して三角両錐構造(p 軌道がより均等に利用されている,p.125)である.ただし,[InCl$_5$]$^{2-}$ と [SbPh$_5$](PPh$_5$ や AsPh$_5$ は三角両錐構造)は例外的に四角錐構造である.これは,結晶のパッキングなどのせいであろう.これら 10 電子(あるいは $d^{10}$)の四角錐構造では中心原子は底面から浮いていて,10 電子三角両錐構造の擬回転の中間体の構造を実現している.PF$_5$ などの 10 電子の典型元素化合物では三角両錐構造が安定であるが,12 電子の BrF$_5$,TeF$_5^-$ や SbF$_5^{2-}$ は四角錐構造で,結合電子対と $lp$ との反発を避けるように中心原子は底面より下に位置する(図 2.11).この 12 電子系では底面から中心金属とは反対側に突き出た $lp$ 以外にもう 1 組の電子対が底面の置換基の軌道からなる非結合性軌道に収容されている.10 電子系の四角錐構造では,この $lp$ が欠けていて,上記の非結合性軌道が HOMO になる.

---

**問題 3.22** L が σ/π ドナーのとき,低スピン $d^7$ の四角錐構造(結合角は 90° とする)と三角両錐構造の配位子場安定化を角重なり模型で求めよ.

(答:$8e_\sigma$(100° では $7.47e_\sigma + 0.59e_\pi$)と $6.625e_\sigma + 1.5e_\pi$)

---

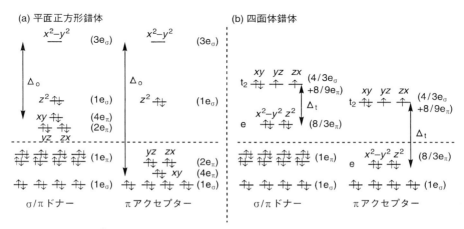

図 3.21 $d^8$ 平面正方形錯体と四面体錯体のエネルギー準位図(角重なり模型)

次に 4 配位について比較する（図 3.21）．M が低スピン $d^8$ で，L が σ/π ドナーのとき，平面正方形構造では $x^2-y^2$ だけが非占有なのでその LFSE は $2e \times 3e_\sigma(x^2-y^2) = 6e_\sigma$，四面体構造では $t_2$ 軌道が 2 電子分空なので LFSE は $2e \times 4/3e_\sigma(t_2) + 2e \times 8/9e_\pi(t_2) = 2.67e_\sigma + 1.78e_\pi$ となる．π アクセプターのときでは，平面正方形構造の LFSE は $2e \times 3e_\sigma(x^2-y^2) + 2e \times 4e_\pi(xy) + 4e \times 2e_\pi(yz, zx) = 6e_\sigma + 16e_\pi$，四面体構造では $2e \times 4/3e_\sigma(t_2) + 4e \times 8/9e_\pi(t_2) + 4e \times 8/3e_\pi(e) = 2.67e_\sigma + 14.22e_\pi$ となる．だからいずれの場合にも平面正方形構造の方が圧倒的に好まれる（ただし s, p 軌道の寄与と電子間反発を無視している．また四面体構造では $t_2$ 軌道群が非対称に占有されるので Jahn-Teller 変形を起こす）．実際，この電子配置の平面正方形錯体はこのスピン状態のままでは四面体構造を経由するシス-トランスの異性化を起こさない．後述のように L を解離して 3 配位になるか，L を取り込んで 5 配位になれば異性化が可能となる．この低スピン $d^8$ 平面正方形錯体が $C_{4v}$-ML$_4$ の正方ピラミッドや $C_{2v}$-ML$_4$ のバタフライ構造に変形すると，占有 $z^2$ 軌道の反結合性は少し減るが，非占有の $x^2-y^2$ と L との重なりがひどく悪くなるので不安定になる．

低スピン $d^8$（スピン対 4 組）の八面体構造でも σ 結合による安定化（$6e_\sigma$）は平面正方形構造と変わらないが（図 3.19），極端な Jahn-Teller 変形によって平面正方形構造になってしまう．$e_g$ 軌道に 2 つの不対電子をもつ $d^8$ 八面体錯体も同じ $6e_\sigma$ の LFSE をもつが，電子間反発が少ない分だけは八面体構造が有利になる（図 3.19）．だから M—L 結合が弱く（たとえば $Ni^{2+}$），L 間の反発が小さいときには $d^8$ でも $[Ni(NH_3)_6]^{2+}$ のような八面体構造が見られる（L 間反発が大きいと $[NiCl_4]^{2-}$ のように四面体構造にもなる．$d^8 Ni^{2+}$（や $d^9 Cu^{2+}$）の配位構造は微妙なバランスによって決まるのである）．$d^8$ の第 2 と第 3 遷移金属 $Pd^{2+}$, $Pt^{2+}$ などの平面正方形構造の錯体では $z^2$ に s が強く混入する（結合性軌道がより安定化する）ので LFSE は実際上 $6e_\sigma$ より大きくなる（もちろん $p_x$, $p_y$ も独自に M—L 結合に関与する）．また，d 軌道が広がっているこれらの遷移金属では，結合も強くスピン対形成エネルギー $P$ も小さくなるので平面正方形構造がさらに有利になる．

4 配位 $d^{10}$ 配置では四面体/平面正方形構造ともに LFSE は L が σ/π ドナーのときゼロ（π アクセプターでも両者の安定化は同じ $16e_\pi$）なので，

ごの構造をとるかはこれだけでは判断できない．他の条件が同じならば<u>一般に軌道が均等に使用される構造の方が結合が強い</u>（ただし非占有の反結合性軌道があるとき）．各軌道の相互作用の大きさの2乗和が角重なり模型の2次の不安定化の項に相当し，この値が小さいほど軌道が均等に使われていて安定であることになる．d 軌道による σ 結合については，平面正方形構造では $3^2(x^2-y^2)+1^2(z^2)=10$，四面体構造では $3\times(4/3)^2(xy, yz, zx)=5.33$ となって，後者の方が d 軌道が均等に使われている．ところが σ 反結合性の d 軌道はすべて占有されているので反発的である．一方，p 軌道による σ 結合についても四面体構造（8 と 5.33）の方が軌道が均等に利用されている（反結合性軌道は非占有）．その結果，四面体構造の方が安定であり，18 電子則あるいは VSEPR 則に一致する．つまり $[ZnCl_4]^{2-}$ や $[Ni(CO)_4]$ などのように d 軌道が完全に占有されている場合には典型元素化合物の傾向と一致する（p 軌道が主役となる）．π 逆供与結合でも平面正方形構造より四面体構造の方が d 軌道が均等に利用されている．

$d^0 \sim d^2$ と高スピン $d^5 \sim$ 高スピン $d^7$ では σ 結合による安定化は電子間反発を無視すると両構造で等しい（$8e_\sigma$ と $4e_\sigma$）ので，これらの電子配置でも d 軌道が均等に利用され，しかも L が負電荷を帯びているときには L 間反発が少ない四面体構造が安定である（$d^0[CrO_4]^{2-}$，$d^0[TiCl_4]$，$d^1[VCl_4]$，$d^2[FeO_4]^{2-}$，高スピン $d^5[FeCl_4]^-$，高スピン $d^6[FeCl_4]^{2-}$，高スピン $d^7[CoCl_4]^{2-}$ など）．他の配置では平面正方形構造の方が LFSE が大きいが，$d^8[NiCl_4]^{2-}$ は（静電）反発が少ない四面体構造をとる（L 間反発が少なければ $Ni^{2+}$ は八面体構造をとる）．

4 配位の典型元素化合物の構造についてはすでに触れた（図 2.11）．

---

**問題 3.23** 高スピン $d^8$ と低スピン $d^6$ の配置をもつ問題 3.20 の 4 配位バタフライ構造は平面正方形構造と同じ LFSE をもつことを示せ．

（答：$4e_\sigma(+16e_\pi)$ と $8e_\sigma(+16e_\pi)$）

---

平面 4 配位構造の *trans-* および *cis-* $[PtCl_2(CH_2=CH_2)_2]$（$d^8$）では C—C 軸が，とも平面に平行，垂直，一方が平行で他方が垂直である場合の 3 通りの構造がある（図 3.22）．単純に角重なり模型で計算すると全部同じ

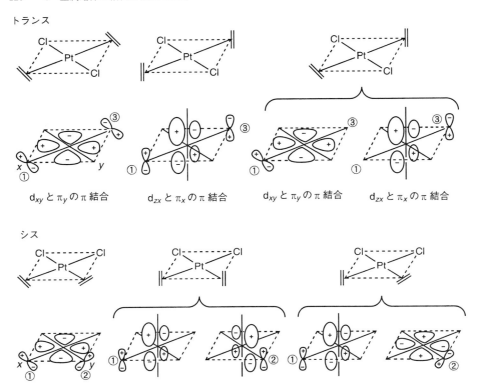

図 3.22 *trans*- および *cis*-[PtCl$_2$(CH$_2$=CH$_2$)$_2$] の安定性

LFSE をもつ．しかし，トランス体では 2 つのエチレンが別々の d 軌道と相互作用する右端の構造が安定である（軌道均等利用のため）．シス体では両方が平面に平行に位置すると同じ $xy$ と相互作用する．これ以外では 2 つのエチレンは別々の d 軌道と重なるが，配位子間の立体反発も考慮すると両方が垂直に位置するのがもっとも安定である．

次に 6 配位を考える．18 電子則を満たす低スピン d$^6$ では（図 3.23(a)），σ 結合に関しては八面体構造では $4e \times 3e_\sigma(z^2, x^2-y^2) = 12e_\sigma$ の，三角柱構造では $4e \times 2e_\sigma(yz, zx) = 8e_\sigma$ の，安定化があり，八面体構造の方が安定である．一方，σ 非結合性の d 軌道だけが占められる d$^0$〜低スピン d$^2$ では，LFSE は八面体構造では $4e \times 3e_\sigma(z^2, x^2-y^2) = 12e_\sigma$，三角柱構造でも $4e \times 2e_\sigma(yz, zx) + 4e \times 1e_\sigma(xy, x^2-y^2) = 12e_\sigma$ で両者は同じである．とこ

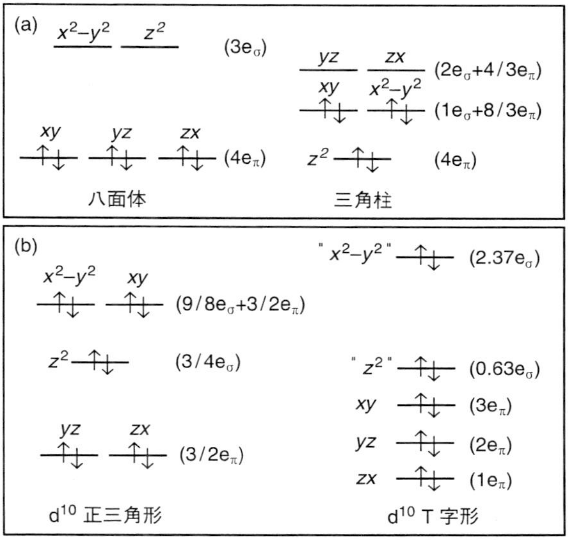

**図 3.23** (a)6配位低スピン $d^6$ の八面体錯体と三角柱錯体および(b)3配位 $d^{10}$ 錯体の安定性

ろが，σ結合に関与するd軌道が，八面体構造では $z^2$ と $x^2-y^2$ だけであるのに対して，三角柱構造では $z^2$ 以外はすべて使われている（ただし，三角柱構造では $xy, x^2-y^2$ (e′)に $p_x, p_y$ が混入）．つまり，σ相互作用の2乗和は八面体構造では $3^2+3^2=18$，三角柱構造では $2^2+2^2+1^2+1^2=10$ であり，立体的な込み合いがなければ三角柱構造が実現され得る（図2.14）．Lがπドナーの場合でも $d^0$〜低スピン $d^2$ では π結合による LFSE も両者で等しい $(24, 20, 16e_\pi)$ が，π結合に使われるd軌道の均等利用度はやはり三角柱構造の方が高い（$4^2+2\times(8/3)^2+2\times(4/3)^2=33.8$ に対し $3\times 4^2=48$）．したがってこの場合でも三角柱構造が有利となる．ただし，三角柱構造ではσドナーとπドナーが同じd軌道（ $z^2$ 以外）をめぐって競合するという不利さがある．三角柱構造をもつ実例としては $d^0$[W(CH$_3$)$_6$] や $d^0$[Nb(S$_2$C$_6$H$_4$)$_3$]$^-$（チオカテコール）などがあり（2.2節(e)項），配位子はσドナーあるいはσ/πドナーである．また，固体の MoS$_2$ や WS$_2$ 中では，$d^2$Mo$^{4+}$ や W$^{4+}$ が6個の S$^{2-}$ に三角柱的に囲まれている．$d^0$[WF$_6$] が八面体構造であるのは F 間の反発が三角柱構造の方が大きく，八面体ではσドナーとπドナーの競合がないからであろう．

低スピン $d^6$ [Fe(phen)$_3$]$^{2+}$ の光学対掌体間の反転($\Lambda \rightleftarrows \Delta$)の機構としては，中間体に三角柱構造が想定されている(Bailar twist)．このスピン状態のままで三角柱構造になると上述のように相当不安定化してしまうが，高スピン $d^6$ の五重項(不対電子4個)となれば電子間反発が軽減されるので，M—L 結合があまり強くない場合には，熱的に低スピン $d^6$ 八面体 $\rightleftarrows$ 高スピン $d^6$ 八面体 $\rightleftarrows$ 高スピン $d^6$ 三角柱の変化が可能になる(高スピン $d^6$ では八面体/三角柱ともに安定化は $6e_\sigma$)．さらに，p 軌道の均等利用度は八面体と三角柱とでは同じ($3 \times 2^2$)なので $d^{10}$ は三角柱構造を積極的にとらない．反結合性の d 軌道がすべて占有されているので，むしろ d 軌道が均等に利用されない八面体構造の方が好まれる．

なお，他の条件が同じであれば一般に同じ性格の配位子はシスに位置する(p 軌道を含め，同じ軌道を利用する率が低い)．たとえば八面体型の $d^0$ [V(=O)$_2$(H$_2$O)$_4$]$^+$ はシス構造であり，八面体型低スピン $d^6$ [CoL$_4$X$_2$]$^{n+}$ 錯体でも電子的にはシス構造の方が安定である(実際に結晶としてどちらの異性体が単離されるかは結晶の安定性にも依存し，溶液中での安定性は溶媒和やイオン会合の影響を受ける)．ただし X 間の静電反発はシス構造の方が大きい．

---

**問題 3.24** 八面体構造と三角柱構造では σ 結合に p 軌道が使われる均等さは同じであることを角重なり模型計算で確かめよ．

(答：$\theta = \cos^{-1} \sqrt{1/3} \approx 54.74°$ でそれぞれ $2e_\sigma$)

---

次に3配位の正三角形構造とT字構造の ML$_3$ を考える(図3.23(b))．16電子則を満たす $d^{10}$ 配置では σ 結合による LFSE は共にゼロである．だから Y 字構造も含めこれらの構造間の相互変換は容易である．正三角形構造では3つの，T字構造では2つの d 軌道が σ 結合に使われるので前者の方が d 軌道の均等利用度は高いが，すべて占有されている．p 軌道についても正三角形構造の方が均等に使われるので，結局 VSEPR 則に一致して正三角形構造の方が安定である(p 軌道の寄与が優先)．実際には正三角形構造では $xy$ と $x^2-y^2$(e′)に $p_x, p_y$ が，$z^2$ に s 軌道が混入し(s(d$_{z^2}$)p$^2$(d$^2$)混成)，T字構造では $x^2-y^2$ に s と $p_x$ または $p_y$ が，$z^2$ には s が混入する．

16電子の平面4配位錯体 $d^8ML_4$ から :L が抜けた反応中間体 $d^8ML_3$(14電子)は，T字構造では $2e \times 2.366e_\sigma$ ("$x^2-y^2$") $= 4.73e_\sigma$ の，正三角形構造では $2e \times 9/8e_\sigma (x^2-y^2, xy) = 2.25e_\sigma$，の安定性をもつ(図3.23；正三角形構造では一重項であれば T 字構造または Y 字構造へ Jahn-Teller 変形). つまり，$d^8ML_3$ は T 字構造を保持する(図2.8 の $[Rh(PPh_3)_3]^+$，$d^9ML_3$ も同様の傾向). だから平面4配位 $d^8$ 錯体が3配位 $d^8ML_3$ の中間体を経由してシス⇌トランスの異性化をするときには，T字→正三角形→T字ではなく T字→Y字→T字 の変化を伴う. また，Y字構造となって $d^8ML_3$ →$d^{10}ML$(12電子) $+ L'-L'$ の還元的脱離を起こすこともある(還元的脱離は電子不足のとき起こりやすい).

**(g) 配位子の位置選択性**

次に配位子の位置選択性を解釈する．そのためには各 M—L 結合の結合力を評価する必要がある．まず，低スピン $d^8$ の四角錐構造(結合角 90°) の $ML_5$ 錯体の σ 結合を考える(図3.20). もっとも σ 反結合的な $x^2-y^2$ だけが空なので，d 軌道ではこれだけが結合に寄与する(実は対応する占有結合性軌道が安定化に寄与する). $z^2$ は占有されているので結合力への寄与はゼロである(対応する結合性軌道の寄与が帳消し). この $x^2-y^2$ は底面(ベイサル)配位子($L_{ba}$①〜④)とのみ相互作用(表3.8 より各 $L_{ba}$ と $3/4e_\sigma$)するので M—$L_{ba}$ 1個当たりの結合エネルギーは $2e \times 3/4e_\sigma = 3/2e_\sigma$ である．アキシャル配位子($L_{ax}$⑤)は $x^2-y^2$ 軌道とは重ならないので結合エネルギーはゼロとなる(実際には s 軌道と $p_z$ 軌道が⑤との結合に関与し，①〜④との結合にも s と $p_x$, $p_y$ が関与). したがって，同じ L からなる錯体では M—$L_{ba}$ 結合が短く(たとえば四角錐錯体 $[Ni(CN)_5]^{3-}$ では M—$L_{ba}=185$ pm, M—$L_{ax}=217$ pm), 強い σ ドナーはベイサル位置①〜④を占める．低スピン $d^7$ でも同じ傾向になる(M—$L_{ba}$ は $7/4e_\sigma$, M—$L_{ax}$ は $1e_\sigma$ の結合力). たとえば，四角錐構造の $d^7 [Co(CN)_5]^{3-}$ では M—$L_{ba}=190$ pm, M—$L_{ax}=201$ pm, $[Co(CNPh)_5]^{2+}$ ではそれぞれ 184 pm, 195 pm であり，むしろ1電子占有の $z^2$ どうしの結合によって二量化して18電子則を満たす傾向を示す．$d^9$ でも M—$L_{ba}$ 結合が強いはずである($3/4e_\sigma$ と $0e_\sigma$). 12電子の典型元素化合物($BrF_5$)では逆の傾向がみられ，結合1本当たりにより多くの p 軌道が使われるアキシャル結合の方が強い．上記の錯体でも p 軌道に関する限りはアキシャル結合の方が強くなるが，d

軌道($d^7$〜$d^9$)の寄与の方が上回るのである．なお，結合角が $100°$ くらいであるとしても定性的には上記の傾向は変わらない．

　低スピン $d^6$ 四角錐構造では $z^2$ 軌道も空なのでこれの寄与($2e×2e_\sigma=4e_\sigma$)が加わる(図 3.20)．表 3.8 によりアキシャルとベイサルに振り分け，上の $x^2-y^2$ の寄与を加えると，M—$L_{ba}$ と M—$L_{ax}$ の 1 個当たりの結合エネルギーは共に $2e_\sigma$ となる．実際には四角錐構造では s と $p_z$ が $z^2(a_1)$ に混入するため($s(p_z)p^2d_{z^2}d_{x^2-y^2}$ 混成)，$z^2$ の σ 反結合性が減る(対応する結合性軌道の結合性が増す)．だから $z^2$ が関与する割合の大きい M—$L_{ax}$(⑤)の結合が強くなり(典型元素の $BrF_5$ などと同様)，σ 供与性の強い L はアキシャル⑤位置を占める($d^8$ とは逆)．この傾向は旧 $t_{2g}$ 軌道群だけが占められる $d^0$〜低スピン $d^6$ まで続く(章末問題 3.8 参照)．たとえば図 2.13 の $d^0[TiX_4(NR_3)]$ では σ 供与性の $NR_3$ はアキシャル位置を占める．$d^{10}$ では両者とも σ 結合力はゼロであるが，やはり s 軌道と $p_z$ 軌道の $z^2$ への混入により典型元素化合物の傾向(2.2 節(d)項)と一致してアキシャル結合⑤が強くなる(つまり①〜④よりも⑤との結合に p 軌道が関与する割合が多い)．$d^{10}$ は一般に VSEPR 則に一致して三角両錐構造をとることが多いが，例外的に四角錐構造をとる $[InCl_5]^{3-}$(図 2.11)などでは予想どおりアキシャル結合⑤が強い．

■**問題 3.25** 低スピン $d^7$ の $ML_5$ 四角錐構造では強い σ ドナーはベイサル位置を占める傾向があることを示せ．

　三角両錐構造でもアピカルとエカトリアルの位置選択性がある．低スピン $d^8ML_5$ を考える(図 3.20)．$z^2$ だけが空であり，この軌道とアピカル配位子 $L_{ap}$⑤,⑥ 1 個当たりの相互作用は $1e_\sigma$ なので(表 3.8)，M—$L_{ap}$ の結合力は $2e×1e_\sigma=2e_\sigma$，エカトリアル配位子 $L_{eq}$①⑦⑧ 1 個当たりとは $1/4e_\sigma$ の相互作用なので M—$L_{eq}$ の結合力は $2e×1/4e_\sigma=1/2e_\sigma$ である．だから M—$L_{ap}$ 結合(⑤⑥)が強いはずである(s, p 軌道だけが結合に関与する 10 電子の $PF_5$ などの傾向とは逆)．たとえば，三角両錐構造の $[Fe(CO)_5]$ や $[Co(CNCH_3)_5]^+$ では M—$L_{ap}$ 結合が短い(それぞれ 181 pm と 183 pm，184 pm と 188 pm)．さらに $[Fe(CO)_4(CN)]^-$ や $[Fe(CO)_4py]$ では σ ドナー性の強い $CN^-$ や py はアピカル位置を占める(図 2.13，図

3.26参照). 実はこれは後で説明するように, π アクセプター性の CO がニカトリアル位を選択的に占めるからであるとも解釈できる. 実際, 低スピン $d^8$ の重金属では $L_{eq}$ との σ 結合に関与する $x^2-y^2$ や $xy$ に $p_x$ や $p_y$ が強く混入するので, σ ドナー性の強い L は 10 電子三角両錐構造の典型元素化合物(後を見よ)のようにエカトリアル位置を占めるようになる(3.4節(i)項参照).

$d^9$ では低スピン $d^8$ の傾向が保たれるので M—$L_{ap}$ 結合⑤⑥が強く ($1e_\sigma$ と $1/4e_\sigma$), [CuCl$_5$]$^{3-}$ では M—$L_{ap}$ 結合は 230 pm, M—$L_{eq}$ 結合は 239 pm である. 低スピン $d^7$ でも同じ傾向になる($2e_\sigma$ と $7/8e_\sigma$, たとえば, 三角両錐 $d^7$[NiBr$_3$(PEt$_3$)$_2$] では σ ドナー性の高い PEt$_3$ がアピカル位置を占める). σ 結合による LFSE がゼロの $d^{10}$, $d^0$〜低スピン $d^4$ では両者の結合力に差はないが, $L_{eq}$ とのみ σ 結合する $x^2-y^2$ や $xy$ へ $p_x$ と $p_y$ が混入するために, 典型元素化合物(たとえば 10 電子の PF$_5$)のように M—$L_{eq}$ 結合の方が強くなるはずである. 高スピン $d^5$ でも同様である. たとえば三角両錐 [Fe(N$_3$)$_5$]$^{2-}$ ではエカトリアル結合は 200 pm, アピカル結合は 204 pm である. ただし, [HgCl$_5$]$^{3-}$ では強い $z^2$-s 混合のために M—$L_{ap}$ 結合が強い(252 pm と 264 pm).

四角錐構造の BrF$_5$(12電子)などの典型元素化合物の構造的特徴は 2.2 節(d)項ですでに述べた(図 2.11). PF$_5$(10電子)などの三角両錐構造では, その結合は s 軌道による結合($a_1'$), $p_x$, $p_y$ による三角平面内の2つの結合($e'$), $p_z$ による軸方向の3中心結合($a_2''$)からなり, $z^2$ 軌道と重なるはずの配位子(置換基)の群軌道(非結合性 $a_1'$)まで占有される. だから中心原子の周りは実は 8 電子であり, 3 中心 4 電子結合である軸方向(アピカル)の結合が長い. 要するに, 面内の3本の結合には2個のp軌道が, 軸方向の2本の結合には1個のp軌道が使われるので, 結合1本当たりに使われるp軌道の数が多い面内の結合が強いのである. さらに, この非結合性 $a_1'$ 群軌道は主としてアピカル位置の配位子の軌道成分からなるので, 軌道エネルギーが低い電気陰性な置換基がアピカル位置を占めて多中心結合に関与するのが安定である(apicophilicity という). 一方, 強い σ ドナー配位子(置換基)は強い結合ができるエカトリアル位置を占める(equatophilicity という).

**問題 3.26** 低スピン $d^7$ の三角両錐構造の $ML_5$ 錯体では強い σ ドナー配位子はアピカル位選択性を示すことを角重なり模型計算で確かめよ．なお，表 3.8 において①を $x$ 軸に位置させたのは人工的であるから，立場が等価な①，⑦，⑧は $x^2-y^2$ や $xy$ 軌道とは平均の $3/8e_\sigma$ の相互作用をする．

(答：アピカル；$2e_\sigma$，エカトリアル；$7/8e_\sigma$)

## (h) π 結合と位置選択性

次に π 結合の効果による位置選択性を検討するために八面体型の $d^3$[Cr(N―O)$_3$]（N―O は 2 座配位子のアミノ酸イオン）を例とする．これには *fac* と *mer* の異性体があり（図 3.24），①，②，③の位置を O が占めた *mer* の場合では $xy$ は $3e_\pi$，$zx$ は $2e_\pi$，$yz$ は $1e_\pi$ の，①，②，⑤を占めた *fac* の場合ではこれらの軌道はいずれも $2e_\pi$ の，反結合性をもつ（表 3.8；O が π ドナー）．これらの軌道に 1 電子ずつ収容すれば，いずれも π 結合力は $6e_\pi$ である．ところが，*fac* の方が π 結合に軌道が均等に使われているので（*fac* では $2^2+2^2+2^2=12$，*mer* では $3^2+2^2+1^2=14$），*fac* が安定であると判断される（ただし O 原子間の静電反発は *fac* の方が大きく，極性をもつ）．実際，*mer*-[Cr(N―O)$_3$] は得にくい（$d_\pi$ が占有されている Co$^{3+}$

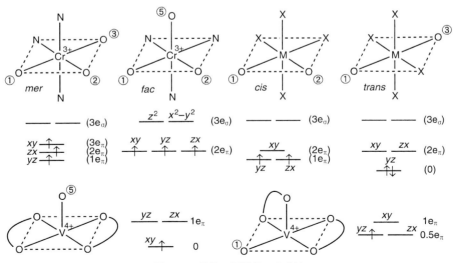

**図 3.24** 錯体の異性体の安定性

（低スピン $d^6$）では両方が得られている）．d, p 軌道による σ 結合に関しても $fac$ の方が軌道が均等に利用されているといえる．

同様に考察すると，八面体型 $[M(O)_2X_4]$ 錯体（図 3.24）では M が $d^2$ のとき，$O^{2-}$（π ドナー）のみの π 結合による安定化はシス①②では $6e_\pi$，トランス①③では $8e_\pi$（低スピン）となり，トランス構造が安定である（トランスでは π 非結合性の $yz$ 軌道に 2 電子収容）．実際，$d^2[Re(O)_2py_4]^+$ や $d^2[Os(O)_2(CN)_4]^{2-}$ はトランス構造である（$O^{2-}$ は 4 電子供与でこれらの錯体は 18 電子則をみたす）．$d^0$ ではシス/トランスとも安定化は $8e_\pi$ となるが，$d^0[V(O)_2F_4]^{3-}$ や $[Mo(O)_2F_4]^{2-}$ はシス構造（16 電子）である．シスの方が π 結合に d 軌道が均等に使われるからである．

四角錐構造の $d^1[V(O)(acac)_2]$ あるいは $d^1[V(O)(H_2O)_4]^{2+}$ では $O^{2-}$ はアキシャル位置⑤に位置する（図 2.13, 図 3.24）．この $O^{2-}$ との π 結合によって $yz$ と $zx$ は $1e_\pi$ の反結合性となり（$L_{ba}$—M—$L_{ax}$ 角を 90° とする），$xy$ は π 非結合である（表 3.8）．

この $xy$ に 1 電子収容すれば π 結合による安定化は $4e \times 1e_\pi (yz, zx) = 4e_\pi$ である．もし，ベイサル面内に O が位置したとすると（①〜④に 1/4 ずつの O があるとする），$xy$ は $1e_\pi$ だけ，$yz, zx$ はいずれも $0.5e_\pi$ だけ反結合性になる（表 3.8）．

この $yz$ か $zx$ に 1 電子を収容すれば π 結合による安定化は $2e \times 1e_\pi (xy) + 3e \times 0.5e_\pi (yz, zx) = 3.5e_\pi$ となり，アキシャル⑤に O が位置するのが安定であることがわかる（V が底面から浮くとベイサル面に O がある場合の安定化は $3.5e_\pi$ より小さくなる）．

もう 1 例として三角両錐構造の $d^1[V(=O)Cl_2(NR_3)_2]$ を考える．1 電子は $yz$（または $zx$）を占めるので，表 3.8 から①，⑦，⑧の π 結合力は $2e \times 1/2e_\pi (x^2-y^2 ; 平均) + 2e \times 1/2e_\pi (xy ; 平均) + 1e \times 1/2e_\pi (yz ; 平均) + 2e \times 1/2e_\pi (zx ; 平均) = 3.5e_\pi$ である．⑤，⑥では $1e \times 1e_\pi (yz) + 2e \times 1e_\pi (zx) = 3e_\pi$ となり，π ドナー $Cl^-$ や $O^{2-}$ はエカトリアル位置を占める方が強い π 結合ができる（実測に一致する）．

**問題 3.27** 八面体型錯体 $[Cr(CO)_3L_3]$ では $fac$ 構造が安定である．なぜか．

π アクセプター性の配位子の場合としてまず，すでに登場した平面正三

**表 3.12** 平面正三角形 $ML_3$ 型錯体における d 軌道と配位子との相互作用 $F^2$

| d 軌道 | $z^2$ | | | $x^2-y^2$ | | | $xy$ | | | $yz$ | | | $zx$ | | |
|---|---|---|---|---|---|---|---|---|---|---|---|---|---|---|---|
| L 型 | σ | $\pi_y$ | $\pi_x$ | σ | $\pi_y$ | $\pi_x$ | σ | $\pi_y$ | $\pi_x$ | σ | $\pi_y$ | $\pi_x$ | σ | $\pi_y$ | $\pi_x$ |
| ① | 1/4 | 0 | 0 | 3/4 | 0 | 0 | 0 | 1 | 0 | 0 | 0 | 0 | 0 | 0 | 1 |
| ⑦ | 1/4 | 0 | 0 | 3/16 | 3/4 | 0 | 9/16 | 1/4 | 0 | 0 | 0 | 3/4 | 0 | 0 | 1/4 |
| ⑧ | 1/4 | 0 | 0 | 3/16 | 3/4 | 0 | 9/16 | 1/4 | 0 | 0 | 0 | 3/4 | 0 | 0 | 1/4 |

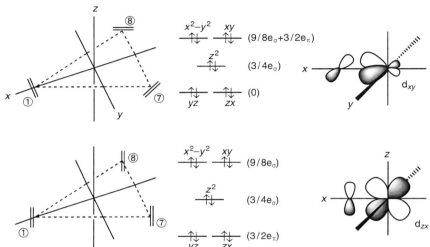

**図 3.25** 平面正三角形構造の $[Ni(CH_2=CH_2)_3]$ におけるオレフィンの配向

角形の $d^{10}[Ni(CH_2=CH_2)_3]$（16 電子）を考える（図 2.8）．この錯体では L は π（σ ドナー）軌道と $\pi^*$（π アクセプター）軌道を 1 個ずつもち，極端な構造としては C—C 軸が三角平面にすべて平行な場合（L 間反発大）とすべて垂直な場合とがある（図 3.25）．①, ⑦, ⑧ の L について $F^2$ を計算すると表 3.12 のようになる．

ここでオレフィンは 1 個の $\pi^*$ 軌道しかもたないので，すべてが平行に配向した場合では $\pi_y$ だけが生き残る．だから，$E(x^2-y^2, xy)=9/8e_\sigma+3/2e_\pi$，$E(z^2)=3/4e_\sigma$，$E(yz, zx)=0$ である．すべてが垂直になった場合では $\pi_x$ だけになるので $E(x^2-y^2, xy)=9/8e_\sigma$，$E(z^2)=3/4e_\sigma$，$E(yz, zx)=3/2e_\pi$ となる．$Ni^0$ は $d^{10}$ なので d 軌道による σ 結合力はゼロである．π 逆供与結合による安定化は，$4e\times 3/2e_\pi(x^2-y^2, xy)$ と $4e\times 3/2e_\pi(yz, zx)$ で共に $6e_\pi$ となる．ここで注目して欲しいのは，後者では σ 結合を担う d

軌道と π 逆供与結合を担う d 軌道が別々であるのに対して，前者では $x^2-y^2$ と $xy$ は σ/π の両方の結合に関与している（d 軌道の均等利用については σ 結合も π 結合も両者は等価）．すなわち前者では σ 結合によって反結合性になった（エネルギーが高くなった）$x^2-y^2$ と $xy$ 軌道（占有）が L の π アクセプター軌道と相互作用することになる．両者のエネルギーが接近するだけでなく，σ 反結合性 d 軌道のローブは π* 軌道との重なりが大きくなるようになるので（図 3.25 右上），σ 非結合性の d 軌道が π 結合に使われる場合（右下）に比べて強い π 逆供与が可能である（$e_π$ の値が大きい）．こうして C—C 軸が三角平面に平行になる構造の方が電子的には安定なのである．すでに述べた [Pt(PPh$_3$)$_2$(H$_2$C=CH$_2$)] の C—C 軸が平面に平行になるのも同じ理由による．もし垂直に配向し，—CH$_2$—H$_2$C— 的な結合とすれば 16 電子の四面体構造となって不安定化するので，この錯体では C=C のプロペラ様の回転は困難である．

もう一例として三角両錐構造の d$^8$ML$_5$ を考える．空なのはもっとも反結合的な $z^2$ だけである（図 3.26）．いま L が π アクセプター性であれば，$z^2$ 以外を占めると π 結合による安定化がある．まず $yz, zx$ に対して L$_{ap}$⑤⑥ 1 個当たりの相互作用は 1$e_π$，L$_{eq}$①⑦⑧ では平均 1/2$e_π$ となり（表 3.8），これらの軌道を占めることによる M—L$_{ap}$ と M—L$_{eq}$ の 1 本当たりの π 結合力はそれぞれ 4$e$×1$e_π(yz, zx)$=4$e_π$ と 4$e$×1/2$e_π(yz, zx)$=2$e_π$ となる．$x^2-y^2$ と $xy$ は L$_{eq}$①⑦⑧ のみと π 結合し，1 個の M—L$_{eq}$ 当たりの相互作

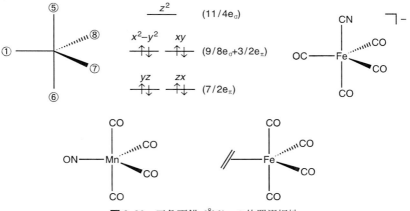

**図 3.26** 三角両錐 d$^8$ML$_5$ の位置選択性

用は平均 $1/2e_\pi$ だから(表 3.8),これらを占めることによる M—$L_{eq}$ 結合 1 本当たりの π 結合力は $4e \times 1/2e_\pi(x^2-y^2, xy)=2e_\pi$ となる(ここで $L_{eq}$ については①を $x$ 軸に勝手に置いたので平均を考える必要がある).こうして $L_{ap}$ と $L_{eq}$ の 1 本当たりではいずれも合計 $4e_\pi$ となる.しかし上述のように $x^2-y^2$ と $xy$ 軌道は σ 結合によって反結合性を帯びるので,これらとの π 逆供与結合は σ 非結合性の $yz$ や $zx$ とのものより強い.したがって $x^2-y^2$ と $xy$ が結合に関与する $L_{eq}$ の方が強く π 逆供与を受ける.つまり強い π アクセプターはエカトリアル位置を好む.たとえば $d^8$[Mn(CO)$_4$NO] では π アクセプター性は NO$^+$>CO なので NO$^+$ がエカトリアル位置を占め,$d^8$[Fe(CO)$_4$CN]$^-$ では π アクセプター性は CO>CN$^-$ なので CN$^-$ がアピカル位置を占める(図 3.26,図 2.13).π ドナーは σ 非結合性の占有 d 軌道と相互作用する方がましなので(反発的だから)アピカル位置を好む(σ ドナーと同様).

　同じく三角両錐構造の $d^8$ML$_5$ 錯体で CH$_2$=CH$_2$ のような $\pi^*$ 軌道をもつ L がエカトリアル位を占めたとき(π アクセプターはエカトリアル位を好む),C—C 軸が三角面に平行な配向と垂直な配向とがある(図 3.26 の [Fe(CO)$_4$(CH$_2$=CH$_2$)]).[Ni(CH$_2$=CH$_2$)$_3$] の場合と同様に考えると,平行な配向のとき強い π 逆供与結合が起こることがわかる(ただし,擬回転によってアキシャル位にオレフィンが位置する四角錐構造をとれば両配向間の区別がなくなるので,上述の [Pt(PPh$_3$)$_2$(H$_2$C=CH$_2$)] に比べプロペラ様の回転は容易になる).π ドナーの場合では逆に σ 反結合性を帯びていない $zx, yz$ と相互作用する方(反発的相互作用が弱い方)がましなので三角面に垂直に配向する.低スピン $d^4$ では $xy, x^2-y^2$ が空なので逆で,π アクセプターは三角面に垂直に配向して占有の $zx, yz$ と相互作用し,π ドナーは平行に配向して非占有の $xy, x^2-y^2$ と相互作用する.π アクセプター軌道を 1 個もつカルベン CR$_2$ の配向も同様にして理解される.なお,八面体型 *trans*-[ML$_4$(CH$_2$=CH$_2$)$_2$](低スピン $d^6$)錯体において 2 つのオレフィンの C—C 軸が直交するように配向するのも,これらの π アクセプター軌道が同じ $d_\pi$ 軌道をめぐって競合しないからである.また,2.2 節(e)項で述べたように,八面体型の [Cr(CO)$_3$(PMe$_3$)$_3$] などが *fac* 構造となるのも π アクセプター性の CO との π 逆供与結合において *mer* 構造よりも d 軌道が均等に利用されるからである(図 3.24 参照).

最後に同じ $ML_5$ でも $L_{ba}-M-L_{ax}$ 角が $90°$ の正四角錐構造では π 結合を担う d 軌道と σ 結合を担う d 軌道がもともと別々なので三角両錐構造ほど位置選択性に多様性は期待されない．しかし M がベイサル面から浮いてくると（$L_{ba}-M-L_{ax}$ 角 $>90°$），とくに σ 反結合性だった $z^2$ が π 結合に関与するようになる（3.4 節(c)項）．低スピン $d^8$ であれば $z^2$ まで占有されるので C=C のような π アクセプターはベイサルに位置し，σ 反結合性を帯びた $z^2$ と強く π 結合するようにベイサル面で垂直に配向する．

π ドナーの場合では σ 反結合性を帯びていない占有 d 軌道（$xy$）と重なった方がましなのでベイサル面に平行に配向する．2 個の π 結合ができる π アクセプター性の L がアキシャルに位置すると $yz, zx$ と相互作用するが，M がベイサル面から浮くにつれてこれらも少しずつ σ 反結合性を帯びてくるので強く π 逆供与結合できるようになる．

(i) **トランス効果とトランス影響**

次に $d^8ML_4$ 平面正方形錯体の置換反応における**トランス効果**（trans effect）に触れておく（図 3.27）．この置換反応においてトランス効果の大きい配位子はそのトランス位にある配位子を置換活性にするためにトランス位の配位子が選択的に置換される．この反応では新しい配位子 Y が会合的にアキシャル配位し（四角錐構造），これが三角両錐構造（遷移状態）に変化して進行すると考えられている（16 電子則を満たしていた平面錯体が配位子を取り込むために $z^2$ 軌道や非結合だった $p_z$ 軌道が結合に関与する）．

出発錯体 $d^8[M(ABXX')]$ において，互いにシスにある X か X' が置換

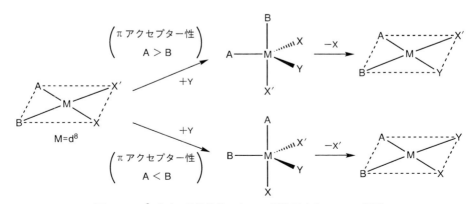

**図 3.27** $d^8$ 平面 4 配位錯体における置換反応（トランス効果）

される配位子であり，AとX，BとX′がトランスにあるとする．Yが[M(ABXX′)]に配位し（四角錐），AYXが三角面にある三角両錐構造になる（AとXが移動する）とXが抜けて[M(ABYX′)]となる（AとYが移動する）．もしBYX′が三角面にくる（BとX′が移動する）とX′が抜けて[M(ABXY)]となる（BとYが移動する）．三角両錐構造が安定であるほど反応は進行しやすいので，Aのπアクセプター性が強ければ$d^8$三角両錐構造ではAがエクアトリアル位を選択的に占める．つまりAのトランス位のXが置換される．逆にπアクセプター性がB＞AならばBが三角面に位置する三角両錐構造を経てBのトランス位にあるX′が置換される．結果的に強いπアクセプター配位子のトランスの配位子が選択的に置換され，この置換反応は**立体保持**（stereoretentive）である．なお，平面正方形錯体がLを解離して3配位構造（T字→Y字→T字）を経てシス-トランスの異性化を起こすことはすでに述べたが，Y（溶媒でもよい）との会合で生成する5配位四角錐→三角両錐構造の中間体が適当な擬回転を起こした後に，Yを解離すればシス-トランスの異性化が達成される．

実験的に得られたトランス効果の大きさの順序は$H_2O$＜$OH^-$＜$NH_3$＜py＜$Cl^-$＜$Br^-$＜$SCN^-$，$I^-$＜$NO_2^-$＜$R^-$＜NO，$H^-$，$PR_3$＜$C_2H_4$，$CN^-$，COである．πアクセプター性のLが上位にあって強いトランス効果をもち，逆にπドナー性のLが下位にあることは上の解釈と一致する．もう1つ重要なことは，$H^-$($R^-$)や$CN^-$($N^{3-}$)のように強いσドナー性のLも上位にあることである．すでに述べたように低スピン$d^8$三角両錐構造ではσドナー性の強いLは一般にアピカル位置選択性を示す．しかし，$L_{eq}$のσ結合には$p_x$と$p_y$も関与するので（つまり$xy$と$x^2-y^2$に$p_x$と$p_y$が混入する．しかも周期表で右下の遷移金属（$Pd^{2+}$，$Pt^{2+}$，$Ir^+$）ほどこの混入は効果的に起こる），:$R^-$のような強いσドナーはエクアトリアル位置を好む傾向がある．これは三角両錐構造の典型元素化合物$PF_3(CH_3)_2$において，Fに比べσ供与性が高い$CH_3$基がエクアトリアル位置選択性を示すのと同じ理由による．

■**問題 3.28** トランス効果とは何か．また，トランス効果の大きい配位子はどのような性格の配位子か．

トランス効果に似た現象に**トランス影響**(trans influence)がある．これは基底状態において，ある配位子 L がそのトランス位にある L—M 結合を弱める(長くする)効果である．八面体錯体あるいは平面正方形錯体において，ある L が強い σ 供与性ならばそのトランス位の L の σ 結合は弱くなる(シス位はわずかに強くなる)．たとえば強い σ ドナー(L')がアキシャルに位置する四角錐構造の $d^6ML'L_4$(16 電子)錯体が知られているが(3.4 節(f)項参照)，この錯体は L' のトランス影響のために八面体型の $d^6ML'L_5$(18 電子)からトランス位の L が解離した錯体であるとみなせる．同様に，強い π 逆供与性をもつ L のトランス位にある L の π 逆供与結合は弱くなる(だから $[Cr(CO)_3(PMe_3)_3]$ などでは CO が互いにシス位になる *fac* 構造が好ましいともいえる)．しかし，トランス位置にある π ドナーと π アクセプターは互いに結合を強め合う(trans-strengthening effect)．たとえば，強い π アクセプター $NO^+$ のトランス位にある π ドナーと M の結合は短くなる．

トランス影響は角重なり模型で仮定される加成性からのずれに対応し，L' の分極効果，M の d, p 軌道をめぐってのトランス位にある L 間での競合，あるいは対称性低下による軌道混合，によって説明されるがこれ以上立ち入らない．定性的には強いトランス効果をもつ配位子は基底状態で強いトランス影響をもつことになり，速度論的活性は遷移状態のトランス効果のみならず，基底状態でのトランス影響によっても支配されている(トランス効果の順序参照)．なお，強いトランス影響をもつ L どうしがシスに位置するとは限らない．それらのトランス位の M—L 結合を弱めてしまうからである．お互いがトランスに位置して適度に張り合う方が全体として安定であることもある．

## (j) 大きい配位数

7 配位構造は，ほぼ σ 非結合性の d 軌道を 2 個もつので(図 3.18，表 3.9)，これらだけが占められる $d^0 \sim d^2$，低スピン $d^3$ と $d^4$ の配置をもつ M は 7 配位構造をとりうる．さらに，$d^0$，高スピン $d^1/d^2$ に球対称の高スピン $d^5$ が加わった高スピン $d^5$，高スピン $d^6/d^7$ の M もその可能性がある．実際，$d^0 \sim$ 高スピン $d^2$ の $[M(H_2O)_6]^{2+}$(M は第 1 遷移金属)の水分子交換には 7 配位中間体を経る会合的($I_a$)機構が提唱されているし，$Ti^{3+}(d^1)$，$V^{3+}(d^2)$，$Mn^{2+}/Fe^{3+}$(高スピン $d^5$)，$Fe^{2+}$(高スピン $d^6$)，$Co^{2+}$(高スピ

ン $d^7$)の edta 錯体は固体状態では水分子を取り込んだ 7 配位構造である（$Ti^{4+}$($d^0$)，$Cd^{2+}$/$In^{3+}$/$Sn^{4+}$($d^{10}$) の edta 錯体も 7 配位）．さらに L が π アクセプター性であればこれらの 2 個の d 軌道が π 結合性になってもっと安定化する．

五角両錐構造をもつ低スピン $d^4$ の錯体ではアピカル結合とエカトリアル結合の σ 結合力は共に $2e_\sigma$ となるので両者に差はないが，s が $z^2$ に混入すればアピカル結合が強くなる（p 軌道の寄与もアピカル結合を強くする）．同じ構造の典型元素化合物 $IF_7$ でも p 軌道が関与する割合が高いアピカル結合の方が強く（179 pm と 186 pm），五角形平面内の結合が多中心（6 中心 10 電子）結合になる．だから五角両錐構造の $[O=IF_6]^-$ や $[TeF_5(OMe)_2]^-$ では O や OMe 基は（$[O=XeF_5]^-$ のように $lp$ があれば $lp$ も）アピカル位置を占め，より電気陰性な F がエカトリアルに位置する（三角両錐構造の位置選択性とは見かけ上逆）．8 配位構造でも大半は σ 非結合（π 結合性）の d 軌道を 1 個もつので，$d^0$，$d^1$，低スピン $d^2$ の M はこの構造をとっても不安定ではない（低スピン $d^2$ が 18 電子則を満たす）．すでに示した実例と比較してみるとよい（2.2 節(f)，(g)項参照）．なお，7，8 配位錯体における構造の選択性や配位子の位置選択性，たとえば低スピン $d^4$ の五角両錐構造では π ドナーはエカトリアルの選択性（図 2.15 の $d^2$[Cr($O_2^{2-}$)$_2$($NH_3$)$_3$] も同じ傾向を示し，π ドナー $O_2^{2-}$ はエカトリアル位を占めている，章末問題 3.5 参照），π アクセプターはアピカルの選択性，低スピン $d^4$ の $C_{2v}$-面冠三角柱構造では π ドナーはキャップ位置（アクセプターは逆）の選択性，をもつことはいままで述べた手法で原理的に理解できるがこれについては論じない．

8 配位の正方プリズム，正方逆プリズム，十二面体構造を比較すると，正方プリズムと十二面体構造では 1 個の d 軌道（それぞれ $z^2$ と $x^2-y^2$）だけが σ 結合に関与しないのに対して，正方プリズム（立方体）では 2 個の d 軌道がほとんど σ 結合に関与しない（図 3.18，表 3.9）．だから $d^0$ から低スピン $d^2$ までは軌道の均等利用の点から正方逆プリズムや十二面体構造の方が安定である．実際，正方プリズム構造の例はほとんどない．

この σ 非結合性軌道中の電子対は立体的かさ高さに問題がなければルイス酸に σ 供与される．たとえば 8 配位 18 電子錯体 $d^2$[$Cp_2$(H)$_2$Mo:] は $BF_3$ と反応して 9 配位の [$Cp_2$(H)$_2$Mo:→$BF_3$] となる．一方，電子不足の

8配位16電子錯体 d⁰[(Cp*)₂(H)₂Zr] ではその軌道が空なのでルイス塩基 $PF_3$ との反応で9配位の [(Cp*)₂(H)₂Zr←:PF₃] となる．こうして Mo と Zr の原子価軌道がすべて結合に使われる．

---

**問題 3.29** 7～9の配位数の非平面構造の錯体 $ML_n$ は M がそれぞれどのような電子配置のときに，また配位子がどのような性質のときに生成しやすいか．

---

## 3.5 18電子則とアイソローバル関係

　　　有機金属錯体の電子状態と構造の解釈に有用な18電子則とアイソローバル関係についてここで改めて解説する．

### (a) 18電子則

　　　s軌道とp軌道の4つが結合に使える典型元素化合物についてオクテット則が成立するように($4×2=8$電子)，5個のd軌道と合わせて9個の原子価軌道が使える遷移金属錯体では，M周りの総価電子数が $9×2=18$ になると安定になる．これが **18電子則**(eighteen-electron rule)である．この規則はM—L結合が強い(π逆供与結合のために結合性と反結合性のd軌道のエネルギー差が大きい)有機金属錯体(非平面)について成立する．

　　　一般に，非直線/非平面構造の錯体 $ML_n$ では，Mの9個の軌道と $n$L の $n$ 個のσ軌道から，$n$ 個のσ結合性軌道(電子占有)と $n$ 個のσ反結合性軌道(非占有)ができる(図3.28)．残りの $(9+n)-2n=(9-n)$ 個はσ結合に関しては非結合性であるが，有機金属錯体のようにLがπアクセプター性のときにはこれらがπ結合性になって占有される(s軌道とp軌道が混入してd軌道のエネルギーを下げる効果もある)．こうして $n$(σ結合性) + $(9-n)$(π結合性) = 9個の軌道が占有され，18電子則が成り立つ．平面構造ではその平面に垂直な $p_z$ 軌道がσ結合に使えないので配位数に関係なく16電子則が，直線構造では結合軸($z$)に垂直な $p_x$ 軌道と $p_y$ 軌道が使えないので14電子則が，成り立つ．これは平面構造の典型元素化合物，たとえば $BH_3(BX_3)$ や $BH_4^+$ がオクテット(8電子)より2電子少ない6電子で(1個の非結合性p軌道が非占有)，直線構造の $BeH_2(BeX_2)$ や $MgR_2$

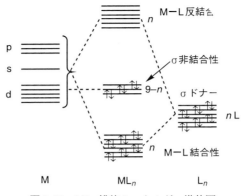

**図 3.28** $ML_n$ 錯体のエネルギー準位図

などがオクテットより 4 電子少ない 4 電子で（2 個の非結合性 p 軌道が非占有），それぞれ一応の安定性を得ているのと同じことである．実際にはこれらの典型元素化合物では X からの π 供与や多中心結合によって非結合だった p 軌道が結合に使われ形式的にオクテット則を満たすことが多い．なお，前周期遷移金属では有効核荷電が小さく原子価軌道のエネルギーが高いのでその一部が結合に使われにくい場合があり，これらの電子則に満たない総価電子数の錯体がときどき登場する（3.5 節 (c) 項参照）．たとえば M が前周期遷移金属の $Cp_2ML_n$ 型錯体ではむしろ 16 電子の場合が普通である．

**問題 3.30** 非直線/非平面構造，平面構造，直線構造の有機金属錯体では配位数に関係なくそれぞれ 18, 16, 14 電子則が成り立つ．なぜか．

M の周りの総価電子数の計算法として本書では，L を閉殻にして切り放したときに残る電荷を M にもたせる方式よりも，奇数電子を供与する L を認める方式をおもに採用する．たとえば $[CpFe(CO)_2CH_3]$ では，Cp は 5 電子，2 つの CO は $2 \times 2 = 4$ 電子，$CH_3$ は 1 電子を供与する．全体の電荷はゼロなので $Fe^0$ である．$Fe^0$ は以前述べたようにその族番号（8）と同じ数の d 電子をもち，合計で 18 電子となる．すでに登場した $[(\eta^3\text{-}C_3H_5)Pd(\mu_2\text{-}Cl)_2Pd(\eta^3\text{-}C_3H_5)]$（図 2.5）では各 Pd に対して架橋の Cl の一方が 1 電子，他方が 2 電子供与するので $1(Cl) + 2(Cl) + 3(\eta^3\text{-}C_3H_5) +$

1)(Pd$^0$)=16 電子(Pd 周りは平面)となる．もう 1 つの方式では前者では Cp$^-$(6 電子)，CH$_3^-$(2 電子)のように閉殻にする．全体の電荷がゼロなので Fe$^{2+}$(形式酸化数)となって総価電子数は 6(Cp$^-$)+2×2(CO)+2(CH$_3^-$)−6(Fe$^{2+}$)=18 となる．後者では Cl$^-$(2 電子)，$\eta^3$-C$_3$H$_5^-$(4 電子)，Pd$^{2+}$(d$^8$)なので，2×2(Cl$^-$)+4($\eta^3$-C$_3$H$_5^-$)+8(Pd$^{2+}$)=16 で同じ結果となる．直線構造の[(H$_3$C)Au(PPh$_3$)]では前者の方式では Au$^0$ は形式的に d$^{11}$(d$^{10}$s$^1$)となり，総価電子数は 1(CH$_3$)+2(PPh$_3$)+11(Au)=14，後者の方式では 2(CH$_3^-$)+2(PPh$_3$)+10(Au$^+$)=14 である．

---

**問題 3.31** [CpNi(NO)]について Ni を中性として考える場合と，形式酸化数で考える場合とで Ni 周りの総価電子数を求めよ． (答：5+10+3, 6+10+2)

---

八面体錯体では配位子が π アクセプターであれば，π 結合性(4e$_\pi$)の t$_{2g}$(d)軌道までが 6 電子で占有されるので，6 つの L の 12 電子と合わせ 18 電子則が成り立つ(図 3.11，図 3.12)．ただし M—L 結合が弱ければ(あるいは L が π ドナーであれば t$_{2g}$(d)軌道も反結合性になって)$\Delta_o$ が小さくなる．だから中心金属の有効核荷電に応じて t$_{2g}$(d)と e$_g$(d)軌道が適度に占有され，総価電子数が 12 電子(例 d$^0$ [TiF$_6$]$^{2-}$)から 22 電子(例 d$^{10}$ [Zn(en)$_3$]$^{2+}$)までの錯体が可能となる．一般の ML$_n$ 型の Werner 型錯体では d$^0$ つまり 2$n$ 個から，d$^{10}$ つまり 2$n$+10 個までの総価電子数が可能となる(表 3.11 参照)．これらでは 18 電子則は成立しない．

四面体錯体でも π 結合性の e 軌道(8/3e$_\pi$)と，p 軌道が混入して σ 反結合性が減った 2t$_2$ 軌道(4/3e$_\sigma$+8/9e$_\pi$)までが占有され(sp$^3$(d$^3$)混成)，4 つの L からの 8 電子と合わせて 18 電子則が成立する(図 3.15)．π ドナー性の配位子のときは d 軌道の反結合性が大きくなるので，もっと d 電子が少ない場合でも L 間の反発が少ないこの四面体構造をとる(3.4 節(f)項で述べた d$^0$〜d$^2$ と高スピン d$^5$〜高スピン d$^7$ の[MX$_4$]$^{n-}$ など)．平面正方形(図 3.14)では旧 t$_{2g}$(b$_{2g}$；$xy$ と e$_g$；$yz, zx$)軌道が π 結合性(4e$_\pi$ と 2e$_\pi$)であり，s が混入して $z^2$(1e$_g$)はほとんど非結合的になるので(s(d$_{z^2}$)p$^2$d$_{x^2-y^2}$ 混成)これらが占有される．こうして σ 反結合性の $x^2-y^2$(2b$_{1g}$；3e$_\sigma$)だけが非占有で 16 電子則(d$^8$)を満たす(p$_z$ は σ 非結合性で空)．これが C$_{4v}$-正方ピラミッドや C$_{2v}$-バタフライ(あるいは三角平面上に M が位置する

$C_{3v}$-三角錐)構造に変形すると不安定になる(3.4 節(f)項).これらの非平面構造は $d^{10}$ で 18 電子則を満たすはずだが $d^{10}ML_4$ では四面体構造の方が安定である.むしろ空の σ 軌道に第 5 の L の電子対を取り込んで四角錐構造や三角両錐構造の $d^8ML_5$ となって 18 電子則を満たす(図 3.30 参照).

正三角形構造(図 3.23)では $yz, zx$ が π 結合性($3/2e_π$)であり,少し σ 反結合性の $z^2$($3/4e_σ$)に s が混入し,$x^2-y^2$ と $xy$($9/8e_σ+3/2e_π$)は π 結合に関与するだけでなく,これらに $p_x, p_y$ が混入するので($s(d_{z^2})p^2(d)^2$ 混成),d 軌道はすべて占有されて 16 電子則($d^{10}$)を満たす($p_z$ は非結合性で空).低スピン $d^8ML_3$(14 電子)であれば縮重した $x^2-y^2$ か $xy$ が 2 電子で占められるので T 字(または Y 字)構造に Jahn-Teller 変形を起こす.つまり,平面正方形構造の $d^8ML_4$(16 電子)から :L が脱離して生じる $d^8ML_3$(14 電子)は $[Rh(PPh_3)_3]^+$ のように T 字構造を保ち(Y 字への変形は可),正三角形や $C_{3v}$-三角ピラミッド構造にはならない.$C_{3v}$-三角ピラミッド構造の $ML_3$ は原理的には $d^{12}(d^{10}s^2)$ 配置のとき 18 電子則に合うが,s, p 軌道のエネルギーは高いので,$p_z$ が混入した s(σ)が非占有になるか(16 電子($d^{10}$)であり,正三角形構造になるか,L を取り込んで 18 電子の四面体構造になるのが安定である),あるいは $p_x, p_y$ 軌道が混入した 2 つの縮重 d(π)軌道(図 3.32 参照)も非占有(12 電子,$d^6$),になるかもしれない.

2 配位直線構造でも s が $z^2$($2e_σ$)に強く混入するため($s(d_{z^2})p_z$ 混成),d 軌道はすべて満たされる(旧 $t_{2g}$ や $x^2-y^2$ も σ 非結合性ないしは π 結合性,$p_z$ は σ 結合に関与し反結合性(空)となり,$p_x, p_y$ は非結合性で空).こうして 2 つの L からの 4 電子を合わせ 14 電子となる(図 3.18).これを $d^{10}$ [M(P―P)](P―P はシス位置を占める 2 座配位子 diphos)のように無理やり屈曲させると,$z^2$ の反結合性は減るが,$p_z$ が混入した占有 $zx$(座標軸の取り方によっては $p_z$ が混入した $yz$)軌道(π)が反結合性になるので強い π 供与性を示す(座標軸は異なるが図 3.34 参照).その上の空の σ($p_z$ が混入した s)軌道は σ アクセプター性を示す(これに L からの電子対を取り込むと平面三角形構造となって 16 電子則を満たす).

5 配位三角両錐錯体では(図 3.20(b)),π 結合性の $yz, zx$($7/2e_π$)だけでなく,$p_y, p_x$ の混入によって σ 反結合性が減った $x^2-y^2$ と $xy$($9/8e_σ+3/2e_π$)も占有される($sp^3d_{z^2}/sp_zd^3$ 混成).σ 反結合性の $z^2$($11/4e_σ$)には s が混入するが,これだけが非占有になる.四角錐構造では(図 3.20(a)),

## 3.5 18電子則とアイソローバル関係

$z^2(2e_\sigma)$に s と $p_z$ が混入して反結合性が減り，底面から M が浮かび上がると，$z^2$ の σ 反結合性はさらに減り，少し π 結合性を帯びるようになって占有される（π 結合性の旧 $t_{2g}$ は当然占有され，このうち $yz, zx$ には $p_x$, $p_y$ が混入，$s(p_z)p^2d^2/s(p_z)d^4$ 混成）．一方，$x^2-y^2$ の σ 反結合性は $3e_\sigma$ より少し減るが，これだけが非占有となる．こうして両構造とも 18 電子則を満たす．

ただし，低スピン $d^8$ の四角錐構造は占有 $z^2$ 軌道の反結合性が小さくなるような条件（M が底面から浮くこと，$L_{ba}$ が強い π アクセプター性をもつこと）が整わないと，$L_{ax}$ と占有 $z^2$ 軌道との反発のために $L_{ax}$ を解離して 16 電子の正方形錯体（$z^2$ の反結合性は $1e_\sigma$）になってしまう（両者の LFSE は $6e_\sigma$ で等しい）．四角錐構造の $d^8$[Ni(CN)$_5$]$^{3-}$（平均の $L_{ba}$—M—$L_{ax}$ 角 101°）ではこの条件がかろうじて満たされ（s, p 軌道の協力もあるがアキシャル結合は相当弱い），$z^2$ が 1 電子占有の低スピン $d^7$[Co(CN)$_5$]$^{3-}$（$L_{ba}$—M—$L_{ax}$ 角 97.6°）や [Co(CNPh)$_5$]$^{2+}$（$L_{ba}$—M—$L_{ax}$ 角 102°）もこの四角錐構造がとれる（やはりアキシャル結合は弱く，18 電子則を満たすように二量化しやすい）．NO がアキシャルにある四角錐 [M(NO)L$_4$] が 16 電子則を満たすのは（2.1 節(b)項の NO 配位子参照），$z^2$ が非占有となってその反結合性による不安定化を回避できるからである．また，$d^8$Pd$^{2+}$/Pt$^{2+}$ などが平面正方形構造（16 電子）をとるのは s が強く混入して占有 $z^2$ 軌道の反結合性（$1e_\sigma$）がもっと減るからである．つまり正四角錐構造の低スピン $d^8$[ML$_5$] 錯体の例は案外少ない（$L_{ba}$—M—$L_{ax}$ 角が 90° に近い低スピン $d^6$ 四角錐構造でアキシャル位に強い σ ドナーをもつ 16 電子錯体はある，3.4 節(f)項．むしろ π ドナー配位子からなる d 電子の少ない錯体 $d^0$[TiX$_4$(NR$_3$)]，$d^1$[V(O)(acac)$_2$]（図 2.13）や $d^1$[CrOCl$_4$]$^-$ がこの四角錐構造をとる（ただし $L_{ba}$—M—$L_{ax}$ 角 >90°）．

7 配位では 6 配位に比べ σ 結合性と σ 反結合性軌道が 1 個ずつ増えるので（図 3.18），σ 非結合性/π 結合性の d 軌道が 2 個となり，8 配位ではそのような軌道が 1 個あるので，これらにそれぞれ 4, 2 電子収容すると L からの電子対を加えて 18 電子則を満たす．9 配位では 9 個の原子価軌道がすべて結合に使われて 18 電子則（$d^0$）を満たす．

こうして遷移金属錯体でも配位子が π アクセプター性をもつ場合には，典型元素化合物と同じように，族の変化，つまり価電子数の変化に応じて

組成を系統的に変化させて 18 電子則を満たす．たとえば $[V(CO)_6]^-$，$[Cr(CO)_6]$，$[(CO)_5Mn-Mn(CO)_5]$（$[Mn(CO)_5]^-$，$[Mn(CO)_6]^+$），$[Fe(CO)_5]$，$[(CO)_4Co-Co(CO)_4]$（$[Co(CO)_4]^-$，$[Co(CO)_5]^+$），$[Ni(CO)_4]$ などである．なお，$[(CO)_4Co-Co(CO)_4]$ は実は $[(CO)_3Co(\mu_2\text{-}CO)_2Co(CO)_3]$ の構造で Co—Co 単結合をもつ．Fe では Fe—Fe 単結合をもち架橋 CO がある 2 核錯体 $[(CO)_3Fe(\mu_2\text{-}CO)_3Fe(CO)_3]$ や三角形構造の $[Fe_3(CO)_{12}]$ なども 18 電子則を満たす．一方，M—L 結合が強くない場合では，たとえば $Ti^{2+}$〜$Zn^{2+}$ はすべて $MCl_2$ の組成をもつ化合物を生成し，これらの結晶中では各 $M^{2+}$ は 6 配位（$Cu^{2+}$ では 4+2）である．また，Mn は酸化数（価電子数）が変化しても同じ四面体構造の $d^0/d^1/d^2/d^3$ の $[MnO_4]^{-/2-/3-/4-}$ を生成する．これらでは 18 電子則は当然成立しない．

$[Ni(Cp)_2]$ のように 20 電子の錯体も例外的に存在するが，一般に非直線/非平面構造の有機金属錯体では 18 電子未満でも安定性が劣るだけで立体的な制御をすれば存在不可能ではない．実際，原子価軌道のエネルギーが高い前周期遷移金属では 18 電子に満たないものが案外多い．たとえば $[Cp_2Ti(H)_2]$ は 8 配位 16 電子錯体である（図 2.16）．しかし 18 電子を越えると反結合性軌道が占有されるので不安定化する．そのため 18 電子の有機金属錯体の（置換）反応は配位子を解離して**配位不飽和**(coordinatively unsaturated)になって起こること（解離機構）が多い．そうでなければ，たとえば Cp が $\eta^5$(5 電子)→$\eta^3$(3 電子)に，NO が直線配位(3 電子)→屈曲配位(1 電子)に，(CO)(R)→アシル RC(=O) に過渡的に変化して配位座を空けて反応する．ところが平面正方形錯体 $d^8ML_4$(16 電子)では会合機構で反応が起こることが多い（ただし還元的脱離は L を解離したりして M が電子不足になった方が起こりやすい）．$z^2$(占有)や $p_z$ 軌道が 5 番目の結合に関与するからである（引き続き酸化的付加が起こることもあり，結果的に非平面構造の 18 電子錯体となる）．

---

■**問題 3.32** 平面正方形錯体では $z^2$ 軌道は $1e_\sigma$ だけ反結合性を帯びる．しかしこの軌道に 2 電子収容されて 16 電子則が満たされる．なぜか．

■**問題 3.33** $[Cp(CO)_2Fe(PPh_3)]^+$ と $[Pd(PEt_3)_2(OMe)_2]$ の金属周りの総価電子数と金属の形式酸化数を計算せよ．　　　（答：18 と 16，$Fe^{2+}$ と $Pd^{2+}$）

## (b) アイソローバル関係

$CH_3$ 基（7電子）では C は $sp^3$ 混成であり，その 3 個の混成軌道は 3 個の H との結合に使われ，残った 1 個の $sp^3$ 混成（σ）軌道に 1 電子をもつ．これが 1 電子を収容した σ 軌道，たとえばいま問題にしている $CH_3$ 基の $sp^3$ 混成軌道や H の 1s 軌道と重なって σ 結合を形成するとオクテット則が満たされる．$CH_2$ 基（6電子）では C が $sp^3$ 混成であれば，1 電子ずつを収容した 2 個の σ 軌道をもつので 2 個の σ 結合を形成できる．C が $sp^2$ 混成になれば，1 電子収容の σ 軌道と 1 電子収容の π 軌道（未混成の p 軌道）をもつことになるので，σ 結合と π 結合を 1 個ずつ形成できる．いずれの場合でもそのような結合形成によってオクテット則が満たされる．CH 基（5電子）では，同様に考えると，3 個の σ 結合（$sp^3$ 混成），2 個の σ 結合と 1 個の π 結合（$sp^2$ 混成），1 個の σ 結合と 2 個の π 結合（sp 混成）のいずれかを形成できる．このように典型元素ではその結合を理解するには $ns, np$ の 4 つの軌道だけを考慮すればよいが，遷移金属錯体ではこれらに加えて 5 つの d 軌道が原子価軌道として結合に使える．そのような遷移金属錯体の基（フラグメント）について，有機基と対比してどのような結合が可能であるかを考えたのがアイソローバル関係である．この関係を使えば有機金属錯体の一見複雑な構造と結合を単純化して解釈することができる．

八面体の $ML_6$ から L が 1 個抜けた $C_{4v}$-$ML_5$ のフラグメント（四角錐，図 3.29）を考える．混成軌道の立場では，6 つの $sp^3d^2$（σ）混成のうち 5 つが L の σ ドナー軌道と重なって，5 つの結合性（5 つの L からの $\ell p$ を収容）と 5 つの反結合性軌道ができる．残った 1 個の $sp^3d^2$ 混成軌道は L が欠けた z 方向に突き出ていて σ 結合に使える形である（s と $p_z$ が混入した $z^2$；図 3.13）．3 個の旧 $t_{2g}$ 軌道群（$C_{4v}$ 対称では $b_2$ の $xy$ と e の $yz, zx$）は σ 結合に関しては変化はない．いま，[$Mn(CO)_5$] のような四角錐構造の $C_{4v}$-$d^7ML_5$ フラグメントを例にすると，旧 $t_{2g}$ 軌道群に 6 電子収容して残った 1 電子は z 方向に突き出たこの σ 軌道（フロンティア軌道）に入る．これが（$CH_3$ 基がもつような）1 電子占有の σ 性軌道と結合すれば [$H_3C-Mn(CO)_5$] となって 18 電子則を満たす（あるいは 1 電子還元するとその軌道に $\ell p$ をもつ 18 電子錯体 [$Mn(CO)_5$]$^-$ になる）．

・$CH_3$ 基（7電子）について考えると，3 個の $sp^3$ 混成軌道を使って C が 3

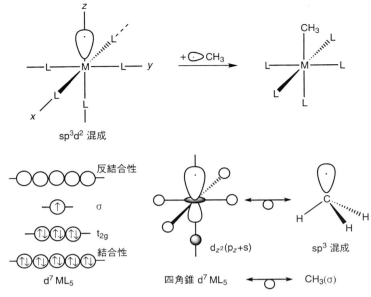

**図 3.29** $d^7ML_5$ と $CH_3$ のアイソローバル関係

つの H と結合すれば(6 電子収容),残りの 1 個の $sp^3$ 混成($\sigma$)軌道が 1 電子をもつ(分子軌道的に考えれば図 3.9(b)の $2a_1$ 軌道に 1 電子収容したものが・$CH_3$ である).だからこれが 1 電子占有の $\sigma$ 性軌道(たとえば $CH_3$ 基や H)と結合すると $H_3C$—$CH_3$ や $CH_4$ を生成してオクテット則を満たす(あるいは 1 電子還元するとその軌道に $\ell p$ をもつ 8 電子の :$CH_3^-$ になる).このような意味で $C_{4v}$-[Mn(CO)$_5$]($d^7ML_5$)は $CH_3$(H)基と等価であり,両者は**アイソローバル**(isolobal)であるという.つまり (CO)$_5$Mn—$CH_3$ は結合性という観点から $H_3C$—$CH_3$ や H—$CH_3$ と等価であるとみなせる.[Cr(CO)$_5$]($d^6ML_5$)ではその $\sigma$ 軌道は空なので $CH_3^+$($H^+$)と等価であり,:$CH_3^-$(L)と結合して [Cr(CO)$_5$CH$_3$]$^-$($H_3C$—$CH_3$,$CH_4$)となって 18 電子則(オクテット則)を満たす.

同様に八面体のシスの 2 つの L が欠けた $C_{2v}$-ML$_4$ のフラグメントは $\sigma$ 結合性軌道と $\sigma$ 反結合性軌道を 4 個ずつもち,欠けた L の方向を向いた 2 個の非結合性 $sp^3d^2$ 混成($\sigma$)軌道をフロンティア軌道としてもつ(図 3.30;$p_y$ が混入した s($\sigma$)と $p_x$ が混入した $xy$($\pi$)と考えてもよい.これらの一次結合をとると 2 個の $\sigma$ 軌道になる.座標の取り方に注意).M が $d^8$ で

3.5 18電子則とアイソローバル関係    149

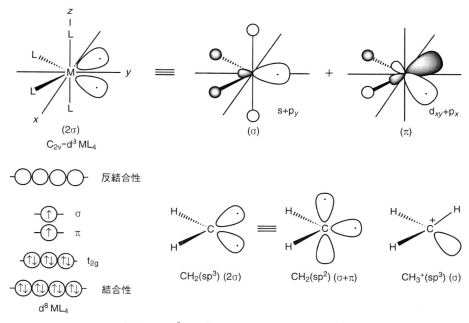

図3.30 $d^8ML_4$ と $CH_2$ のアイソローバル関係

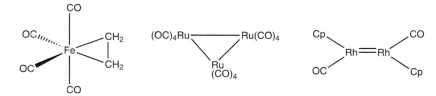

図3.31 シクロプロパンやエチレンと等価な錯体

あればこの2個の軌道が1電子ずつで占められるので(残りの6電子は旧 $t_{2g}$ 軌道群に収容), $\sigma(sp^2)$ と $\pi(p)$ 軌道(あるいは $sp^3$ 混成の2個の $\sigma$ 軌道)に1電子ずつもつ $CH_2$ 基(三重項カルベン)とアイソローバルになる. さらにこの2電子を一方の軌道に $lp$ として詰めれば1個の空の $\sigma$ 非結合性軌道をもつことになるので $CH_3^+(H^+)$ とも等価になる. たとえば $d^8[Fe(CO)_4]$ や $d^8[RhCp(CO)]$ がそうであり, $[Fe(CO)_4(CH_2—CH_2)]$ (C—C は 146 pm)や $[Ru(CO)_4]_3$ はシクロプロパンと, $[Cp(CO)Rh=Rh(CO)Cp]$ は $H_2C=CH_2$ とそれぞれ等価で18電子則を満たす(図3.31). また, $[Fe(CO)_4] + CH_3^- \rightarrow [Fe(CO)_4CH_3]^-$, $CH_3^+ + CH_3^- \rightarrow H_3C—CH_3$, $H^+ +$

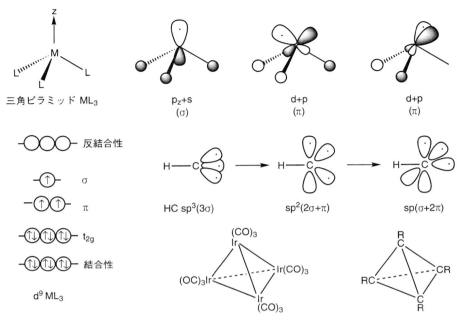

**図 3.32** $d^9ML_3$ と CH のアイソローバル関係

$CH_3^- \to CH_4$ となって 18 電子則またはオクテット則を満たす. M が $d^9$ では一方が $lp$ で占有され, 1 電子収容の σ 非結合性軌道がフロンティア軌道となるので $CH_3$ と等価になる. 一般に非平面構造の $ML_4$ であれば $d^8$ では $CH_2(CH_3^+)$ と, $d^9$ では $CH_3$ と($d^7$ では CH と), 等価になる.

八面体の *fac* の 3 カ所が欠けた $C_{3v}$-$ML_3$ のフラグメントについても同様に考えると(図3.32), σ 結合性軌道と σ 反結合性軌道が 3 個ずつあり, 抜けた L の方向を向いた $sp^3d^2$ 混成の 3 個の非結合性軌道(p が混入した s(σ)と p が混入した 2 個の d(π)と考えてもよい)をフロンティア軌道としてもつ. M が $d^9$ のとき, これらの 3 個の軌道が 1 電子ずつで占められるので, 1 個の σ(sp)と 2 個の π(p)軌道(あるいは $sp^3$ 混成の 3 個の σ 軌道)に 1 電子ずつもつ CH 基とアイソローバルになる(6 電子は旧 $t_{2g}$ 軌道群を占有). したがって HC≡CH と等価な $L_3M≡CH$ や $L_3M≡ML_3$ の生成が期待される. また, 4 個の $d^9[Ir(CO)_3]$ 単位が四面体の頂点を占めた $[Ir(CO)_3]_4$ は四面体構造のテトラヘドラン $(CR)_4$ に対応する. この場合では 3 個の軌道が隣りの 3 個の Ir との単結合(σ)に使われている(図

## 3.5 18電子則とアイソローバル関係

3.32).

■**問題 3.34** $d^{10}C_{3v}$-$ML_3$ は $CH_2$ とも $CH_3^+$ ともアイソローバルであることを示せ．

Cp の錯体，たとえば [$CpML_2$] では $Cp^-$ が 6 電子供与($L_3$)，M は $M^+$ と考える($M^+L_5$)．こうすると $M^+$ が $d^7$，すなわち M が $d^8$ のとき $CH_3$ と等価(たとえば [$CpFe(CO)_2$] と $CH_3$ が結合すると 18 電子錯体)となり(図 3.29 参照)，$M^+$ が $d^6$ (M が $d^7$)ならば $CH_2$ あるいは $CH_3^+$ とアイソローバルになる(図 3.36 参照)．[CpML] でも $M^+L_4$ と考える．[MCp] は $C_{3v}$-$M^+L_3$ とみなせるので，たとえば $M^+$ が $d^9$ (M は $d^{10}$)のとき CH と等価になる(図 3.32)．[$Cp_2M$] では $M^{2+}L_6$ となるので $CH_3$(H)と等価なのは $M^{2+}$ が $d^5$，つまり M が $d^7$ のときであり(たとえば 18 電子の [$Cp_2ReH$] を生成)，$M^{2+}$ が $d^4$ (M が $d^6$)のとき $CH_2$(あるいは $CH_3^+$)と等価である(図 3.35 参照，たとえば 18 電子の [$Cp_2Mo(-CH_2-CH_2-)$] や [$Cp_2W(H)_2$] を生成)．このようにアイソローバル関係を調べるときには形式酸化数から M の電子数を決めるとわかりやすい．

■**問題 3.35** 非平面構造の $d^9ML_4$ は $CH_3$ と等価であり，両者が結合すると 18 電子則を満たす $d^8ML_5$ 型の錯体になることを示せ．

一般論としては非平面構造の $ML_n$ には使える軌道が $(9+n)$ 個あり，そのうち $n$ 個が σ 結合性に，$n$ 個が σ 反結合性になるので残りの $9-n$ 個は σ 非結合性軌道である(このうち旧 $t_{2g}$ 軌道群と，平面構造では非結合的な $z^2$ もたいてい占有される)．これらの軌道に M の電子を収容していけばアイソローバル関係がわかる．このときこれらのフロンティア軌道のエネルギー順序は問題にしない．

平面正方形錯体 $ML_4$(図 3.14，図 3.21)では s 軌道の混入によって $z^2$ ($1e_\sigma$)はほぼ非結合的になっている($p_z$ は非結合)．これから :L を 1 つ取り除くと，空いたところに $sp^2d_{x^2-y^2}$ 混成軌道を 1 つもつ平面 $C_{2v}$-T 字構造の $ML_3$ となる(図 3.33)．M が $d^9$ であれば 8 電子が 4 個の非結合性 d 軌道(旧 $t_{2g}$ 軌道群と $z^2$)に収容され，残った 1 電子がその混成軌道(s と

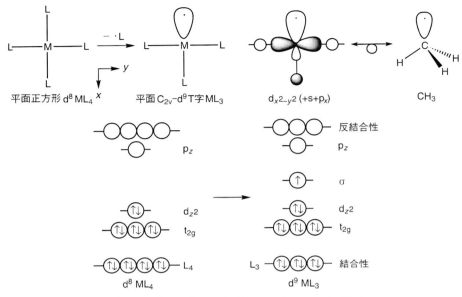

**図 3.33** $d^9$T 字型 $ML_3$ と $CH_3$ のアイソローバル関係

$p_x$ が混入した σ 性の $x^2-y^2$ に入る．だから $C_{2v}$-T 字構造の $d^9ML_3$ は $CH_3$ とアイソローバルであり，$d^8$T 字 $ML_3$ は $CH_3^+$ とアイソローバルである（非平面の $d^nML_5$ と T 字の $d^{n+2}ML_3$ は等価である）．

もう 1 つ L が欠けた V 字型の $C_{2v}$-$ML_2$ では（図 3.34），結合に使える σ と π の軌道（$p_y$ が混入した s と，$p_x$ が混入した $xy$）をもつので（$p_z$ は非結合），M が $d^{10}$ のとき $CH_2$ または $CH_3^+$ とアイソローバルになる．だから 1 電子供与配位子 2 個（たとえば ・$CH_3$）と結合すれば平面 4 配位の $d^8$ $ML_4$ 錯体に，2 電子供与配位子 1 個（たとえば :$CH_3^-$）と結合すれば平面 3 配位の $d^{10}ML_3$ になる（L は 2 電子供与配位子）．ML では $z^2(1e_\sigma)$ に s, $p_z$ が混入して $x^2-y^2$ も含め d 軌道はすべて非結合的になり（10 電子），$p_z$ と $z^2$ が混入した s 軌道（σ）が結合に使える（$p_x, p_y$ は非結合）．だからこれに 1 電子を収容した $d^{11}(d^{10}s^1)$ 配置のとき $CH_3$ と（T 字構造の $d^nML_3$ は $d^{n+2}$ ML と）アイソローバルになり（例 [Au(PPh$_3$)]），1 電子供与の配位子と結合して直線構造の $d^{10}ML_2$（14 電子）を与える（[$H_3$C—Au(PPh$_3$)]）．$d^{10}ML$ は $CH_3^+(H^+)$ と等価である．

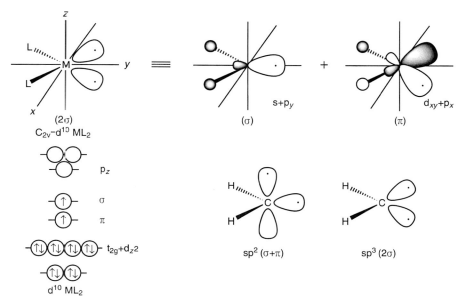

**図 3.34** $d^{10}$V字型$ML_2$と$CH_2$のアイソローバル関係

▇**問題 3.36** 非平面構造の$d^nML_5$とT字構造の$d^{n+2}ML_3$, 非平面構造の$d^nML_4$とV字構造の$d^{n+2}ML_2$, T字構造の$d^nML_3$と(直線構造の)$d^{n+2}ML$, はお互いにアイソローバル関係にあることを示せ.

▇**問題 3.37** $C_{2v}$-$[Fe(CO)_4]$とV字の$[Pt(PPh_3)_2]$が$CH_2$とアイソローバルであり, 2つの$[Fe(CO)_4]$と$[Pt(PPh_3)_2]$の3つのMが三角形状に結合した錯体がシクロプロパンと等価であることを確認せよ.

### (c) $t_{2g}$軌道が関与するアイソローバル関係

逆に配位数が増えた場合, たとえば非平面構造の$d^5ML_6$や$d^3ML_7$は18電子に1電子不足だからやはり$CH_3$と等価のはずである(図 3.35). 前者では$t_{2g}^5$となり, 後者では$t_{2g}$相当の2個のd軌道に3電子収容されている(もう1個の$t_{2g}$軌道はLとのσ結合に使われて反結合性). だから$CH_3$と結合するとそれぞれ$d^4ML_7$型(σ非結合性旧$t_{2g}$軌道が2個), $d^2ML_8$型(σ非結合性旧$t_{2g}$軌道が1個)の18電子錯体となる(2電子供与の配位

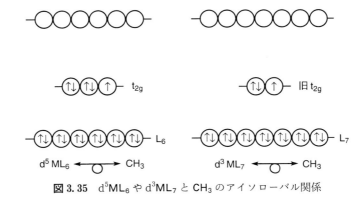

**図 3.35** $d^5ML_6$ や $d^3ML_7$ と $CH_3$ のアイソローバル関係

子を L で示すので d 電子数は 1 個減らして示す必要がある)．このような場合では $t_{2g}$ 軌道が σ 結合に関与している．

**問題 3.38** [CpNi] のアイソローバル関係から [CpNi]$_4$ がどのような有機化合物と等価であるかを考えよ． (答：(CR)$_4$)

非平面構造の $d^6ML_5$ (図 3.36) は $CH_3^+$ と等価であるが，$t_{2g}^6$ から空軌道に 1 電子昇位させると 1 電子ずつを収容した σ と π($t_{2g}$) の軌道を 1 個ずつもつことになるので $CH_2$ とも等価になる．だからたとえば，[Cp(CO)$_2$Fe]$^+$ はそれぞれ $CH_3^-$，$CH_2$ と結合して [Cp(CO)$_2$FeCH$_3$]，[Cp(CO)$_2$Fe=CH$_2$]$^+$ の 18 電子錯体となり，1 電子供与の 2 個の配位子と結合すれば $d^4ML_7$ 型の 7 配位 18 電子錯体になる (L は 2 電子供与だから $d^6 \to d^4$)．$d^5ML_5$ では 1 電子ずつ収容した 1 個の σ と 2 個の π 軌道 ($t_{2g}$) をもつことになるので CH と等価になる ($d^2ML_8$ 型の 8 配位 18 電子錯体を生成)．[WCp(CO)$_2$] は $d^5ML_5$ であり，RC≡CR と等価な 18 電子の [Cp(CO)$_2$W≡CR] や W≡W 結合をもつ [CpW($\mu_2$-CO)$_4$WCp] を生成する．このように $t_{2g}$ 軌道が結合に関与すればアイソローバル関係はかなり広がってくる．

**問題 3.39** [CpML] で M$^+$ が $d^8$ のときは $CH_2$ と等価であることを示せ．

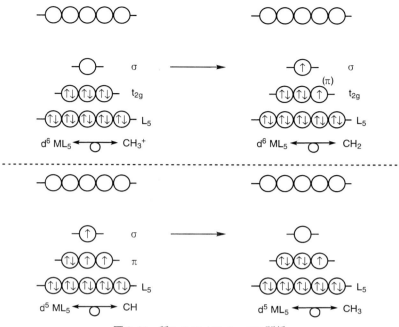

**図 3.36** 種々のアイソローバル関係

アイソローバル関係はさらに広がる．$d^3ML_5$ は $t_{2g}^3$ 配置で，その上の1個の σ 軌道が空である（図 3.37）．この軌道を結合に使わず空のままとすれば1電子ずつの3個の旧 $t_{2g}$ 軌道があることになるので CH と等価になる（$d^0ML_8$ 型の8配位16電子錯体となる）．$d^5ML_5$ は CH と等価であるが，$t_{2g}$ 軌道の上の1個の σ 軌道を空にして $t_{2g}^5$ とすれば（図 3.36），$CH_3$ ともアイソローバルで $d^4ML_6$ 型の16電子錯体になる．$d^4ML_6$ では $t_{2g}^4$ であり1電子ずつの2個の $t_{2g}$ 軌道をもつので $CH_2$ と等価になり（図 3.37），σ 非結合性の占有旧 $t_{2g}$ 軌道を1個もつ18電子の $d^2ML_8$ 錯体，たとえば $[Cp_2(H)_2Mo:]$ の生成が理解される．$t_{2g}$ 軌道がスピン対で占められると空の $t_{2g}$ 軌道が1個となるので $CH_3^+$ と等価で，σ 非結合性の占有旧 $t_{2g}$ 軌道を2個もつ18電子の $d^4ML_7$ 錯体を生成する（$d^5ML_6$ は $CH_3$ と等価）．$d^3ML_6$ は $t_{2g}^3$ なので CH と等価で，9配位の18電子錯体 $[Cp_2Nb(H)_3]$ の生成が，$d^2ML_6$ は $t_{2g}^2$ なので1個の $t_{2g}$ 軌道を空にすれば $CH_2$ と等価になって8配位の16電子錯体 $[Cp_2Zr(R)_2]$ の生成が，それぞれ説明できる．非平面構造の $ML_4$ でも旧 $t_{2g}$ 軌道の上の2つの非結合性軌道を空とし（図

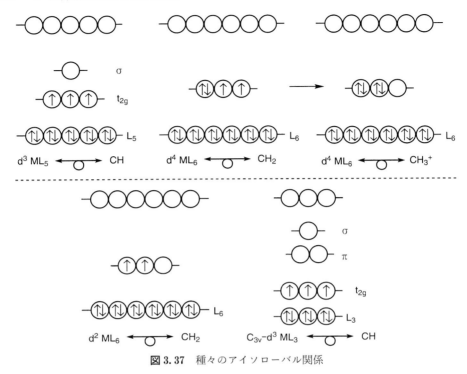

図 3.37　種々のアイソローバル関係

3.30)，旧 $t_{2g}$ 軌道だけを結合に関与させると，$d^5$ は CH$_3$ と，$d^4$ は CH$_2$ と，$d^3$ は CH と等価になり，それぞれ 14 電子の $d^4$ML$_5$，$d^2$ML$_6$，$d^0$ML$_7$ 錯体となる．軌道のエネルギーが高い前周期遷移金属がこのような電子不足の錯体を生成することは多い（18 電子則を満たすには配位数が大きくなりすぎるからでもある）．

同様にして $C_{3v}$-$d^3$ML$_3$（図 3.37）では 12 個の軌道から 3 個の結合性と 3 個の反結合性軌道ができ，6 個の非結合性軌道のうち上の 3 つは空で，$t_{2g}^3$ となる．この $t_{2g}^3$ だけを結合に使えば CH と等価になる（$d^0$ML$_6$ の 12 電子錯体になる）．例には [(RO)$_3$W≡CR] や [(RO)$_3$Mo≡Mo(OR)$_3$] がある（ただし OR が 3 電子供与ならば 18 電子）．

以上のアイソローバル関係（他にもある）を表 3.13 に示す．アイソローバル関係は可能な錯体を想定したり，その構造を有機化合物と対比させて理解するのに役立つが，エネルギー的に実存するかどうかはこれだけでは判断できない．

表 3.13 錯体フラグメントと有機基との等価性

|     | ML | V字ML$_2$ | T字ML$_3$ | ML$_3$* | ML$_4$* | ML$_5$* | ML$_6$* | ML$_7$* |
|---|---|---|---|---|---|---|---|---|
| CH$_3$  | $d^{11}$ | $d^{11}$ | $d^9$ |          | $d^9, d^5$    | $d^7, d^5$    | $d^5$         | $d^3$ |
| CH$_3^+$ |         |          | $d^8$ | $d^{10}$ | $d^8$         | $d^6$         | $d^4$         | $d^2$ |
| CH$_2$  |          | $d^{10}$ |       | $d^{10}, d^4$ | $d^8, d^4$ | $d^6, d^4$ | $d^4, d^2$ | $d^2$ |
| CH      |          |          |       | $d^9, d^3$    | $d^7, d^3$ | $d^5, d^3$ | $d^3$      |       |

\* 印の錯体は非平面構造. CpM, CpML, CpML$_2$ は M$^+$ として d 電子数を計算すればそれぞれ非平面 ML$_3$, ML$_4$, ML$_5$ と等価, Cp$_2$M は M$^{2+}$ とすれば ML$_6$ と等価.

■**問題 3.40** $d^5$ML$_5$ は CH とも CH$_3$ ともアイソローバルであることを示せ.

■**問題 3.41** [CpM] で M$^+$ が $d^3$ と $d^9$ のときは CH と等価であることを示せ.

### (d) M—M 間の σ, π, δ 結合

$C_{4v}$-$d^7$[Mn(CO)$_5$] や [Co(CN)$_5$]$^{3-}$ は CH$_3$ とアイソローバルだから [(CO)$_5$Mn—Mn(CO)$_5$] や [(NC)$_5$Co—Co(CN)$_5$]$^{6-}$ の M—M 間の σ 結合の生成は容易に理解される(固体状態では立体障害の少ないねじれ型(staggered)配置が安定;図 1.23). T字構造の [Ni(CN)$_3$]$^{2-}$ ($d^9$ML$_3$) も CH$_3$ と等価だから $D_{2d}$[(NC)$_3$Ni—Ni(CN)$_3$]$^{4-}$ の生成も納得される(図 2.8).

非平面構造の $d^8$ML$_4$ は CH$_2$ と等価であるから(図 3.30), M—M 間に σ 結合と π 結合をもつ L$_4$M=ML$_4$ の生成が期待される. たとえば [(CO)$_4$Fe=Fe(CO)$_4$] は不安定で未知だが [Cp(CO)Rh=Rh(CO)Cp] がそれに相当する. $C_{3v}$-$d^9$ML$_3$ は CH とアイソローバルなので(図 3.32), L$_3$M≡ML$_3$ 型の 18 電子錯体が予想されるが未知である. σ 非結合性の $t_{2g}$ 電子対間の反発が原因である([(CO)$_3$Co≡CR] も不安定). ところが上述のように, $d^5$ML$_5$ では $t_{2g}$ 軌道も結合に関与するので CH と等価(図 3.36)となり [Cp(CO)$_2$Mo≡Mo(CO)$_2$Cp](18 電子)は存在するし, $C_{3v}$-$d^3$ML$_3$ も CH と等価なので(図 3.37), [(RO)$_3$Mo≡Mo(OR)$_3$] や [(Me$_2$N)$_3$Mo≡Mo(NMe$_2$)$_3$](12 電子)が知られている(OR や NMe$_2$ を 3 電子供与とすれば 18 電子).

■**問題 3.42** [Cp(CO)Rh=Rh(CO)Cp] は 18 電子則を満たすことを確かめよ.

遷移金属間では d 軌道間の δ 結合を含めた四重結合が可能である. 例

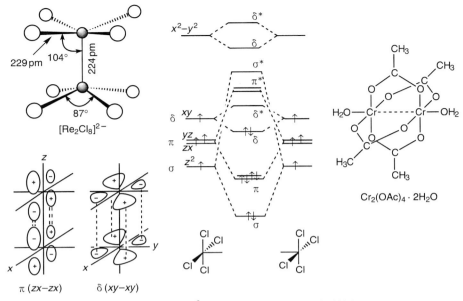

**図 3.38** [Re$_2$Cl$_8$]$^{2-}$ における Re—Re 間の多重結合

として [Cl$_4$ReReCl$_4$]$^{2-}$ を考える(図 3.38).d$^4$[Re$^{3+}$Cl$_4$]$^-$ フラグメントは正方形に近く D$_{4h}$-d$^4$ML$_4$ とみなせる(図 3.14).使える軌道 12 個(p$_z$ を除く)から 4 個の結合性(a$_{1g}$, e$_u$, b$_{1g}$)と 4 個の反結合性軌道を除くと旧 t$_{2g}$ と $z^2$(s が混入)の 4 つの軌道が σ 非結合的な軌道として存在する(b$_{1g}$ の $x^2-y^2$ は 3e$_\sigma$ の反結合性).d$^4$ だからこれらの 4 つの軌道に 1 電子ずつ収容されるが(これと等価な有機基はない!),Cl$^-$ が σ/π ドナーなので,$xy$ が $x^2-y^2$(3e$_\sigma$)に次いで(π)反結合性(4e$_\pi$)に,$yz, zx$ が少し反結合性(2e$_\pi$)になり,$z^2$(1e$_\sigma$)とエネルギー的に接近する.実際には Re—Re—Cl 角は 104° であるからこれらの反結合性はもう少し小さく,s 軌道が強く混入した $z^2$ が最低エネルギーになる($x^2-y^2 \gg xy > yz, zx > z^2$,図 3.8 や図 3.14 のエネルギー準位との相違に注意,3.3 節(d)項参照).

この d$^4$ML$_4$ フラグメント 2 個が $z$ 軸方向から Cl$^-$ どうしが重なる(重なり型,eclipsed)ように接近すると,$z^2$ どうしで σ,$yz, zx$ どうしで 2 個の π,$xy$ どうしで δ,の四重結合が生成する(図 3.38).各 Re まわりは 16 電子で,δ 軌道が HOMO,δ* 軌道が LUMO となり,δ-δ* 遷移のために青色を呈する.[Cl$_4$MoMoCl$_4$]$^{4-}$ も等電子で同じ構造をもつ赤色錯体

である（[(H_2O)_4MoMo(OH_2)_4]^{4+} もある）．対応する [Cl_4OsOsCl_4]^{2-} では各 $Os^{3+}$ が $d^5$ なので両方からの 10 電子が $δ^*$ 軌道までを占める．だから $d^5MCl_4$ どうしが 45° の角になるようにねじれ型に重なって占有の $xy$ どうしの δ 型の反発を避けるのが安定である（実際は固体状態では対イオン次第）．つまり Os—Os 間は三重結合であり，各 Os 周りは 16 電子となる．

　[LCl_4ReReCl_4L]^{2-} や [(H_2O)Cr($μ_2$-CH_3COO)_4Cr(H_2O)]（$Cr_2(OAc)_4$・$2H_2O$）は $d^4$-$d^4$[L_5M—ML_5] 型の四重結合の化合物として知られている．$d^4ML_5$（図 3.13）では s と $p_z$ が混入した $z^2(a_1)$ と旧 $t_{2g}(b_2+e)$ の 4 つの非結合的な軌道に 1 電子ずつ入っている（L が 1 個増えたために $z^2$ の反結合性は $2e_σ$; $x^2-y^2 \gg z^2 > xy > yz, zx$）．この $d^4ML_5$ どうしが重なれば σ, π（2 個），δ の結合ができるが（$p_z$ も結合に関与し，各 M 周りは 18 電子），M—M 結合は $d^4$-$d^4$[L_4M—ML_4] の場合より長くなる．$z^2$ 軌道が M—M 間の結合（とわずかながら底面の L と M との結合）だけでなく，5 番目の L との結合にも使われるようになるからである．なお σ 反結合性の $x^2-y^2$ は空なのでその δ 型の重なりは結合に寄与しない．[ClOs($μ_2$-CH_3COO)_4OsCl] でも $δ^*$ 軌道まで占有されるので Os—Os 間は三重結合となるが，配位子の立体的要請のため重なり型構造である．

　ところが L が CO のような π アクセプターであれば $d_π$ 軌道が下がってきて占有され，多重結合は難しくなる．[(CO)_5M—M(CO)_5] タイプの錯体は $d^7$ の $Mn^0$ や $Re^0$ について知られていて，CO との π 逆供与結合によって旧 $t_{2g}$ 軌道は低くなり（図 3.39）すべて占有される（$xy$ は $4e_π$, $yz, zx$ は $3e_π$ の結合性，$z^2$ は $2e_σ$, $x^2-y^2$ は $3e_σ$ の反結合性）．したがって $xy$ どうしの δ と $yz, zx$ どうしの π（2 個）はそれぞれの反結合性軌道まで占有され，s と $p_z$ が混入した $z^2$ どうしの σ 結合だけが残り，M—M 間は単結合となる．つまり L が適度な σ/π ドナー性をもつので $d^4ML_4$ や $d^4ML_5$ どうしが δ 結合できるのである．

　$d^4ML_5$ であっても M—M 間に四重結合をもつとは限らない．[Mo_6Cl_{14}]^{2-} では 6 つの Mo が八面体の頂点に配列し，各 Mo に 1 個の $Cl^-$（2 電子供与）が結合し，各三角面の上部に $Cl^-$ が位置して 3 つの Mo に 2 電子ずつ供与している（図 3.40）．したがって各ユニットは $d^4Mo^{2+}L_5$ となり（上の $d^4Re^{3+}L_5$ と等価），1 電子ずつを収容した 4 つの非結合性軌道を

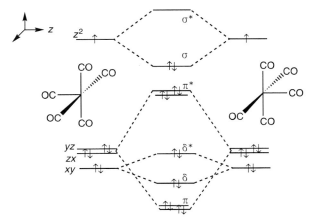

**図 3.39** $d^7ML_5$ どうしの M—M 結合形成($x^2-y^2$ はもっと高い位置にある)

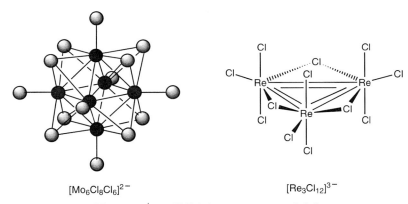

$[Mo_6Cl_8Cl_6]^{2-}$　　　　　$[Re_3Cl_{12}]^{3-}$

**図 3.40** $d^4ML_5$ 単位からなるクラスター化合物

もつ．これらが四重結合にではなく，隣りの 4 つの Mo との 4 つの単結合に使われるのである．Mo のみに結合していた 6 つの $Cl^-$ が抜けた $[Mo_6Cl_8]^{4+}$ は 6 つの平面構造の $d^4Mo^{2+}L_4$ が八面体型に集まった構造であり(図 3.46 参照)，各 Mo は 4 つの M—M 単結合をもつ．$[Re_3Cl_{12}]^{3-}$ では $ReCl_3$ が三角形状に結合し，3 つの $Cl^-$ がそれぞれ 2 個の Re を架橋している(図 3.40)．これも $d^4Re^{3+}L_5$ なので各 Re 単位は 4 本の結合に関与し，この場合では各 Re は両隣りの 2 個の Re と二重結合している(3 個の Re=Re 結合)．このような化合物は金属クラスターとよばれ，遷移金属では

周期を下がるほど M—M 結合が強くなるのでこの種の化合物が数多く知られている(3.6 節参照).

**問題 3.43** $[Me_4MoMoMe_4]^{4-}$ と $[Cp(CO)_2MoMo(CO)_2Cp]$ 錯体の Mo—Mo 間の結合次数を求めよ. (答：4 と 3)

## 3.6 クラスターの結合と構造

1.1 節(c)項で金属クラスターについて簡単に紹介した.ここではそれらをもう少し詳しく検討する.そのためにはボランクラスターとして知られている水素化ホウ素の結合から始める.

**(a) 典型元素クラスター**

もっとも簡単なホウ素の水素化物,ボラン $BH_3$ では,B 周りは 6 電子で**電子不足**(electron-deficient)であり,図 3.41 のような二量体ジボラン $B_2H_6$ となって形式的にオクテット則を満たす.結合は 8 本あるが,総価電子は 12 個であり,2 中心 2 電子(2c-2e)結合には 4 電子不足である(2 電子を加えて $H_3C—CH_3$ のように $B_2H_6^{2-}$ にすると電子間反発が大きく不安定化する).普通,架橋の $[B(\mu_2-H)_2B]$ 部分は 2 組の 3 中心 2 電子結合で説明される.$B_2H_6$ を熱分解するともっと多くの B, H 原子からなる高級ボラン類(ボランクラスター)が作られる.もっとも典型的な $[B_6H_6]^{2-}$ から始める.

$[B_6H_6]^{2-}$(図 3.41)では 6 個の B が八面体の頂点を占め,各 B は隣りの 4 つの B と結合するとともに,1 個の末端 H と結合している.だから形式的には 18 本の結合がある.ところが総価電子数は $6×3(B)+6×1(H)+2$(負電荷) = 26 電子であり,すべての結合が 2 中心 2 電子結合になるためには $18×2-26=10$ 電子不足である.そこでまず,各 B は $sp_z$ 混成で(各 B から八面体の中心に向かう軸を $z$ 軸),その一方(八面体の外側に向いている)を使って末端の H と 2 中心 2 電子結合すると考える.こうして 26 電子のうち $6×2=12$ 電子が末端結合に使われる(残り 14 電子).

各 B に残された軌道は八面体の中心を向くもう一方の $sp_z$ 混成と $p_x$, $p_y$ の 3 個であり,これらが骨格結合に使われる.合計 $6(B)×3=18$ 個の軌

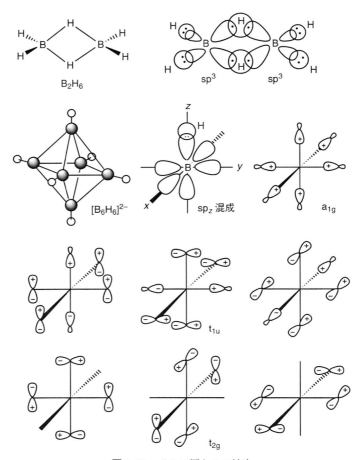

**図 3.41** ボラン類とその結合

道を組み合わせると 18 個の分子軌道ができるが，中心に向かった $sp_z$ 混成軌道どうしの結合的な分子軌道（$a_{1g}$）が 1 個あり，これ以外に 6 個（一般に $n$ 個）の結合性分子軌道（$t_{1u}$ と $t_{2g}$）がある（図 3.41，合計 $n+1=7$ 個の結合性軌道）．残りの 11 個（$t_{2u}$, $e_g$, $t_{1g}$, $t_{1u}$）は反結合性/非結合性の分子軌道で，非占有である．7 個の結合性軌道に残りの 14 電子が収容され，骨格の全結合次数は 7，B—B 結合 1 本当たりの結合次数は 7/12＝0.58 となる．

一般に [$B_nH_n$]$^{2-}$（$n=5\sim12$）で表わされるボランクラスターは $3n$(B)＋$n$(H)＋2(負電荷)＝($4n+2$) 個の電子，つまり ($2n+1$) 対の電子対をもつ

3.6 クラスターの結合と構造　163

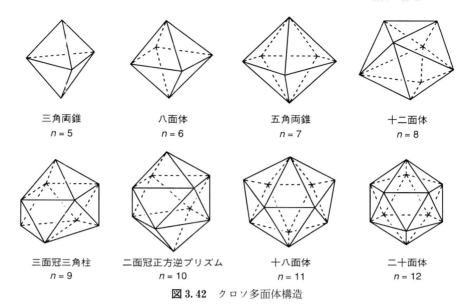

|三角両錐 $n=5$ | 八面体 $n=6$ | 五角両錐 $n=7$ | 十二面体 $n=8$ |

|三面冠三角柱 $n=9$ | 二面冠正方逆プリズム $n=10$ | 十八面体 $n=11$ | 二十面体 $n=12$ |

**図 3.42** クロソ多面体構造

（[$B_nH_{n+1}$]$^-$ や [$B_nH_{n+2}$] も）．このうち $n$ 対を $n$ 個の末端の B—H 結合に使うので，骨格結合には $(n+1)$ 対が使える．骨格結合には $n$ 個の B に残った計 $3n$ 個の軌道が使われ，$(n+1)$ 個の結合性分子軌道と $(2n-1)$ 個の非結合性ないし反結合性分子軌道ができる．だからこの $(n+1)$ 個の結合性軌道がちょうど占有されることになる．このように $(n+1)$ 対の電子対が骨格結合に使われるものはその形から**クロソ**(closo，かご状)型とよぶ．これらは各面が三角形であり，頂点が $n$ 個の多面体デルタヘドロン構造をもつ．たとえば [$B_5H_5$]$^{2-}$ はクロソ三角両錐構造 ($n=5$) である．クロソ構造にはそのほかに五角両錐 ($n=7$)，十二面体 ($n=8$)，三面冠三角柱 ($n=9$)，二面冠正方逆プリズム ($n=10$)，十八面体 ($n=11$)，二十面体 ($n=12$) があり (図 3.42)，四面体 ($n=4$) は 1 頂点を欠いた三角両錐とみなす．

**問題 3.44** クロソ五角両錐構造 [$B_7H_7$]$^{2-}$ において末端結合に使われる総電子数と骨格結合に使われる総電子数を計算せよ．　　　　（答：14 電子と 16 電子）

クロソ八面体構造の [$B_6H_6$]$^{2-}$ から頂点の 1 個の BH を取り除いたような $B_5H_9$ (24 電子) を考える (図 3.43)．その BH (4 電子) は B—H 結合に 2

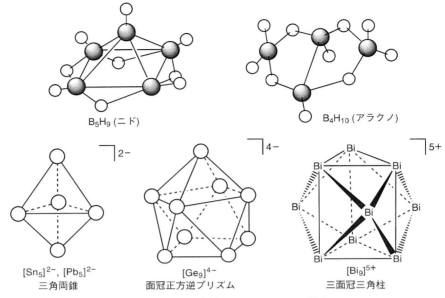

図 3.43 ボラン類とチントルイオンの構造

電子,骨格結合に残りの 2 電子を使っていた.そこで $[B_6H_6]^{2-}$ において**骨格結合に使っていた総電子数を変えないように 1 個の BH を 2 電子で置換**すると仮想的な $[B_5H_5]^{4-}$ となる.これに $4H^+$(電子なし)が,抜けた BH と結合していた 4 個の B を架橋するように付加すると中性の $B_5H_9$ となる.このタイプは**ニド**(ナイド nido,巣状の)型とよばれ,$(n+1)$ 個の頂点をもつクロソから 1 頂点が欠けた構造をもち,一般式 $B_nH_{n+4}$(総価電子数 $3 \times n + n + 4 = 4n+4$)で表わされる(たとえば $B_5H_9$ や $B_6H_{10}$).現実に H が架橋していようが,B が 2 個以上の末端 H と結合していようが,各 B は 1 個の末端 H と結合してその結合性軌道に 2 電子収容していると考える.そうすると総価電子対 $(2n+2)$ 対のうち $n$ 対が **B—H 末端結合**に使われ,残りの **$(n+2)$ 対**が骨格結合に使われることになる.すなわち $n$ 個の頂点をもつクロソと,それから 1 頂点欠けたニド($n-1$ 個の頂点をもつ)は同じ数の電子対 $(n+1)$ を骨格結合に使うことになる.$[B_nH_{n+3}]^-$ や $[B_nH_{n+2}]^{2-}$ も総価電子対が $(2n+2)$ 対で,$(n+2)$ 対が骨格結合に使われるのでニドに分類される.

## 3.6 クラスターの結合と構造

**■問題 3.45** $B_{10}H_{14}$ がニドに分類されることを示せ.

ニド $B_5H_9$ の, クロソ $[B_6H_6]^{2-}$ から除いた BH の隣りの, BH も 2 電子で置き換え(仮想的な $[B_4H_8]^{2-}$ となる), これに 2 つの $H^+$ を付加すると $B_4H_{10}$(図 3.43)となる(このとき末端の $BH_2$ 結合が少なくとも 1 つは生成する). このタイプは**アラクノ**(arachno, クモの巣状)型とよばれ, $(n+2)$ 個の頂点をもつクロソから 2 頂点が欠けた構造をもつ. 一般式は $B_nH_{n+6}$ で, 総価電子対は $(2n+3)$ 対である. このうち末端結合に $n$ 対使うとすれば, 骨格には $(n+3)$ **対**が使われることになる. つまり $n$ 個の頂点をもつクロソ, $n-1$ 個の頂点をもつニド, $n-2$ 個の頂点をもつアラクノはいずれも同じ数の電子対 $(n+1)$ を骨格結合に使うことになる. $[B_nH_{n+5}]^-$ や $[B_nH_{n+4}]^{2-}$ でも $(n+3)$ 対の電子対が骨格結合に使われるので, アラクノ型である. さらにもう 1 つの頂点が抜けた構造は**ヒホ**(ハイホ hypho, 網状)型とよばれ, $(n+4)$ **対**の電子対が骨格結合に使われる(たとえば $B_8H_{16}$; 一般式 $B_nH_{n+8}$, $[B_nH_{n+7}]^-$, $[B_nH_{n+6}]^{2-}$). このようにクラスター化合物の構造を骨格結合に使われる電子対の数によって分類する規則は **Wade 則**(Wade rule)とよばれる. ただし, この規則は $n$ が 4 以下では成立しないことが多く(たとえば $B_2H_6$), $n$ が非常に大きくなった場合にも怪しくなってくる.

BH 基(4 電子)は骨格結合に使える 3 つの軌道と 2 電子をもつので $CH^+$ と等価であり, 上のボランクラスターの BH を $CH^+$ で(B を $C^+$ で)置き換えることができる. このような化合物を**カルバボラン**(carbaborane, または**カルボラン**)という. さらに $BH_2$(5 電子)や $BH_3$(6 電子)を等電子の原子(N, P, S)で置換したヘテロボランも知られている. たとえば $BH_3$ は 6 電子のうち 4 電子(注意)を, S(6 電子)は H と結合していないが 1 組の $lp$ をもち残りの 4 電子を, 骨格結合に使うので両者は等価である($BH_2$ と N, P は骨格結合に 3 電子使う, 表 3.14 参照). このような置換を徹底的に行うと, たとえばクロソ三角両錐構造の $[B_5H_5]^{2-}$ の BH(4 電子)をすべて Sn や Pb(4 電子)で置き換えると $[Sn_5]^{2-}$ や $[Pb_5]^{2-}$ となる(図 3.43). 同様に 15 族 $Bi^+$ も 4 電子なので $[Bi_5]^{3+}$ も等価なクロソ構造である. このような裸の元素のクラスターを**チントル**(Zintl)**イオン**という.

$[Ge_9]^{2-}$ はクロソ三面冠三角柱であり，$[Ge_9]^{4-}$ はクロソ二面冠正方逆プリズムから1個の頂点を除いたニド型である（図 3.43）．ただし，$[Bi_9]^{5+}$ はニド型の $[Ge_9]^{4-}$ と同様に $(n+2)$ 対の電子対を骨格結合に使うはずだが，例外的にクロソ三面冠三角柱構造である（図 3.43）．単体 $P_4$ に Wade 則を適用すると $6(=n+2)$ 電子対が骨格結合に使われるのでニド（四面体）となる．

---

**問題 3.46** チントルイオン $[Sb_7]^{3-}$ はどのようなクロソ構造からいくつの頂点が欠けた構造か． （答：$7(=n)+5$ 対だから 18 面体から 4 頂点欠ける）

---

## (b) 金属ボランクラスター

ところで，$fac\text{-}[Fe(CO)_3]$ のフラグメントは $C_{3v}\text{-}d^8ML_3$ であり，$t_{2g}^6$ として残った2電子を3つの非結合性軌道（σ と $2\pi$）に収容している（図 3.32）．だからこれは $BH(CH^+)$ とアイソローバルであって，たとえばニド型の $B_5H_9$ はその BH を $[Fe(CO)_3]$ で置き換えた $[Fe(CO)_3]B_4H_8$ と等価になる（図 3.44）．ここで $[Fe(CO)_3]$ は BH と同じく骨格結合に3個の軌道と2電子を使っているが，末端結合には2電子ではなく，3つの CO の6電子と $t_{2g}^6$ の合計 12 電子を使っているとみなせる（典型元素より5つの d 軌道（10 電子）が余分に使えるからである）．このような化合物を**金属ボラン（クラスター）**（metallaborane(cluster)）という．C と金属錯体フラグメントの両方で置換されたボランクラスターも当然ある．たとえば

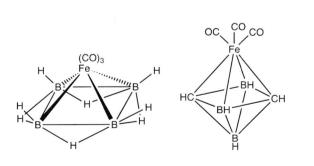
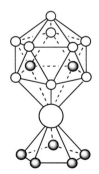

Fe(CO)₃B₄H₈　　　[Fe(CO)₃]C₂B₃H₅　　　[CpCo(C₂B₉H₁₁)]

**図 3.44** 金属クラスター

表 3.14 典型元素フラグメント [EH$_n$] と遷移金属フラグメント.
[M(CO)$_n$]([ML$_n$]) が骨格結合に使うとされる電子数.

| E | E | EH | EH$_2$ | M | M(CO)$_2$ | M(CO)$_3$ | M(CO)$_4$ | M(Cp) |
|---|---|---|---|---|---|---|---|---|
| 13族 | 1 | 2 | 3 | 6族, Cr, Mo, W | $-2$ | 0 | 2 | $-1$ |
| 14族 | 2 | 3 | 4 | 7族, Mn, Te, Re | $-1$ | 1 | 3 | 0 |
| 15族 | 3 | 4 | 5 | 8族, Fe, Ru, Os | 0 | 2 | 4 | 1 |
| 16族 | 4 | 5 |   | 9族, Co, Rh, Ir | 1 | 3 | 5 | 2 |
| 17族 | 5 |   |   | 10族, Ni, Pd, Pt | 2 | 4 | 6 | 3 |

[Fe(CO)$_3$]C$_2$B$_3$H$_5$ (総価電子数 36) に Wade 則を適用すると (図 3.44), 頂点に位置する原子が 6 個あり, そのうち [Fe(CO)$_3$] は末端結合に 12 電子使うので, 骨格結合には $36-12-5\times 2=14$ 電子 (7 対) 使う. つまり $n$ ($=6$)$+1$ 対だからクロソ八面体の [B$_6$H$_6$]$^{2-}$ と等価である. [Co(Cp)] も [Co$^+$L$_3$] とみなせば [Fe(CO)$_3$] と等価だから BH と置き換えられ, [CpCo(C$_2$B$_9$H$_{11}$)] はクロソ二十面体の [B$_{12}$H$_{12}$]$^{2-}$ と等価である (図 3.44). このような化合物は**メタラ(金属)カルバボラン** (metallacarbaborane) とよばれる. 同様に考察すると遷移金属フラグメント [ML$_n$] と典型元素フラグメント [EH$_n$] が骨格結合に使う電子数は表 3.14 のようになる.

一般化すれば [ML$_n$] フラグメントは $9+n$ 個の軌道をもち, これらが末端の $n$ 個の結合性軌道と $n$ 個の反結合性軌道に使われると, $(9+n)-2n=9-n$ 個の軌道が残る. [ML$_n$] が常に 3 個の軌道を骨格結合に使うとすれば, 残りの $6-n$ 個の軌道と $n$ 個の (末端の) 結合性軌道に収容された電子が末端結合に使われたことになる. これは常に $2\times(6-n+n)=12$ 電子である! たとえば [Co(CO)$_2$] では総価電子数は $9+2\times 2=13$ で, 骨格結合には 1 電子が割り当てられる. [Cr(CO)$_2$] では $6+2\times 2-12=-2$ 電子となる. [M(Cp)] は [M(CO)$_3$] より 1 個少ない電子を骨格結合に使う.

**問題 3.47** C$_2$B$_4$H$_6$[Ni(PPh$_3$)$_2$] がクロソ五角両錐構造であることを示せ.

(答: 骨格結合に 7($=n$)$+1$ 対)

**(c) 金属カルボニルクラスター**

再びクロソ [B$_6$H$_6$]$^{2-}$ を取り上げる. チントルイオンの場合と同じように, 2 電子と 3 軌道を骨格結合に使う BH をこれと等価な d$^8$[M(CO)$_3$] (M は Fe, Ru, Os) で徹底的に置き換えると, たとえば [Os$_6$(CO)$_{18}$]$^{2-}$ となる

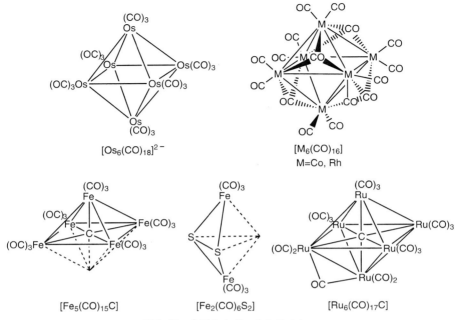

**図 3.45** 金属カルボニルクラスター

(図 3.45). Wade 則によって総価電子数 $6\times8(\mathrm{Os})+18\times2(\mathrm{CO})+2$(負電荷)$=86$ から末端結合の電子数($6\times12$)を差し引くと 14 電子(7 対), つまり $n(=6)+1$ 対が骨格に使われているのでこれは $n=6$ のクロソ八面体構造である. [$\mathrm{Co_6(CO)_{16}}$] も $6\times9(\mathrm{Co})+16\times2(\mathrm{CO})-6\times12=14$ 電子(7 対 $=n+1$)でクロソ八面体構造である(図 3.45). これらは**金属カルボニルクラスター**(metal carbonyl cluster)とよばれる. [$\mathrm{Fe_5C(CO)_{15}}$] は四角錐の底面の中心に, [$\mathrm{Ru_6C(CO)_{17}}$] は八面体の中心に, 裸の C が位置する面白い構造をもっていて(カルビドクラスターという. C の代わりに N があるニトリドクラスターもある), C はそれぞれ 5, 6 本の結合に参加している(図 3.45). これらに Wade 則を適用すると, 骨格結合にはそれぞれ $5\times8(\mathrm{Fe})+4(\mathrm{C})+15\times2(\mathrm{CO})-5\times12=14$ 電子(7 対 $=n+2$)と $6\times8(\mathrm{Ru})+4(\mathrm{C})+17\times2(\mathrm{CO})-6\times12=14$ 電子(7 対 $=n+1$)が使われるので, ニド型とクロソ型である(頂点に位置しない C や N はその価電子をすべて骨格結合に供出する). [$\mathrm{Fe_2(CO)_6S_2}$] では 2 個の S は三角両錐構造の三角平面の頂点にあり($n=4$), $2\times8(\mathrm{Fe})+6\times2(\mathrm{CO})+2\times6(\mathrm{S})-12\times2-2$

×2(S)＝12 電子(6 対＝$n+2$)だから三角平面上の 1 頂点が欠けたニド構造である(図 3.45).

■**問題 3.48** [Fe$_3$(CO)$_9$S$_2$] では 2 つの S は多面体の頂点を占めている．Wade 則によって分類せよ．

（答：5(＝$n$)＋2 対でニド．底面を 2 つの S(トランス)が占めた四角錐構造）

[Os$_6$(CO)$_{18}$] も知られていて，[Os$_6$(CO)$_{18}$]$^{2-}$ より 2 電子少ないだけで，6 対(＝$n$)の電子対が骨格結合に使われ，これは 1 つのキャップをもつ面冠三角両錐構造をもつ(図 3.46)．[Os$_7$(CO)$_{21}$] では $7×8+21×2-7×12=14$ で 7 対(＝$n$)が骨格結合電子となり，これは面冠八面体構造である．つまり，$n$ 対が骨格結合に使われると 1 つのキャップをもった面冠クロソ構造となる．[Os$_8$(CO)$_{22}$]$^{2-}$ では $8×8$(Os)$+22×2$(CO)$+2$(負電荷)$-12×8=14$ 電子で，骨格結合に 7(＝$n-1$)対が使われ，この場合は二面冠八面体構造となる．$(n-2)$ 対が使われると三面冠クロソ構造となる(だから $(n+1)$ 対が骨格結合に使われるとクロソと面冠ニドの両方の可能性がある)．さらに図 3.40 に示したような非カルボニル金属クラスターや，金属カルボニルクラスターが頂点，稜，面を共有した構造の縮合多面体クラスターも多く知られている(図 3.46).

1.3 節で登場した [Ir$_4$(CO)$_{12}$] について Wade 則を適用すると $4×9+12×2-12×4=12$ 電子，つまり 6 対(＝$n+2$)が骨格に使われることになり，これはニドである(クロソ三角両錐から 1 個の Ir 単位が抜けた四面体)．一方，[Ir(CO)$_3$] フラグメントは d$^9$ML$_3$ だから CH とアイソローバルで，このクラスターは 18 電子則を満たす(テトラヘドラン [CR]$_4$ と等価)．[Fe$_3$(CO)$_{12}$] はそのフラグメント [Fe(CO)$_4$] が CH$_2$ とアイソローバルなのでシクロプロパンと等価であり，$n(=3)+3$ 対の電子対が骨格結合に使われるのでクロソ三角両錐から 2 個の頂点が抜けた平面三角形(アラクノ)構造となって Wade 則も満たす．クロソ三角両錐構造 [Os$_5$(CO)$_{15}$]$^{2-}$ や面冠三角両錐構造の [Os$_6$(CO)$_{18}$] でも Wade 則と 18 電子則が成り立つ．ところがすでに登場した [Os$_6$(CO)$_{18}$]$^{2-}$ は Wade 則の予想通りクロソ八面体構造(Os—Os 結合は 12 本)であるが 18 電子則を満たさない．[Co$_6$(CO)$_{16}$] も同様に Wade 則には適合するが 18 電子則を満たさないことが

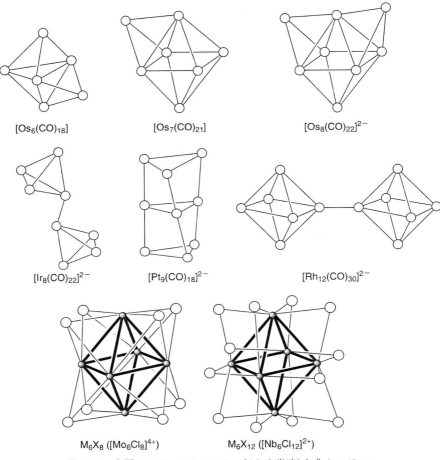

**図 3.46** 金属カルボニルクラスター(CO を省略)と非カルボニル金属クラスター

わかる．$n$ が大きくなると 18 電子則は成立しなくなるのである(非局在化した結合を想定する必要がある)．Wade 則以外にもクラスター化合物の構造と電子数とを関係付ける規則(Lauher 則など)が提案されている．

---

**問題 3.49** $[Ni_5(CO)_{12}]^{2-}$ がアラクノに分類されることを示せ．また，Ni が平均的にオクテット則を満たしているとすれば Ni—Ni 結合は何本か． (答：7)

## 章末問題

**3.1** 次の錯体の結晶場安定化エネルギー(CFSE)と不対電子数を求めよ．
(a) $[Ni(NH_3)_6]^{2+}$ (b) $[VCl_4]$ (c) $[FeCl_4]^-$ (d) $[Pd(CN)_4]^{2-}$

**3.2** スピネル類(a)$FeCr_2O_4$，(b)$CoFe_2O_4$，(c)$Mn_3O_4$ は正/逆スピネル構造のどちらをとるかを CFSE によって推定せよ．

**3.3** 配位水分子の交換速度は $[Cr(H_2O)_6]^{3+} \ll [Fe(H_2O)_6]^{3+}$ である($2.4 \times 10^{-6}\,s^{-1}$ と $1.6 \times 10^2\,s^{-1}$)．この原因を CFSE の立場で説明せよ．

**3.4** $\Delta_o$ が $[CrCl_6]^{3-} < [Cr(NH_3)_6]^{3+} < [Cr(CN)_6]^{3-}$ の順に増大し，$[Co(H_2O)_6]^{2+} < [Co(H_2O)_6]^{3+} < [Rh(H_2O)_6]^{3+}$ の順に増大する理由を述べよ．

**3.5** 7配位五角両錐構造における d 軌道のエネルギーを角重なり模型によって計算し，五角両錐構造の $d^2[V(CN)_7]^{4-}$ の $M-L_{ap}$ と $M-L_{eq}$ の σ結合力は等価であることを示せ．

**3.6** 八面体錯体は $t_{2g}$ 軌道群が縮重をしている場合でも Jahn-Teller 変形を起こすことがある．どの電子配置がそのような縮重をもつか．また，その変形は $z$ 方向に①伸びるか($xy$ 方向は縮む)，②縮むか($xy$ 方向は伸びる)．

**3.7** σ/π ドナー配位子からなる高スピン $d^7$ と $d^8$ の電子配置の四面体錯体と八面体錯体の配位子場安定化エネルギー(LFSE)を求め，どちらの配置の方が八面体構造をとりやすいかを検討せよ．

**3.8** 高スピン $d^4$ の四角錐構造の $ML_5$ 錯体では σ 結合に関してはベイサル結合が強いことを示せ．

**3.9** 八面体型の18電子錯体 $ML_6$(低スピン $d^6$)から L が抜けた5配位 $ML_5$ 錯体の構造としては三角両錐と四角錐のどちらが安定か．配位子が π ドナーと π アクセプターの場合について角重なり模型の計算によって判断せよ．

**3.10** 低スピン $d^6[Co(L')_2L_4]^{n+}$ 型の八面体錯体(L と L' は σ ドナー性が異なる配位子)ではシス型の方が d 軌道が均等に利用されるためにトランス型より電子的に安定であることを角重なり模型の計算で示せ．

**3.11** M が低スピン $d^4 ML_5$ 三角両錐構造の場合，エカトリアル位置にあるオレフィン(π アクセプター)の C—C 軸は三角面に平行になるか垂直

**3.12** トランス効果の大きさの順序が $NH_3 < Cl^- < NO_2^-$ であることを利用して(a) $[PtCl_4]^{2-} + 2NH_3$, (b) $[Pt(NH_3)_4]^{2+} + 2Cl^-$ の置換反応の生成物を推定せよ. また(c) $[PtCl_4]^{2-}$ に $NH_3$, 次いで $NO_2^-$ を反応させた場合と, (d)逆の順序で反応させた場合の生成物を推定せよ.

**3.13** 次の錯体の金属周りの総価電子数と金属の形式酸化数を求めよ.
(a) $[Cp_2Mo(HC\equiv CH)]$ (b) $[(CO)_4Mn(\mu_2\text{-}Br)_2Mn(CO)_4]$
(c) $[Cp(CO)_2Mo]_2$ (d) $[Cp^*(CO)Rh(\mu_2\text{-}CR_2)Rh(CO)Cp^*]$
(e) $[(R_2N)_3MoN]$

**3.14** $[CpML]$ のフラグメント(Cp を中性として M は $d^9$)と V 字型 $d^{10}$ $[ML_2]$ は, $CH_3^+$ や $CH_2$ とアイソローバルであることを示せ.

**3.15** 次のクラスター化合物を Wade 則により分類せよ.
(a) $[Fe(CO)_3]_2B_3H_7$ (b) $[Rh_6(CO)_{16}]$ (c) $[Te_6]^{4+}$
(d) $[Rh_9P(CO)_{21}]^{2-}$ (e) $[Ni_8C(CO)_{16}]^{2-}$ (f) $[Ru_5N(CO)_{14}]^-$
(g) $[Fe_4C(CO)_{13}]$

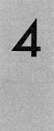

# 金属錯体の色と磁性

　金属錯体の特徴として，着色していることや常磁性を示すことが挙げられる．錯体の鮮やかな色は古くから注目されて研究対象および研究手段となった．たとえば Cr の化合物が絵の具として利用されてきたのは，結合相手によって微妙に色合いが変化するからである．さらにルビーレーザーの発光も $Cr^{3+}$ が原因となっている（Cr は chromium で，クロマトグラフィー chromatography，単色光 monochromatic light や発色団 chromophor などと同じく色に関係する言葉である）．ルビー以外にも遷移金属イオンが美しい色の原因になっている宝石は多い．一方，逆スピネル構造の $Fe_3O_4$（鉱物名マグネタイト）は，強磁性（フェリ磁性）を示す物質として $CrO_2$ とともに磁気テープなどに利用されている．本章では結晶場の立場から金属錯体の吸収スペクトルと磁性について解説する．

**4.1 金属錯体の電子遷移（電子スペクトル）**
　金属錯体にみられる電子遷移を分類し，電子遷移の選択律について学ぶ．

**4.2 配位子場スペクトル**
　八面体構造や四面体構造の錯体の d 軌道のエネルギー準位をもとに，d-d 遷移を帰属する．

**4.3 旋光性と円二色性**
　光学活性な金属錯体の立体化学の研究に利用される旋光性について学ぶ．

**4.4 配位子場分裂と磁性**
　金属錯体の磁性が生じる原因と磁気モーメントの測定によって錯体の構造を推定する方法について学ぶ．

## 4.1 金属錯体の電子遷移(電子スペクトル)

　一般に，ある物質が着色しているのは，その物質に電磁波を当てると，ある軌道の電子がエネルギーの高い空の軌道に遷移するからである(図4.1)．このとき両軌道のエネルギー差 $\Delta E$ に相当するエネルギーの電磁波が吸収されるので($\Delta E = h\nu = hc/\lambda$ より $\lambda = hc/\Delta E$，$h$ は Planck 定数，$c$ は光速，$\nu$ は電磁波の振動数，$\lambda$ は波長である)，その補色が観測される．金属錯体の場合，可視光線(400〜720 nm の波長の，つまり波数 25〜14 kcm$^{-1}$ の光)を吸収することが多いので着色してみえる．われわれの眼には 400〜420 nm の光は紫色にみえるが，その光が吸収されると補色である黄緑にみえる．420〜490 nm は青色(補色はオレンジ)，490〜530 nm は緑色(赤紫)，530〜590 nm は黄色(藍)，590〜640 nm は橙色(青)，640〜720 nm は赤色(青緑)にみえる．だからそれぞれの波長で吸収が起これば カッコ内に示した補色がみえる．可視光よりエネルギーの大きい紫外(UV)あるいはエネルギーの小さい赤外(IR)の光を吸収する場合もあり，これらの領域だけで光吸収が起こればわれわれには着色してみえない．照射する光の波長あるいは波数を変化させたとき，どの程度光の吸収が起こるかを示したものが吸収スペクトルである．

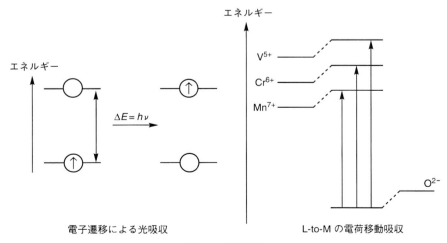

図 4.1　電子遷移

## (a) 錯体の吸収スペクトルの分類

### 配位子の吸収

配位子自身がもつ吸収は錯体を生成しても，吸収帯（吸収波長）は配位子のみのときに比べて少しシフトするが観測される．たとえばピリジン錯体では紫外部にピリジンに由来する吸収がみられ，これは，n-π* 遷移（N上の $lp$ が π* 軌道へ遷移）や π-π* 遷移による．

### 対イオンの吸収

吸収スペクトルを測定しようとする錯体がイオンであれば，対イオンが必ず存在する．その対イオンが吸収をもてば当然これも観測される．だから錯体の吸収スペクトルを測定するときには問題の波長領域に吸収をもたないで，しかも配位力のない対イオン（$ClO_4^-$ や $CF_3SO_3^-$ など）を選ぶべきである．

### 電荷移動吸収

たとえば四面体構造の $CrO_4^{2-}$ は濃い黄色である．d 軌道は四面体場によって分裂するが形式的には $Cr^{6+}$ ($d^0$) なので，次に述べる d-d 遷移による光吸収は不可能である．しかし $Cr^{6+}$ は空の軌道をもち，$O^{2-}$ は $Cr^{6+}$ に供与する $lp$ 以外にも $lp$ をもち，これらが $Cr^{6+}$ の空軌道に遷移することが可能である（図 4.1）．このように，配位子 L の軌道が主成分である軌道と金属 M の軌道が主成分である軌道との間での電子遷移による吸収を**電荷移動**(charge transfer，CT)**吸収**という．上の場合では L から M へ電子遷移するので L-to-M 電荷移動という（M が還元され，L が酸化されることに対応する）．逆に M から L へ電子遷移するときは，M-to-L 電荷移動といい，M が酸化され，L が還元されることに対応する．

同じ四面体構造の $VO_4^{3-}$ ($V^{5+}$ は $d^0$) は無色，$MnO_4^-$ ($Mn^{7+}$ は $d^0$) は濃い紫色である．中心の $M^{n+}$ の酸化数が高くなると空軌道のエネルギーが低くなり（還元されやすい），$O^{2-}$ の $lp$ の軌道とのエネルギー差が小さくなる．その結果，長波長（低エネルギー）側で吸収が起こり，その補色である短波長の光がみえる．つまり $MnO_4^-$ では紫色にみえる．酸化数が中間の $CrO_4^{2-}$ では短波長（高エネルギー）側で吸収が起こるので長波長側の光（黄色）が残る．$V^{5+}$ では $O^{2-}$ とのエネルギー差が大きく（$V^{5+}$ が還元されにくい），もっと短波長側（紫外部）で吸収が起こるので無色である．四面体型 $[MX_4]^{n-}$ 錯体（X は π ドナーのハロゲン）の分子軌道（図 3.15）をみ

ると，Xの占有π(p)軌道からMのe軌道や$2t_2$(d)軌道へのL-to-M電荷移動(p→d)が可能であることがわかる．八面体型$[MX_6]^{n-}$錯体の電荷移動吸収も同様(Xの占有σ・π(p)軌道→$t_{2g}$, $2e_g$など)である(図3.11)．

$[Fe(phen)_3]^{2+}$は$Fe^{2+}$のd電子($t_{2g}^6$)が配位子のπ*軌道へ遷移するM-to-L電荷移動(d→p)のために濃い赤色である．血液の赤い色も類似の遷移による．COや$CN^-$も低エネルギーのπ*軌道をもつので，これらの金属錯体も同様の吸収帯をもつ．次項で述べるd-d遷移はある程度禁制されている．だから錯体が非常に濃い色であると電荷移動によることが多い．錯体ではないがHgSの朱色やAgIの黄色も$S^{2-}$や$I^-$から$M^{n+}$への電荷移動による．陰イオンの$lp$のエネルギーが高い(酸化されやすい)と，遷移エネルギーが小さくなり可視領域に吸収をもつのである．AgClでは$Cl^-$の$lp$のエネルギーは$I^-$のそれより低いので，電荷移動吸収が紫外部で起こり無色(白色)である($HgCl_2$も同様)．$NCS^-$やフェノール類と$Fe^{3+}$との呈色反応もL-to-M電荷移動による．

$Fe^{3+}$に$[Fe(CN)_6]^{4-}$を加えても$Fe^{2+}$に$[Fe(CN)_6]^{3-}$を加えても青色になる(ベルリン青とターンブル青といい，両者は同一物質)．その組成は$[Fe_2(CN)_6]^-$(あるいは$(Fe^{3+})_4[Fe(CN)_6]_3 \cdot nH_2O$)であり，$Fe^{3+}$は6個の$\underline{C}N^-$で，$Fe^{2+}$は6個の$C\underline{N}^-$で取り囲まれている(下線は配位原子，$CN^-$は$Fe^{2+}$と$Fe^{3+}$を架橋，図4.2(a))．この色は$Fe^{2+}$と$Fe^{3+}$との間での異なる原子価間での電荷移動による($M^+[Fe^{2+}Fe^{3+}(CN)_6] \cdot nH_2O$の組成の錯体が生成することもある)．$Cs_2[Au_2Cl_6]$では平面正方形構造の$[Au^{3+}Cl_4]^-$と直線構造の$[Au^+Cl_2]^-$の間でこの電荷移動が起こり，黒金

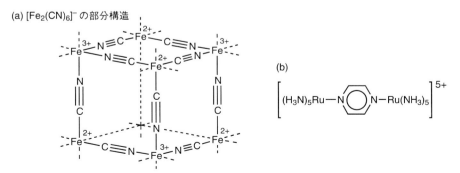

図 4.2 異なる原子価間で電荷移動吸収を示す錯体

色を呈する．また，[(NH₃)₅Ru(pyz)Ru(NH₃)₅]⁵⁺（pyz はピラジン）の 1560 nm の吸収は $Ru^{2+}$ と $Ru^{3+}$ の原子価間の電荷移動によるとされている（図 4.2(b)）．

> ■問題 4.1　金属錯体の電荷移動吸収とは何か．
> ■問題 4.2　AgCl は無色（白色）であるが AgI は黄色である．なぜか．

### d-d 吸収

配位子場によって分裂したd軌道間での電子遷移（d-d 遷移）に基づく光吸収をd-d 吸収といい，4.2 節で詳しく述べる．電子のスピン変化を伴う電子遷移は原則として許されない（図 4.3）．これを**スピン禁制**というが，実際には**スピン・軌道相互作用**（4.2 節(b)項の遊離原子の項参照）によってこの禁制がわずかに破られ，スピン変化を伴う電子遷移（**スピン禁制遷移**（spin-forbidden transition））による弱い吸収が観測される．たとえば八面体の高スピン $d^5$ [Fe(H₂O)₆]³⁺ では，5 つのd軌道が1電子ずつ平行スピンの状態で占められている．だから Pauli の排他則に抵触しないため

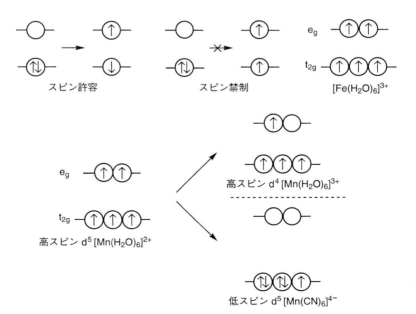

図 4.3　スピン許容とスピン禁制

には，この場合のd-d遷移はスピン変化を伴わざるをえない（図4.3）．鉄ミョウバン $KFe(SO_4)_2 \cdot 12H_2O$ は $[Fe(H_2O)_6]^{3+}$ を結晶中に含み，スピン禁制とスピン・軌道相互作用のためにわずかにd-d吸収が起こり，ごく薄い紫色である（$OH_2$ から $Fe^{3+}$ への電荷移動吸収は紫外部）．これを水に溶解すると黄褐色になる．水溶液中では $Fe^{3+}$ に結合した $H_2O$ は強く分極され，$[Fe(H_2O)_5(OH)]^{2+} + H^+$ のように加水分解したり（$pK_a=2.2$），あるいは2核錯体 $[(H_2O)_4Fe(\mu\text{-}OH)_2Fe(H_2O)_4]^{4+}$ などを生成する（オール化といい，最終的にはコロイド状になる）．その結果，配位した $OH^-$ から $Fe^{3+}$ への電荷移動吸収によって黄褐色を呈する．$H_2O$ より $OH^-$ の方が $lp$ のエネルギーが高いので電荷移動吸収が可視部に観測されるのである．加水分解を防ぐためにHClを加えると，$[Fe(H_2O)_5Cl]^{2+}$ や $[Fe(H_2O)_4Cl_2]^+$ などが生成し，今度は $Fe^{3+}$ に結合した $Cl^-$ から $Fe^{3+}$ への電荷移動吸収が起こり，やはり濃い褐色（黄色）になる．同じ高スピン $d^5$ の $[Mn(H_2O)_6]^{2+}$ では電荷が低いので加水分解は少ない（$pK_a=10.6$）．だから $Mn^{2+}$ の水溶液はごく薄いピンク色である（電荷移動吸収はやはり紫外部）．これを酸化して $Mn^{3+}$ ($d^4$) にするか，強い配位子で取り囲むと低スピン状態になって空のd軌道が生じ，スピン変化を伴わないd-d遷移が可能となる（図4.3）．これを**スピン許容遷移**（spin-allowed transition）といい，以下議論するのはおもにこの遷移である．$d^{10}$ や $d^0$ の錯体ではd-d吸収が起こらないのは当然であり，着色していれば電荷移動による可能性が高い．

---

**問題 4.3** アクア錯体 $[M(H_2O)_6]^{n+}$ の吸収スペクトルは $HClO_4$ などを加えて測定する．なぜか．また，そのときHClを加えるのは好ましくない．なぜか．

---

### (b) 電子遷移の選択則と吸収帯の幅

**スピン禁制**

電子遷移は原則的にスピン変化を伴わない．この選択則はかなり厳密に働き，高スピン $d^5$ の金属錯体がわずかに着色しているのはスピン・軌道相互作用によってスピン禁制が部分的に破れるからである（電荷移動吸収がある場合もある）．中心金属や配位原子の原子番号が大きくなると，スピン・軌道相互作用が大きくなり禁制が次第に緩められるようになる．

**表 4.1** 各種の遷移に基づく錯体のモル吸収係数 $\varepsilon/\text{mol}^{-1}\,\text{dm}^3\,\text{cm}^{-1}$

| 遷移の種類 | 実例 | 典型的な $\varepsilon$ の値 |
| --- | --- | --- |
| スピン禁制/Laporté 禁制(d-d 遷移) | $[\text{Mn}(\text{H}_2\text{O})_6]^{2+}$ | 0.05 |
| スピン許容/Laporté 禁制(d-d 遷移) | $[\text{Ti}(\text{H}_2\text{O})_6]^{3+}$, $[\text{Co}(\text{H}_2\text{O})_6]^{2+}$ | 5〜10 |
| スピン許容/部分的 Laporté 許容 (d-p 混入による d-d 遷移) | $[\text{CoCl}_4]^{2-}$, $[\text{NiCl}_4]^{2-}$ | 200〜500 |
| スピン許容/Laporté 許容(電荷移動遷移) | $[\text{Fe}(\text{phen})_3]^{2+}$, $[\text{TiCl}_6]^{2-}$ | 〜10000 |

**Laporté 禁制**

電子遷移の起こりやすさは振動子強度で与えられるが，実験的には溶液の吸光度 $\text{As}_{(\lambda)} = \log(I_0/I) = c \times l \times \varepsilon_{(\lambda)}$ (Lambert-Beer 則；ここで $I_0$ は波長 $\lambda$ の入射光の強度，$I$ は試料溶液を透過後の光の強度，$l$ は試料溶液のセル長 cm，$c$ は錯体の濃度 $\text{mol dm}^{-3}$)の関係から求まる**モル吸光係数** $\varepsilon_{(\lambda)}$ が吸収強度の尺度になる(実際は $\varepsilon_{(\lambda)}$ の積分値が振動子強度)．表 4.1 に典型的な錯体のモル吸光係数を挙げる．スピン禁制遷移はスピン許容遷移に比べ 1/100 程度の強度である．

電子遷移は偶関数の軌道と奇関数の軌道間で起こる($\Delta l = \pm 1$；$s \rightleftarrows p \rightleftarrows d$)．電子遷移が奇関数(電気双極子遷移)だからである．八面体錯体のように対称心をもてば d 軌道と p 軌道はそれぞれ g(偶)と u(奇)の変換性をもつので両者が混合することはない(八面体場では $t_{2g} + e_g$ と $t_{1u}$, 図 3.11 参照)．そのため d→d 遷移は偶→偶の遷移となり禁制される．これを**Laporté** (パリティ)**禁制**という．しかし対称心がなければ両者は混合する可能性がある．たとえば四面体錯体(図 3.15 参照)では反結合性の $2t_2(\text{d})$ 軌道には $p(t_2)$ 軌道の成分が混入するので，$e \rightarrow 2t_2$(d→d)の遷移には d→p 遷移($\Delta l = -1$)の成分が含まれる．つまり Laporté 禁制が部分的にとかれる．こうして一般に四面体錯体の方が $\varepsilon$ の値が大きい．たとえば高スピン $d^7$ $[\text{Co}(\text{H}_2\text{O})_6]^{2+}$ は比較的薄いピンク色であるが($\varepsilon_{510\,\text{nm}} = 4.7$)，HCl を多量に加えると四面体構造の $[\text{CoCl}_4]^{2-}$ を生成しコバルトブルーといわれる濃い青色($\varepsilon_{670\,\text{nm}} = 600$)になる(図 4.11 参照)．両者は吸収波長も異なるが，四面体錯体の方が吸収強度が断然大きい．また，八面体錯体でもトランス体よりもシス体の方が(図 4.4(a))，八面体 $O_h$ 対称の $[\text{Co}(\text{NH}_3)_6]^{3+}$ よりも $D_3$ 対称の $[\text{Co}(\text{en})_3]^{3+}$ の方が，吸収強度が少し大きい．対称性が低下して対称心がなくなるからである(電荷移動吸収帯から強度を借りてくる場合もある)．なお，σ 反結合性，π 結合性/π 反結合性の d 軌道には必然

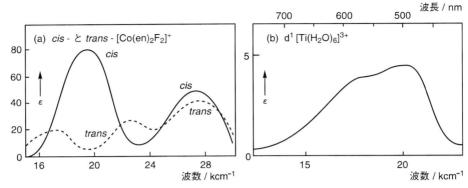

**図 4.4** 典型的な d-d 遷移による吸収スペクトル

的に L の軌道成分が混入しているので，d→d 遷移には一般に M⇄L の電荷移動的な遷移が含まれている．さらに，M—L 結合の振動によって瞬間的にでも対称心が失われれば Laporté 禁制がとけるので吸収強度が増大する．これを振電相互作用(vibronic coupling)という．このようなことが起こるのは，電子遷移の方が分子振動より速いからである．

■**問題 4.4** 八面体錯体よりも四面体錯体の方が d-d 吸収の強度が大きいのはなぜか．

### 吸収の幅

錯体の M—L 結合は常に振動しているから，M—L 結合が短くなったときは d 軌道の配位子場分裂は大きくなり，長くなったときは小さくなる．電子遷移($10^{-18}$ s)は分子振動($10^{-11}$ s)に比べ圧倒的に速いので(Frank-Condon の原理，電子遷移に際して核間距離は固定されている)，電子遷移の各瞬間の M—L 結合の長さ，つまり配位子場分裂の大きさに応じて幅広い，放物線状の吸収スペクトル(帯)を与えることになる．ただし，スピン禁制遷移の中には配位子場分裂の大きさに無関係な(電子スピンの反転(flip)のみが関与する)遷移がある．そのような場合には遷移エネルギーは振動の影響を受けないので鋭い吸収帯となる．なお，後述のようにスピン・軌道相互作用によって一般に電子状態はさらに分裂する(図 4.6 参照)ので，これもスペクトル幅の広がりの原因になる．また，Jahn-Teller 分裂によっても吸収帯が広がったり肩(shoulder)が見られたりすること

もある.

■**問題 4.5** 錯体の d-d 遷移は普通幅広い吸収スペクトルを与える．なぜか．また，強度はきわめて弱いがシャープなスペクトルもある．なぜか．

## 4.2 配位子場スペクトル

ここでは d 軌道間での電子遷移（d-d 遷移）に基づく吸収スペクトル（配位子場スペクトル）を主として d 軌道の結晶場分裂によって解析する．

### (a) 1 電子系

$HClO_4$ で酸性にした水溶液中の $Ti^{3+}$($d^1$) は $[Ti(H_2O)_6]^{3+}$ として存在し，500 nm(20 kcm$^{-1}$) 付近に吸収極大($\varepsilon \sim 5$)をもち赤紫色である（図 4.4(b)）. 6 つの $H_2O$ が $Ti^{3+}$ を八面体的に取り囲むことによって 5 つの d 軌道は $t_{2g}$ と $e_g$ 軌道群に分裂し（図 4.5），d 電子はエネルギーの低い $t_{2g}$ に収容される（$t_{2g}^1$）．いまこれに適当な波長の電磁波（光）をあてると，配位子場分裂 $\Delta_o$ に等しいエネルギーの電磁波を吸収して $t_{2g}$ 軌道から $e_g$ 軌道に電子が遷移する（$^2T_{2g}(t_{2g}^1) \to {}^2E_g(e_g^1)$）．これを d-d 遷移といい，この場合この遷移による 1 本の d-d 吸収（M—L 振動のため放物線状の吸収帯）が観測されるはずである．実際にはこの光励起によって生じる $^2E_g(e_g^1)$ 状態は軌道的に二重に縮重しているのでこの励起状態が Jahn-Teller の分裂を起こす．だからエネルギーの異なる 2 本の吸収（$t_{2g} \to x^2-y^2$ と $t_{2g} \to z^2$）が重なって吸収スペクトルには肩がみられる．このように $d^1$（と閉殻の $d^{10}$

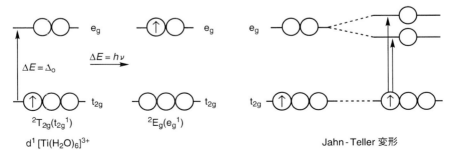

**図 4.5** $[Ti(H_2O)_6]^{3+}$ における d-d 遷移

に1電子たりない$d^9$, 4.2節(b)項の結晶場による項の分裂参照)配置の場合では吸収スペクトルの解釈は簡単であるが，$d^2$ 以上では d 電子間の反発を考慮する必要がある．この問題は簡単に扱えるほど容易ではない．電子遷移のおもな原理は述べたので初学者の場合はこれ以降の 4.2 節はスキップしても構わない．この問題を扱うには，弱い場と強い場の 2 通りの近似が使われる．

## (b) 弱い場の近似(高スピン錯体の場合)

多電子の場合では電子間の反発があり，配位子の効果が電子間の反発に比べ小さい場合(弱い場)では，遊離の遷移金属の電子状態から出発する．

### 遊離原子の項

多電子系ではまず電子間の反発を考慮する．遊離の遷移金属(イオン)の電子状態は原子番号 30(Zn)くらいまでは Russell-Saunders のスキームで表わすことができる．すなわち個々の電子の軌道角運動量とスピン角運動量がそれぞれ加算されて全軌道角運動量と全スピン角運動量になり，次いで両者から全角運動量が合成される(***L-S* 結合**(*L-S* coupling)という)．

たとえば $d^2$ 配置を考える．2個の d 電子は Pauli の排他則に抵触しないように軌道角運動量量子数 $l=2$, 磁気量子数 $m_l=+2 \sim -2$, スピン量子数 $m_s=\pm 1/2$ をとる．いま，両方の d 電子が $m_l=+2$ をとるとき，一方の電子が $m_s=+1/2$ ならば他方は $m_s=-1/2$ であり，それぞれを $(m_l, m_s)$ で表わすと $(+2, +1/2)$ と $(+2, -1/2)$ となる．この組合せを単に $(2^+, 2^-)$ で表わす．このような組は $d^2$ では $_{10}C_2=10!/(10-2)!2!=45$ 通りある(表 4.2)．全軌道角運動量(量子数 $L$)と全スピン角運動量(量子数 $S$)によってこれらを整理する．$l=0, 1, 2, 3, 4$ に対して s, p, d, f, g を使うよう

**表 4.2** $M_L$ と $M_S$ によって整理された $d^2$ 配置のとりうる状態

| $M_L$ \ $M_S$ | 1 | 0 | $-1$ |
|---|---|---|---|
| 4 | | $(2^+, 2^-)$ | |
| 3 | $(2^+, 1^+)$ | $(2^+, 1^-)(2^-, 1^+)$ | $(2^-, 1^-)$ |
| 2 | $(2^+, 0^+)$ | $(2^+, 0^-)(2^-, 0^+)(1^+, 1^-)$ | $(2^-, 0^-)$ |
| 1 | $(1^+, 0^+)(2^+, -1^+)$ | $(1^+, 0^-)(1^-, 0^+)(2^+, -1^-)(2^-, -1^+)$ | $(1^-, 0^-)(2^-, -1^-)$ |
| 0 | $(2^+, -2^+)(1^+, -1^+)$ | $(2^+, -2^-)(2^-, -2^+)(1^+, -1^-)(1^-, -1^+)(0^+, 0^-)$ | $(2^-, -2^-)(1^-, -1^-)$ |
| $-1$ | $(-1^+, 0^+)(-2^+, 1^+)$ | $(-1^+, 0^-)(-1^-, 0^+)(-2^+, 1^-)(-2^-, 1^+)$ | $(-1^-, 0^-)(-2^-, 1^-)$ |
| $-2$ | $(-2^+, 0^+)$ | $(-2^+, 0^-)(-2^-, 0^+)(-1^+, -1^-)$ | $(-2^-, 0^-)$ |
| $-3$ | $(-2^+, -1^+)$ | $(-2^+, -1^-)(-2^-, -1^+)$ | $(-2^-, -1^-)$ |
| $-4$ | | $(-2^+, -2^-)$ | |

に $L=0, 1, 2, 3, 4$ に対して大文字の S, P, D, F, G を使い，スピン多重度 $2S+1$ をその左肩につけると，$L=4$ ($L$ の $z$ 方向の成分 $M_L=\sum m_l=+4\sim-4$) と $S=0$ ($S$ の $z$ 方向の成分 $M_S=\sum m_s=0$) の組は $^1$G という項記号 (term symbol) で表わされる ($M_S=0$ のカラムに 1 組ずつあり，計 9 組). 上で挙げた $(2^+, 2^-)$ の組は $^1$G 状態のうちの $M_L=4$, $M_S=0$ に相当する. 同じ $M_L/M_S$ をもつ組が複数個あれば，これらの 1 次結合をとって $L$ や $S$ の固有関数化する．たとえば $^1$G($M_L=3$, $M_S=0$) = $\{(2^+, 1^-) - (2^-, 1^+)\}/\sqrt{2}$ である．$L=3$ ($M_L=3\sim-3$) と $S=1$ ($M_S=1, 0, -1$) の組は同様にして $^3$F 項である ($7\times3=21$ 個)．たとえば $^3$F($M_L=3$, $M_S=1$) = $(2^+, 1^+)$, $^3$F($M_L=3$, $M_S=0$) = $\{(2^+, 1^-) + (2^-, 1^+)\}/\sqrt{2}$ である．$L=2$ ($M_L=2\sim-2$) と $S=0$ ($M_S=0$) の組は $^1$D 項 ($5\times1=5$ 個), $L=1$ ($M_L=1, 0, -1$) と $S=1$ ($M_S=1, 0, -1$) の組は $^3$P 項 ($3\times3=9$ 個), $L=0$ ($M_L=0$) と $S=0$ ($M_S=0$) の組は $^1$S 項 ($1\times1=1$ 個) となる．こうして $d^2$ 配置からは電子間反発の大きさが異なる $^1$G(9), $^3$F(21), $^1$D(5), $^3$P(9), $^1$S(1) の 5 つの項 (状態) が生じる (カッコ内は縮重度で計 45, 図 4.6)．$d^1$ では $L=2$ ($M_L=2\sim-2$), $S=1/2$ ($M_S=\pm1/2$) だけが生じ ($_{10}C_1=10$ 個の組), $(2^+)$, $(1^+)$, $(0^+)$, $(-1^+)$, $(-2^+)$, $(2^-)$, $(1^-)$, $(0^-)$, $(-1^-)$, $(-2^-)$ からなる $^2$D 項となる.

$d^3$, $d^4$, $d^5$ についても同様にいくつかの項が生じる．ここで $d^9$ では $d^{10}$ に 1 電子不足している，つまり球対称の $d^{10}$ に加えて陽電子が 1 個存在していると考えると $d^1$ と同じ項を与え ($^2$D), $d^8$ は $d^2$ と同じ項 (スピン多重度最大の項は $^3$F と $^3$P), $d^3$ は $d^7$ と同じ項 (スピン多重度最大の項は $^4$F と $^4$P), $d^4$ は $d^6$ と同じ項 (スピン多重度が最大でもっともエネルギーが低い基底項は $^5$D) をもつ．さらに $d^{n+5}$ 配置は $d^n$ 配置と同じ基底項をもつ (スピン多重度は異なる)．残った $d^5$ 配置からはスピン多重度最大の $^6$S ($L=0$, $M_L=0$, $S=5/2$, $M_S=5/2\sim-5/2$) が基底項として生じる (表 4.3).

各電子配置から生じる項のエネルギーは計算されていて，d 電子の場合にはクーロン積分 $J$ と交換積分 $K$ からなる**電子間反発パラメータ** (inter-electronic repulsion parameter) $F_0, F_2, F_4 (>0)$ によって表わされる (たとえば $d^2$ の $^1$G 項は $F_0+4F_2+F_4$)．電子遷移だから各項間のエネルギー差が重要で，これらは $B=F_2-5F_4$ と $C=35F_4$ の 2 つの **Racah** パラメータで表わされる ($A=F_0-49F_2$)．たとえば $d^2$ から生じる $^3$F (基底項) と励起項 $^3$P 間のエネルギー差は $15B$, $^1$D との差は $5B+2C$, $^1$G との差は $12B$

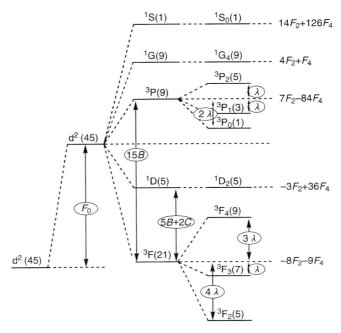

**図 4.6** $d^2$ 配置から生じる項の分裂の様子（カッコ内の数字は縮重度）

**表 4.3** $d^n$ 配置から生じる項（$n\times$ は $n$ 回現れることを示す）

| 電子配置 | 生じる項（下線が基底項） |
|---|---|
| $d^1, d^9$ | $^2\underline{D}$ |
| $d^2, d^8$ | $^3\underline{F}, {}^3P, {}^1G, {}^1D, {}^1S$ |
| $d^3, d^7$ | $^4\underline{F}, {}^4P, {}^2H, {}^2G, {}^2F, 2\times{}^2D, {}^2P$ |
| $d^4, d^6$ | $^5\underline{D}, {}^3H, {}^3G, 2\times{}^3F, {}^3D, 2\times{}^3P, {}^1I, 2\times{}^1G, {}^1F, 2\times{}^1D, 2\times{}^1S$ |
| $d^5$ | $^6\underline{S}, {}^4G, {}^4F, {}^4D, {}^4P, {}^2I, {}^2H, 2\times{}^2G, 2\times{}^2F, 3\times{}^2D, {}^2P, {}^2S$ |

$+2C$ であり，$d^3$ から生じる $^4F$（基底項）と励起項 $^4P$ とのエネルギー差も $15B$ である（この計算法にはここでは触れない）．

■**問題 4.6** $d^n$ と $d^{10-n}$ 配置からは同じ項が生じる．なぜか．

ある電子配置から生じる項の中で，スピン多重度が最大の項が最安定である（電子間反発が少なく交換エネルギーによる安定化がある；Hund の

第 1 則). $d^2$ では $^3F(L=3)$ と $^3P(L=1)$ であるが，スピン多重度最大の項が複数個あるときには全軌道角運動量が大きい $^3F$ 項 $(=F_0-8F_2-9F_4)$ が安定である (Hund の第 2 則). こうして $d^1$ と $d^9$ は $^2D$，$d^2$ と $d^8$ は $^3F$ (同じスピン多重度の励起項は $^3P$)，$d^3$ と $d^7$ は $^4F$ (同じスピン多重度の励起項は $^4P$)，$d^4$ と $d^6$ は $^5D$ (同じスピン多重度の励起項なし)，$d^5$ は $^6S$ (同じスピン多重度の励起項なし) を基底項としてもつ. なお，励起項のエネルギー順序は Hund 則では予想できない. たとえば $d^2$ では $^1D$ の方が $^3P$ より $10B-2C$ だけエネルギーが低い (図 4.6).

■**問題 4.7** $d^3$ 配置では各電子がとりうる量子数の組合せはいくつあるか. また，基底項は何か. (答：$_{10}C_3=120$ 個，$(2^+,1^+,0^+)$ などの $^4F$ 項，$d^4$ では $^5D$ 項)

各項はスピン・軌道相互作用によってさらに分裂する (図 4.6). 全角運動量量子数 $J$ は $|L+S|$ から $|L-S|$ までの値をとり，たとえば $d^2$ の $^3F$(21) では $L=3$，$S=1$ なので $J=4,3,2$ が可能で，それぞれの状態 $(^{2S+1}L_J)$ を $^3F_4(2J+1=9$ 個の状態)，$^3F_3(7$ 個)，$^3F_2(5$ 個) と表わす. 各状態のエネルギー $E(J)$ は分裂前を基準にすると

$$E(J) = \lambda[J(J+1)-L(L+1)-S(S+1)]/2$$

で与えられる. ここで $\lambda$ はスピン・軌道結合定数である. $^3F_4 \sim {}^3F_2$ について $J=4\sim 2$，$L=3$，$S=1$ を代入すると $E(^3F_4)=3\lambda$，$E(^3F_3)=-\lambda$，$E(^3F_2)=-4\lambda$ となる. だから $^3F_4$ と $^3F_3$ とは $4\lambda$ の，$^3F_3$ と $^3F_2$ とは $3\lambda$ の，エネルギー差があり (隣りどうしの $\Delta E=J\lambda$ であり，$J$ は大きい方を表わす；Lande の間隔則)，d 電子数が 5 以下では $J$ が大きい状態の方がエネルギーが高い (Hund の第 3 則). つまり 5 以下では $\lambda>0$ であり，5 以上だと $\lambda<0$ となりエネルギー順序は逆転する. ここで $\lambda$ は項ごとで異なり，原子核の電荷 $Z$ の 4 乗に比例する. $^3P(9)$ では $J=2,1,0$ が可能で $^3P_2(5)$，$^3P_1(3)$，$^3P_0(1)$ に分裂する ($^1S$ は $^1S_0(1)$，$^1D$ は $^1D_2(5)$，$^1G$ は $^1G_4(9)$). 磁場中では各 $^{2S+1}L_J$ 状態は $+J$ から $-J$ までの $2J+1$ 個の等間隔のエネルギー状態にさらに分裂する (Zeeman 効果). 隣りどうしのエネルギー差は $g\beta H$ であり，$\beta$ は Bohr 磁子，$H$ は磁場の強さ，$g$ は Lande の $g$ 因子とよばれ $g=3/2+[S(S+1)-L(L+1)]/2J(J+1)$ である. こうして $d^2$ から生じる 45 個の状態の縮重は磁場中ですべて解ける.

金属の原子番号 $Z$ が大きくなると，スピン・軌道相互作用が強くなり，希土類などでは各電子についての全角運動量(量子数 $j=l+s$)どうしが結合するような扱い($j$-$j$ 結合)をする必要があるが，本書では取り扱わない．

**■問題 4.8** Hund の第1則，第2則，第3則とは何か．

### 結晶場による項の分裂

さて，第1遷移金属ではスピン・軌道相互作用は配位子の効果より小さいので，たとえば $d^2$ では $^1G, ^3F, ^1D, ^3P, ^1S$ の各項が結晶場の影響下でどのように分裂するかを考えればよい．しかし各項がスピン・軌道相互作用によってさらにわずかに分裂するために T 項が関係するスペクトル帯が広がったり分裂したりすることは第1遷移金属錯体でも観測される(とくに結晶場分裂が小さい四面体錯体，図 4.11 の $[CoCl_4]^{2-}$ のスペクトル参照)．第2と第3遷移金属になると，この相互作用はもっと重要になり，結晶場によって分裂した状態がスピン・軌道相互作用によってどのように影響されるかを考える必要があるが，ここでは論じない．

まず，八面体場を考えよう．$d^1$ から生じるのは $^2D$ 項のみであり，ちょうど5つの d 軌道が八面体場で $t_{2g}$ と $e_g$ の組に分裂するのと同じように，$^2D$ 項はエネルギーの低い三重縮重の $^2T_{2g}(t_{2g}^1=(xy, yz, zx)^1)$ 状態($-0.4\Delta_o$)とエネルギーの高い二重縮重の $^2E_g(e_g^1=(z^2, x^2-y^2)^1)$ 状態($+0.6\Delta_o$)に分裂する(図 4.7)．だから $^2T_{2g}(t_{2g}^1) \rightarrow {}^2E_g(e_g^1)$ の1本の遷移が可能で，遷移エネルギーは $\Delta_o$ である．実際にはすでに述べたように励起状態 $^2E_g$ が Jahn-Teller 分裂するので肩のある吸収帯が観測される(図 4.4)．四面体場での分裂は結晶場理論で経験したように八面体場とはちょうど逆になり，$^2D$ 項はエネルギーの低い $^2E(e^1=(z^2, x^2-y^2)^1; -0.6\Delta_t)$ と高い $^2T_2(t_2^1=(xy, yz, zx)^1; +0.4\Delta_t)$ 状態に分裂する．だから $^2E(e^1) \rightarrow {}^2T_2(t_2^1)$ の遷移が可能で，遷移エネルギーは $\Delta_t$ である(この場合も三重縮重の励起状態 $^2T_2$ が Jahn-Teller 分裂する)．また，$d^9$ は球対称の $d^{10}$ に陽電子が1個加わったと考えれば(電子は結晶場から反発を受けるが，陽電子は結晶場から引力を受けるので分裂パターンは逆になる)，その基底項 $^2D$ は八面体場では $d^1$ の $^2D$ 項とは逆に(四面体場の $d^1$ と同じように)分裂し，$^2E_g(t_{2g}^6 e_g^3; -0.6\Delta_o) \rightarrow {}^2T_{2g}(t_{2g}^5 e_g^4; +0.4\Delta_o)$ の遷移が可能である．ただし

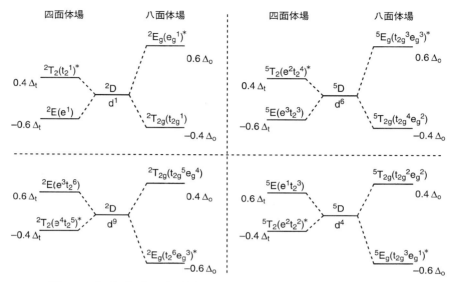

**図 4.7** $d^1, d^4, d^6, d^9$ 配置の基底項の八面体場と四面体場での分裂(弱い場)
(*印の状態では Jahn-Teller 分裂が予想される)

今度は基底状態 $^2E_g$ が Jahn-Teller 分裂を起こす．四面体場では $d^9$ の $^2D$ 項は $d^1$ の $^2D$ 項とは逆に(八面体場の $d^1$ と同じように)分裂し，$^2T_2(e^4t_2^5 ; -0.4\Delta_t) \to {}^2E(e^3t_2^6 ; 0.6\Delta_t)$ の遷移が可能である(図4.7)．この場合でも $^2T_2$ 基底状態が Jahn-Teller 分裂を起こす．

上述のように $d^9 = (d^{10} - d^1)$ なので $d^9$ の基底項 $^2D$ の分裂は $d^1$ の $^2D$ 項とは逆になる．こうした考え(電子と陽電子あるいは正孔の関係)を推し進めると，高スピン $d^6$ は球対称の高スピン $d^5$ に1電子加えたことになるので $(d^5 + d^1)$，その基底項 $^5D$ は $d^1$ の $^2D$ と同じように分裂する(スピン多重度は異なる)．また，$d^4$ は $d^5$ に陽電子1個を加えたことになるので $(d^5 - d^1)$，その基底項 $^5D$ の分裂は $d^1$ の基底項 $^2D$ とはちょうど逆になる．その上，八面体場と四面体場では分裂の様子は逆になる．こうして $d^1, d^4, d^6, d^9$ の基底項は D で，基底項と同じスピン多重度の励起項を持たず，八面体場および四面体場での基底項の分裂の様子は図4.7と図4.8(a)(**Orgel図**)のようになる．D項が分裂して生じる $T_{2(g)}$ と $E_{(g)}$ のエネルギーは結晶場の強さ $\Delta$ の変化に対してそれぞれ $\pm 0.4$ と $\pm 0.6$ の傾きをもって変化することがわかる(ただし，基底または励起状態で Jahn-Teller 分

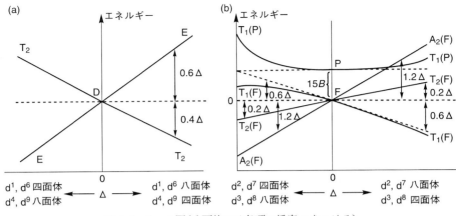

**図 4.8** Orgel 図（八面体では各項に添字 g をつける）

裂があることに注意）．

以後群論の記号 $^2T_{2g}$ や $^1A_{1g}$ などが登場する．A, B は非縮重（主軸 $C_n$ 周りの回転操作に対して対称なら A, 反対称なら B, 主軸に垂直な $C_2$ 操作，それがなければ主軸に平行な鏡面操作，に対して対称なら 1, 反対称なら 2 をつける），E は軌道的に二重縮重の，T は三重縮重の，状態であり，錯体が対称心をもてば（八面体や平面正方形）d 軌道には g をつける（p 軌道は奇関数なので u をつける）．対称心がない四面体構造では g, u の区別はない．左肩の数字はスピン多重度 $2S+1$ である．状態は大文字，軌道は小文字で示す．これ以上の説明は省略するが，群論は他でも非常に役に立つので別途学習することを勧める．

次に $d^2$ の基底項 $^3F$ を考えよう（図 4.9）．七重縮重の f 軌道が八面体場でどのように分裂するかについては議論していないので，これが $^3T_{1g}$ ($-0.6\Delta_o$), $^3T_{2g}$ ($+0.2\Delta_o$), $^3A_{2g}$ ($+1.2\Delta_o$) に分裂することはすぐにはわからない（ここでも重心則が成立）．本書ではこれ以上詳しく説明しないで結果だけを使うことにする．あとで登場するように三重縮重の $^3T_{1g}$($^3F$) 基底状態は強い場の極限においては $-0.8\Delta_o$ のエネルギーをもつ平行スピンの $(t_{2g})^2 = (xy, yz, zx)^2$ 配置に対応する．両者に $0.2\Delta_o$ のエネルギー差があるのは，励起項 $^3P$ から生じる同じ変換性の $^3T_{1g}$($^3P$) との**配置間相互作用**(configuration interaction, CI, 状態間の混合）により $^3T_{1g}$($^3F$) が強い場では $-0.6\Delta_o \to -0.8\Delta_o$ ($t_{2g}^2 = (xy, yz, zx)^2$) になり，$^3T_{1g}$($^3P$)(P

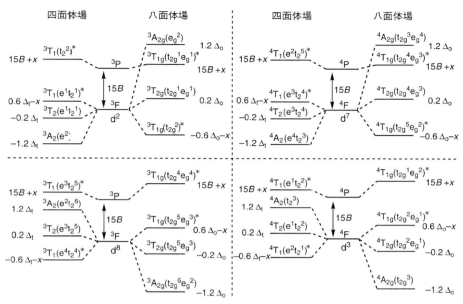

**図 4.9** $d^2, d^3, d^7, d^8$ 配置の基底項の八面体場と四面体場での分裂（弱い場）(* 印は強い場での電子配置)

項は八面体場では分裂しない）が強い場では $0\,\Delta_o \to +0.2\,\Delta_o(t_{2g}^1 e_g^1 = (xy)^1 (x^2-y^2)^1, (yz)^1(y^2-z^2)^1, (zx)^1(z^2-x^2)^1)$ になるからである（両者のエネルギー差が小さいほど配置間相互作用は大きく，配置間相互作用によって両者のエネルギー差は広がる）．$^3T_{2g}(^3F)$ や $^3A_{2g}(^3F)$ は配置間相互作用の相手がないので，そのままそれぞれ強い場の $^3T_{2g}(t_{2g}^1 e_g^1 = (xy)^1(z^2)^1, (yz)^1(x^2)^1, (zx)^1(y^2)^1$；$+0.2\,\Delta_o)$ と強い場の $^3A_{2g}(e_g^2 = (z^2)^1(x^2-y^2)^1$；$+1.2\,\Delta_o)$ になる（図 4.14 参照）．$^3T_{1g}(^3P)$ ではその電子配置からわかるように電子分布がある平面内に偏っているので，同じ $t_{2g}^1 e_g^1$ 配置でも $^3T_{2g}$($^3F$) よりも $^3T_{1g}$($^3P$) の方が電子間反発が大きい．ここで $(z^2, x^2-y^2), (x^2, y^2-z^2), (y^2, z^2-x^2)$ の $e_{(g)}$ の組は互いに等価である（章末問題 1.10）．四面体場の $d^8$ は上で述べた理由でこれと同じ分裂をする．

四面体場の $d^2$ では八面体場とは逆の分裂になるので基底項 $^3F$ は平行スピンの $^3A_2(-1.2\,\Delta_t)$，$^3T_2(-0.2\,\Delta_t)$，$^3T_1(0.6\,\Delta_t)$ に分裂する．この場合でも $^3T_1(^3F)$ は $^3T_1(^3P)$ との配置間相互作用によって強い場では $+0.6\,\Delta_t \to -0.2\,\Delta_t(e^1 t_2^1 = (x^2-y^2)^1(xy)^1, (y^2-z^2)^1(yz)^1, (z^2-x^2)^1(zx)^1)$，$^3T_1(^3P)$ は

190　4　金属錯体の色と磁性

**表 4.4**　$d^n$ 配置から生じる項の八面体場，四面体場，平面正方形場における分裂

| 場<br>項 | 八面体場（四面体場）* | 平面正方形場 |
|---|---|---|
| S | $A_{1g}$ | $A_{1g}$ |
| P | $T_{1g}$ | $A_{2g}+E_g$ |
| D | $E_g+T_{2g}$ | $A_{1g}+B_{1g},+B_{2g}+E_g$ |
| F | $A_{2g}+T_{1g}+T_{2g}$ | $B_{1g},+A_{2g}+E_g,+B_{2g}+E_g$ |
| G | $A_{1g}+E_g+T_{1g}+T_{2g}$ | $A_{1g},+A_{1g}+B_{1g},+A_{2g}+E_g,+B_{2g}+E_g$ |
| H | $E_g+2T_{1g}+T_{2g}$ | $A_{1g}+B_{1g},+2A_{2g}+2E_g$ |
| I | $A_{1g}+A_{2g}+E_g+T_{1g}+2T_{2g}$ | $A_{1g},+B_{1g},+A_{1g}+B_{1g},+A_{2g}+E_g,+2B_{2g}+2E_g$ |

\* 八面体場の分裂状態の添字 g を除くと四面体場の分裂状態になる．

$0\,\Delta_t \to +0.8\,\Delta_t(t_2^2=(xy,yz,zx)^2)$ となる．配置間相互作用の相手がない $^3A_2(^3F)$ と $^3T_2(^3F)$ は強い場ではそれぞれ $^3A_2(e^2=(z^2)^1(x^2-y^2)^1;-1.2\,\Delta_t)$ と $^3T_2(e^1t_2^1=(z^2)^1(xy)^1,(x^2)^1(yz)^1,(y^2)^1(zx)^1;-0.2\,\Delta_t)$ に対応する（図 4.15 参照）．同じ $e^1t_2^1$ 配置でも $^3T_1(^3F)$ の方が $^3T_2(^3F)$ より電子間反発が大きいことがそれぞれの電子分布からわかる．この分裂の様子は八面体場の $d^8$ と同じである．

　電子遷移は基底状態と同じスピン多重度の励起状態にしか効率的に起こらない（スピン禁制）から，たとえば $d^2$ 配置（基底項 $^3F$）では励起状態としては $^3P$ の分裂を考えておく必要がある．しかし八面体場や四面体場では p 軌道が等価であるように，P 項は分裂しないで（平面正方形場では $A_{2g}+E_g$ に分裂する；表 4.4），八面体場では $^3T_{1g}(^3P)$，四面体場では $^3T_1(^3P)$ 状態となる．これらは基底項 $^3F$ より $15B$ だけエネルギーが高い．しかし八面体場では $\Delta_o$ の大きさによっては $^3F$ 項からの $^3A_{2g}$ 状態（$+1.2\,\Delta_o$）は $^3T_{1g}(^3P)$ 状態よりエネルギーが高くなる（大部分はそうである）．実際の様子を図 4.8(b) に示す．横軸は結晶場分裂 $\Delta$ の大きさであり，ゼロ点から離れるほど $\Delta$ が大きくなる．ここで $d^2$ からの $^3T_{2(g)}(^3F)$ と $^3A_{2(g)}(^3F)$ のエネルギーはそれぞれ $\pm 0.2$ と $\pm 1.2$ の傾きで変化するが，$^3T_{1(g)}(^3F)$ は $\Delta$ が増大するにつれて $^3T_{1(g)}(^3P)$ との配置間相互作用によって傾き $\pm 0.6$ からずれた変化を示す，つまり両者のエネルギーが広がるようになり，強い場の極限では $^3T_{1(g)}(^3F)$ は $-0.8\,\Delta_o(t_{2g}^2)$ や $-0.2\,\Delta_t(e^1t_2^1)$ になる．これに対応して $^3T_{1(g)}(^3P)$ も $\Delta$ に依存した変化を示し，強い場の極限では $+0.2\,\Delta_o(t_{2g}^1e_g^1)$ や $+0.8\,\Delta_t(t_2^2)$ になる．

　同様に考えると，$d^7(=d^5+d^2)$ の基底項 $^4F$ の分裂の様子は $d^2$ のそれと

表4.5 低スピンおよび高スピンの八面体錯体と四面体錯体の基底項

| d電子配置 | 八面体錯体 高スピン | 八面体錯体 低スピン | 四面体錯体 高スピン | 四面体錯体 低スピン |
|---|---|---|---|---|
| $d^1$ | $^2T_{2g}(t_{2g}^1)$ | | $^2E(e^1)$ | |
| $d^2$ | $^3T_{1g}(t_{2g}^2)$* | | $^3A_2(e^2)$ | |
| $d^3$ | $^4A_{2g}(t_{2g}^3)$ | | $^4T_1(e^2t_2^1)$* | $^2E(e^3)$ |
| $d^4$ | $^5E_g(t_{2g}^3e_g^1)$ | $^3T_{1g}(t_{2g}^4)$ | $^5T_2(e^2t_2^2)$ | $^1A_1(e^4)$ |
| $d^5$ | $^6A_{1g}(t_{2g}^3e_g^2)$ | $^2T_{2g}(t_{2g}^5)$ | $^6A_1(e^2t_2^3)$ | $^2T_2(e^4t_2^1)$ |
| $d^6$ | $^5T_{2g}(t_{2g}^4e_g^2)$ | $^1A_{1g}(t_{2g}^6)$ | $^5E(e^3t_2^3)$ | $^3T_1(e^4t_2^2)$ |
| $d^7$ | $^4T_{1g}(t_{2g}^5e_g^2)$* | $^2E_g(t_{2g}^6e_g^1)$ | $^4A_2(e^4t_2^3)$ | |
| $d^8$ | $^3A_{2g}(t_{2g}^6e_g^2)$ | | $^3T_1(e^4t_2^4)$* | |
| $d^9$ | $^2E_g(t_{2g}^6e_g^3)$ | | $^2T_2(e^4t_2^5)$ | |

( )*内の電子配置は強い場におけるものである.

同じであり,これらは$d^3(d^5-d^2)$の$^4F$項や$d^8(d^{10}-d^2)$の$^3F$項の分裂とに逆になる(図4.8(b),図4.9).つまり,$d^3$と$d^7(=d^{10}-d^3)$は逆の,$d^2$と$d^8(=d^{10}-d^2)$も逆の,$d^3$と$d^8(=d^5+d^3)$は同じ分裂となる(それぞれの基底状態を表4.5にまとめた).また,ある電子配置(球対称の$d^5$を除く)から生じる基底項の分裂は八面体場と四面体場では逆になる.

■**問題 4.9** 弱い場での基底項の分裂の様子に関しては$d^1(O_h)=d^6(O_h)=d^9(T_d)=d^4(T_d)$,$d^1(T_d)=d^6(T_d)=d^9(O_h)=d^4(O_h)$の関係があり,両者はちょうど逆である.同じく,$d^2(O_h)=d^7(O_h)=d^8(T_d)=d^3(T_d)$,$d^2(T_d)=d^7(T_d)=d^8(O_h)=d^3(O_h)$の関係があり,両者はちょうど逆である.このことを確認せよ(ここで$O_h$は八面体場,$T_d$は四面体場を表わす).

残ったのは$d^5$でその基底項は$^6S$である.この項はs軌道が非縮重で球対称あることからもわかるように八面体場でも四面体場でも分裂しない($^6A_{1(g)}$).また,同じスピン多重度の励起項をもたない(スピン許容遷移はない).

■**問題 4.10** 高スピン$d^5$の金属錯体のd-d遷移の強度は非常に弱い.なぜか.

### 実例との対応

次に具体例として八面体錯体$d^8[Ni(H_2O)_6]^{2+}$の吸収スペクトル(図4.10)を解析してみよう.d-d遷移に帰属される吸収は3本観測され,低

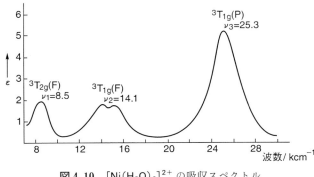

**図 4.10** $[Ni(H_2O)_6]^{2+}$ の吸収スペクトル

波数(低エネルギー)側から $\nu_1=8.5$ kcm$^{-1}$, $\nu_2=14.1$ kcm$^{-1}$(スピン・軌道相互作用により分裂), $\nu_3=25.3$ kcm$^{-1}$ に吸収極大をもつ幅広い吸収がある。Orgel 図(図 4.8(b))を参考にすると, $\nu_1$ は $^3A_{2g} \to {}^3T_{2g}(^3F)$, $\nu_2$ は $^3A_{2g} \to {}^3T_{1g}(^3F)$, $\nu_3$ は $^3A_{2g} \to {}^3T_{1g}(^3P)$ に帰属される。基底状態 $^3A_{2g}(^3F)$ は $-1.2\Delta_o$, $^3T_{2g}(^3F)$ は $-0.2\Delta_o$, $^3T_{1g}(^3F)$ は $0.6\Delta_o - x$, $^3T_{1g}(^3P)$ は $15B + x$ のエネルギー状態にある。ここで $x$ は弱い場での配置間相互作用の寄与, $15B$ は分裂前の $^3F$ 項と $^3P$ 項のエネルギー差である。基底状態 $^3A_{2g}$ とのエネルギー差がそれぞれの遷移エネルギー(波数)に対応するので, $\nu_1 = 8.5$ kcm$^{-1} = \Delta_o$, $\nu_2 = 14.1$ kcm$^{-1} = 1.8\Delta_o - x$, $\nu_3 = 25.3$ kcm$^{-1} = 1.2\Delta_o + 15B + x$ となる。これらの式から $\Delta_o = 8.5$ kcm$^{-1}$, $x = 1.2$ kcm$^{-1}$, $B = 0.93$ kcm$^{-1}$ が得られる($\nu_2 + \nu_3 = 3\Delta_o(=3\nu_1) + 15B$ の関係を利用してもよい)。
$[Ni(NH_3)_6]^{2+}$ では $\nu_1 = 10.8(=\Delta_o)$ kcm$^{-1}$, $\nu_2 = 17.5$ kcm$^{-1}$, $\nu_3 = 28.1$ kcm$^{-1}$ であり, $B = 0.88$ kcm$^{-1}$ となる($\Delta_o$ は $NH_3 > H_2O$, $B$ は $H_2O > NH_3$)。

電子間反発パラメータ $B$ は遊離の $Ni^{2+}$ については 1.08 kcm$^{-1}$ である。一般に錯体の吸収スペクトルから得た $B$ の値の方が小さくなることから, L との結合によって d 電子が L の軌道にも広がり, 電子間反発が弱められたものと解釈される(このような効果を**電子雲拡大効果**(nephelauxetic effect)という)。だから $\beta = B$(錯体)$/B$(自由イオン)の値が小さいほど L との共有結合性が大きいことを意味する。$\beta$ の大きさの順に L を並べたものは**電子雲拡大系列**(nephelauxetic series)とよばれ, M にあまり依存しないで $F^- > H_2O > NH_3 > $ en, ox $> NCS^- > Cl^-$, $CN^- > Br^- > S^{2-}$, $I^-$ の系列が知られている(軟らかい L の $\beta$ が小さく, M との共有結合性が強い)。L

を一定にしたとき $M^{n+}$ についても同様な系列が知られているが，酸化数が高いほど(Fajans 則)，また周期を下がるほど L との共有結合性が高くなる．

> ■**問題 4.11** 電子雲拡大系列とは何か．

　$d^2$ 配置の八面体錯体では $^3F$ 項の分裂様式は上の八面体 $d^8$ の場合とは逆になる．基底項 $^3T_{1g}(^3F) \rightarrow {}^3T_{2g}(^3F)$ が $\nu_1 = 0.8\Delta_o + x$ となるが，$\nu_2$ と $\nu_3$ は $^3T_{1g}(^3P)$ への遷移と $^3A_{2g}(^3F)$ への遷移の両方の可能性がある(図 4.8(b)，図 4.9)．$^3A_{2g}(^3F)$ の方がエネルギーが高いことが多く，$^3T_{1g}(^3F) \rightarrow {}^3T_{1g}(^3P)$ が $\nu_2 = 0.6\Delta_o + 15B + 2x$，$^3T_{1g}(^3F) \rightarrow {}^3A_{2g}(^3F)$ が $\nu_3 = 1.8\Delta_o + x$ と帰属される(相互の関係式は $\nu_3 - \nu_1 = \Delta_o$ と $\nu_3 + \nu_2 - 3\nu_1 = 15B$)．この分裂パターンは $d^7$ の八面体錯体と同じであるから(図 4.8(b)，図 4.9)，$[Co(H_2O)_6]^{2+}$ の吸収スペクトル(図 4.11)の解釈に使える．8 kcm$^{-1}$，16 kcm$^{-1}$，19.4 kcm$^{-1}$ の吸収がそれぞれ $^4T_{2g}(^4F)$，$^4A_{2g}(^4F)$ (?)，$^4T_{1g}(^4P)$ への遷移に帰属されている(後 2 者の順序は上例とは逆であり，$\Delta_o = 8$ kcm$^{-1}$，$B = 0.76$ cm$^{-1}$ となる，遊離の $Co^{2+}$ の $B = 0.97$ kcm$^{-1}$)．20 kcm$^{-1}$ あたりの吸収のためにピンク色を呈するが，$\varepsilon$ の値は四面体構造の $[CoCl_4]^{2-}$ に比べ 1/100 程度である．なお，$^4T_{1g}(P)$ への遷移の高エネルギー側の肩はスピン・軌道相互作用による分裂らしい．また，$^4A_{2g}(^4F)$ への遷移は強い場では $t_{2g}^5 e_g^2 \rightarrow t_{2g}^3 e_g^4$ の 2 電子遷移に相当するので強度が弱い(図 4.13 参照)と解釈されるが，この 16 kcm$^{-1}$ あたりの弱い吸収を結晶場分裂した $^2G$

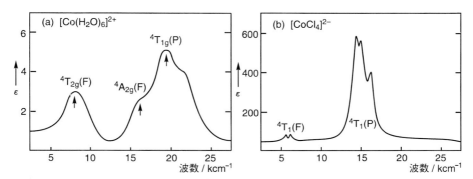

**図 4.11** (a) $[Co(H_2O)_6]^{2+}$ の吸収スペクトルと(b) $[CoCl_4]^{2-}$ の吸収スペクトル

項へのスピン禁制帯に帰属することもできる．

もう一例として四面体型 $d^7[CoCl_4]^{2-}$ を考えよう（図4.11）．$d^7=d^5+d^2$ より，これは $d^2$ の四面体錯体と同じ，さらに，$d^2$ や $d^7$ の八面体錯体とは逆の，$d^8$ や $d^3$ の八面体錯体と同じ，$d^8$ や $d^3$ の四面体錯体とは逆の，分裂パターンになる．だから上の $d^8[Ni(H_2O)_6]^{2+}$ の結果が使える．こうして $^4A_2(^3F) \to {}^4T_2(^4F)$，$\to {}^4T_1(^4F)$，$\to {}^4T_1(^4P)$ の3本がスピン許容遷移として期待されるが，5.7〜6.3 $kcm^{-1}$ の吸収（$\varepsilon=60$）が2番目の，14.5〜16.4 $kcm^{-1}$ の強い（$\varepsilon \sim 600$）吸収が3番目に帰属されている（最初の遷移は近赤外領域3.1 $kcm^{-1}$（$=\Delta_t \ll \Delta_o=6.9$ $kcm^{-1}$，表3.5））．これらはスピン・軌道相互作用によって分裂しているが（T項が関係する遷移はこのような分裂を伴うことがある），3番目の $^4T_1(^4P)$ への遷移が濃い青色の原因である（ただしこの遷移は強い場では2電子励起に相当する，図4.12）．四面体構造なので $\varepsilon$ の値は大きい（これには分裂した $^2G$ 項へのスピン禁制遷移が含まれ，その強度はスピン・軌道相互作用によってスピン許容遷移から借りているらしい）．四面体 $d^8[NiCl_4]^{2-}$ も 14〜16 $kcm^{-1}$ に $^3T_1(F) \to {}^3T_1(P)$ に基づく $\varepsilon=160$ 程度の2本に分裂した吸収帯をもつ（$^3T_1(F) \to {}^3T_2(F)$ は 4.0 $kcm^{-1}$，$^3T_1(F) \to {}^3A_2(F)$ は 7.5 $kcm^{-1}$）．$\nu_2-\nu_1=\Delta_t$ より，$\Delta_t=3.5$ $kcm^{-1} \ll \Delta_o=7.2$ $kcm^{-1}$（表3.5）である（$\Delta_t=4/9\,\Delta_o$ の関係が近似的に成立している）．

---

**■問題 4.12** $d^2[V(H_2O)_6]^{3+}$ は 17.2 $kcm^{-1}$ と 25.6 $kcm^{-1}$ に $\varepsilon=6〜8$ の幅広い吸収を示す（$\nu_3$ は2電子励起で強度が小さい）．帰属せよ．

（答：$\to {}^3T_{2g}(^3F)$ と $\to {}^3T_{1g}(^3P)$）

---

### (c) 強い場の近似（低スピン錯体の場合）

電子間の反発よりも配位子場の効果が大きい場合には，たとえば八面体錯体では $-0.4\Delta_o$ の $t_{2g}$ 軌道と $+0.6\Delta_o$ の $e_g$ 軌道にそれぞれ電子を収容することから始める．しかもエネルギーの低い $t_{2g}$ が一杯になって初めて $e_g$ に収容する（低スピン）．八面体場の $d^3$ を例にすると（図4.12右），基底電子配置は $t_{2g}^3$ であり，強い場の極限では $-0.4\Delta_o \times 3 = -1.2\Delta_o$ の結晶場安定化エネルギーをもつ．この配置には電子間反発の大きさ（やスピン多重度）が異なるいくつかの状態（$^4A_{2g}(^4F)$，$^2E_g(^2G)$，$^2T_{1g}(^2G)$，$^2T_{2g}$

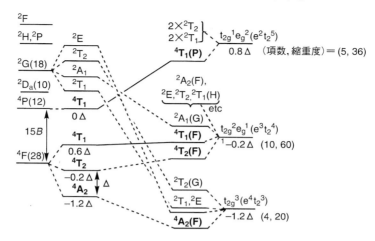

**図 4.12** 八面体 $d^3$ と四面体 $d^7$ の分裂の様子（八面体では添字 g をつける）

($^2$G))があり，3 つの $t_{2g}$ に 1 個ずつ平行スピンで入った $^4A_{2g}$ 状態($t_{2g}^3$；$-1.2\Delta_o$)がもっとも安定で基底状態 $(xy)^1(yz)^1(zx)^1$ である（弱い場での $^4A_{2g}(^4F)$ に対応する）．これと同じスピン多重度の励起状態は平行スピンの $t_{2g}^2 e_g^1$ 配置をもつ $^4T_{2g}(^4F)$ と $^4T_{1g}(^4F)$ である．$^4T_{2g}(^4F)$ は $t_{2g}^2 e_g^1 = (yz)^1(zx)^1(x^2-y^2)^1$，$(xy)^1(zx)^1(y^2-z^2)^1$，$(xy)^1(yz)^1(z^2-x^2)^1$ の配置($-0.2\Delta_o$)からなる．一方，$^4T_{1g}(^4F)$ は弱い場では $0.6\Delta_o$ のエネルギーをもつが，$^4T_{1g}(^4P)$ との配置間相互作用によって，強い場の極限では $t_{2g}^2 e_g^1 = (yz)^1(zx)^1(z^2)^1$，$(xy)^1(zx)^1(x^2)^1$，$(xy)^1(yz)^1(y^2)^1$ となり，$-0.2\Delta_o$ のエネルギーになる．これに対応して $^4T_{1g}(^4P)$ のエネルギーは $0\Delta_o$ から $0.8\Delta_o$($t_{2g}^1 e_g^2 = (xy, yz, zx)^1(z^2)^1(x^2-y^2)^1$)になる．$^4T_{2g}(^4F)$ と $^4T_{1g}(^4F)$ は同じ $t_{2g}^2 e_g^1$ 配置をもつが，電子間反発は $^4T_{2g}(^4F)$ よりある軸方向に電子分布が偏っている $^4T_{1g}(^4F)$ の方が($12B$ だけ)大きいことがわかる．基底状態 $^4A_{2g}(^4F)$ から $^4T_{2g}(^4F)$ への遷移($t_{2g}^3 \to t_{2g}^2 e_g^1$)は $xy \to x^2-y^2$，$yz \to y^2-z^2$，$zx \to z^2-x^2$ の遷移(第 I 吸収帯)になり，遷移エネルギーは $\Delta_o$ である．$^4T_{1g}(^4F)$ への遷移($t_{2g}^3 \to t_{2g}^2 e_g^1$)は $xy \to z^2$，$yz \to x^2$，$zx \to y^2$ の遷移(第 II 吸収帯)であり，遷移エネルギーは $\Delta_o + 12B$ である．たとえば $[Cr(en)_3]^{3+}$ の $21.6(\varepsilon=72)\text{kcm}^{-1}$ と $28.5(\varepsilon=60)\text{kcm}^{-1}$ の吸収がそれぞれに帰属され，$\Delta_o = 21.6\text{ kcm}^{-1}$，$B = 0.58\text{ kcm}^{-1}$ となる(遊離の $Cr^{3+}$ の $B = 1.03\text{ kcm}^{-1}$)．$^4T_{1g}(^4P; t_{2g}^1 e_g^2 = (xy, yz, zx)^1(z^2)^1(x^2-y^2)^1; 0.8\Delta_o$)への遷移は 2 電子励

起 ($t_{2g}^3 \rightarrow t_{2g}^1 e_g^2$; 遷移エネルギー $2\Delta_o + 3B$) なので強度は弱い.

$t_{2g}^3$ 配置から生じ, 基底状態とは異なるスピン多重度をもつ $^2E_g(^2G)$, $^2T_{1g}(^2G)$, $^2T_{2g}(^2G)$ 状態への遷移はスピン禁制で, 遷移エネルギーは強い場では電子間反発の差だけなので (前 2 者では $9B+3C$, 後者では $15B+5C$), (配位子場強度に依存しない) シャープな弱い吸収帯となる. 基底状態 $^4A_{2g}$ から $^4T_{2g}(F)$ や $^4T_{1g}(F)$ へ光励起すると, 発光や振動励起を通して大半は元の $^4A_{2g}$ 状態へ緩和するが, 一部は項間交差によって $^2E_g(^2G)$ や $^2T_{1g}(^2G)$ 状態になる (基底状態とはスピン多重度が異なるので寿命が長い). この状態から基底状態 $^4A_{2g}(^4F)$ への遷移 (発光) は電子スピンの反転のみを伴うので, この光は $\Delta_o$ の大きさに依存しない波長の揃った光 (単色光) となる. これがルビーレーザーの原理である ($\alpha$-コランダム $Al_2O_3$ 中の八面体サイトにある $Al^{3+}$ が数 % $Cr^{3+}$ に置き換わったものがルビー). 四面体構造の $d^7$ は八面体構造の $d^3$ と同じ分裂をするが, 強い場は実現しにくい. なお, 図 4.12 では高いエネルギーの項 (の分裂) や $t_{2g}^0 e_g^3 (e^1 t_2^6)$ 配置 ($1.8\Delta$) は省略してある. 図 4.13～図 4.18 についても同様に高いエネルギーの状態が省略してあるものがある. また, 図中に $\Delta$ で示した状態間のエネルギー差は厳密に結晶場分裂の大きさに等しい (配置間相互作用や電子間反発の差には無関係).

■**問題 4.13** $d^8$ 配置の基底項 $^3F$ が弱い八面体場で分裂して生じる基底状態 $^3T_1$ が $-0.6\Delta_t$ のエネルギーをもち, 強い場の極限では $e^4 t_2^2$ の配置に相当し $-0.8\Delta_t$ のエネルギーをもつことを確認せよ.

$d^7$ (八面体場, $O_h$) と $d^3$ (四面体場, $T_d$) (許容遷移は $^2E_{(g)} \rightarrow ^2T_{1(g)}(G)$, $^2T_{2(g)}(G)$ など), $d^2(O_h)$ と $d^8(T_d)$ ($^3T_{1(g)} \rightarrow ^3T_{2(g)}(F)$, $^3T_{1(g)}(P)$, $^3A_{2(g)}(F)$), $d^8(O_h)$ と $d^2(T_d)$ ($^3A_{2(g)} \rightarrow ^3T_{2(g)}(F)$, $^3T_{1(g)}(F)$, $^3T_{1(g)}(P)$), $d^4(O_h)$ と $d^6(T_d)$ ($^3T_{1(g)} \rightarrow ^3E_{(g)}(H)$, $^3T_{1(g)}(H)$, $^3T_{2(g)}(H)$) の分裂の様子は図 4.13～図 4.16 に示すにとどめる. なお, 八面体の高スピン $d^4$, 低スピン $d^7$, 四面体の高スピン $d^{3/4}$, $d^8$ では基底状態で Jahn-Teller 分裂があることに注意する.

弱い場の $d^6(O_h)$ や $d^4(T_d)$ では (図 4.17), 基底項 $^5D$ は図 4.16 の $d^4(O_h)$ や $d^6(T_d)$ とは逆に分裂し, 基底状態 $^5T_{2(g)}(-0.4\Delta)$ から $^5E_{(g)}(+0.6\Delta)$ へ

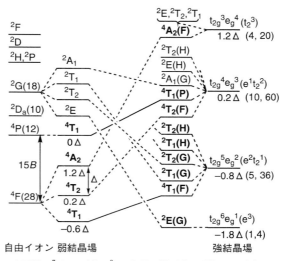

**図 4.13** 八面体 $d^7$ と四面体 $d^3$ の分裂の様子(八面体では添字 g をつける)

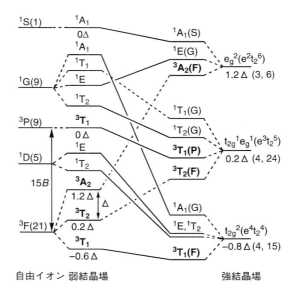

**図 4.14** 八面体 $d^2$ と四面体 $d^8$ の分裂の様子(八面体では添字 g をつける)

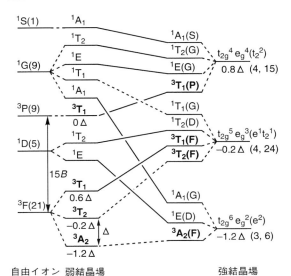

**図 4.15** 八面体 $d^8$ と四面体 $d^2$ の分裂の様子（八面体では添字 g をつける）

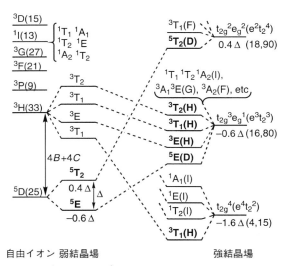

**図 4.16** 八面体 $d^4$ と四面体 $d^6$ の分裂の様子（八面体では添字 g をつける）

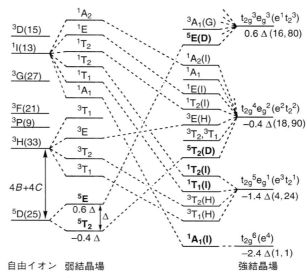

**図 4.17** 八面体 $d^6$ と四面体 $d^4$ の分裂の様子（八面体では添字 g をつける）

の遷移が起こることはすでに述べた．強い八面体場の $d^6$ では基底状態は $t_{2g}^6$ 電子配置 $(-2.4\,\Delta_o)$ の $^1A_{1g}((xy)^2(yz)^2(zx)^2 ; {}^1I)$ であり，同じスピン多重度の励起状態は $t_{2g}^5 e_g^1$ 配置 $(-1.4\,\Delta_o)$ の $^1T_{1g}((xy)^1(yz)^2(zx)^2(x^2-y^2)^1, (xy)^2(yz)^1(zx)^2(y^2-z^2)^1, (xy)^2(yz)^2(zx)^1(z^2-x^2)^1 ; {}^1I)$ と $^1T_{2g}((xy)^1(yz)^2(zx)^2(z^2)^1, (xy)^2(yz)^1(zx)^2(x^2)^1, (xy)^2(yz)^2(zx)^1(y^2)^1 ; {}^1I)$ である（電子分布から考えて $^1T_{1g}$ の方が $^1T_{2g}$ より電子間反発が小さい）．これらの状態への遷移は，$d^3$ の場合の $^4A_{2g} \to {}^4T_{2g}$ と $^4A_{2g} \to {}^4T_{1g}$ に対応し，$^1A_{1g} \to {}^1T_{1g}$ と $^1A_{1g} \to {}^1T_{2g}$ はそれぞれ $xy \to x^2-y^2$, $yz \to y^2-z^2$, $zx \to z^2-x^2$（第 I 吸収帯）と $xy \to z^2$, $yz \to x^2$, $zx \to y^2$（第 II 吸収帯）の遷移である（遷移エネルギーはそれぞれほぼ $\Delta_o - C$ と $\Delta_o + 16B - C$）．[Co(en)$_3$]$^{3+}$ の 21.4 kcm$^{-1}$ と 29.4 kcm$^{-1}$ の吸収がそれぞれに帰属され，$C=4B$ を仮定すると，$\Delta_o = 23.4 (>21.6(Cr^{3+}))$ kcm$^{-1}$, $B=0.5$ kcm$^{-1}$ となる（遊離の Co$^{3+}$ の $B$ の値は 1.06 kcm$^{-1}$, M$^{3+}$ では L との共有結合性が高く，$B$ の値が半減している）．その他の励起状態としては $^3H$ からの $^3T_{1(g)}, {}^3T_{2(g)}(t_{2g}^5 e_g^1, e^3 t_2^1 ; -1.4\,\Delta)$ や $^5D$ からの $^5T_{2(g)}(t_{2g}^4 e_g^2, e^2 t_2^2 ; -0.4\,\Delta)$ や $^5E_{(g)}(t_{2g}^3 e_g^3, e^1 t_2^3 ; +0.6\,\Delta)$ などがあるが，これらへの遷移はスピン禁制/多電子励起である．

残ったのは $d^5(O_h, T_d)$ である（図 4.18）．弱い場では基底状態 $^6A_{1(g)}({}^6S)$

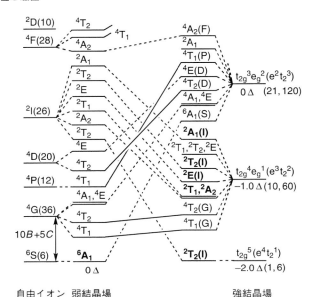

**図 4.18** 八面体 $d^5$ と四面体 $d^5$ の分裂の様子（八面体では添字 g をつける）

はスピンがすべて平行な $t_{2g}{}^3 e_g{}^2$, $e^2 t_2{}^3$ の配置（0 Δ）をもち，これと同じスピン多重度の励起状態はない．だから励起項 $^4G$, $^4P$, $^4D$ などが分裂して生じた状態へのスピン禁制遷移しかない．このうち $^4T_{1(g)}(^4G)$ や $^4T_{2(g)}(^4G)$ は $^4T_{1(g)}(^4P)$ や $^4T_{2(g)}(^4D)$ との配置間相互作用によって強い場では $t_{2g}{}^4 e_g{}^1$, $e^3 t_2{}^2$（−1.0 Δ）の配置になるので（弱い場では電子間反発が小さい $^6A_{1(g)}(^6S)$ の方がエネルギーが低い），Δ が増大するとこれらへの遷移エネルギーは小さくなる（吸収帯が長波長側へ移動する）．$^2I$ の分裂項への遷移も同様だが $^2T_{2(g)}(^2I)$ へは $t_{2g}{}^3 e_g{}^2 (e^2 t_2{}^3) \to t_{2g}{}^5 (e^4 t_2{}^1)$ の2電子励起である．一方，$^4A_{1(g)}(^4G)$ と $^4E_{(g)}(^4G)$, $^4E_{(g)}(^4D)$, $^4A_{2(g)}(^4F)$ などは基底状態 $^6A_{1(g)}$ と同じ配置 $t_{2g}{}^3 e_g{}^2$, $e^2 t_2{}^3$ をもつ（0 Δ）．つまり，これらへの遷移はスピンの反転だけを伴い，結晶場の影響を受けないので強度は弱いが鋭い吸収帯を与える（遷移エネルギーはそれぞれ $10B+5C$, $17B+5C$, $22B+7C$, 図 4.19 の高スピン $d^5 [Mn(H_2O)_6]^{2+}$ の吸収スペクトルの線幅と $\varepsilon$ の値に注目）．ただし，同じ電子配置の $^4T_{2(g)}(^4D)$ や $^4T_{1(g)}(^4P)$ は配置間相互作用のために結晶場に依存したエネルギー変化をする．

強い場では $d^5$ の基底状態は $^2T_{2(g)}(^2I$ ; $t_{2g}{}^5$, $e^4 t_2{}^1$ ; −2.0 Δ）であり，

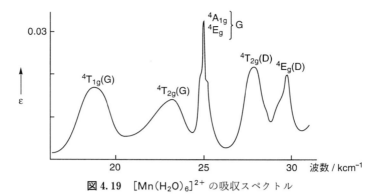

図 4.19 [Mn(H$_2$O)$_6$]$^{2+}$ の吸収スペクトル

$^2$A$_{2(g)}$, $^2$T$_{1(g)}$, $^2$E$_{(g)}$, $^2$T$_{2(g)}$, $^2$A$_{1(g)}$ ($^2$I ; t$_{2g}^4$e$_g^1$, e$^3$t$_2^2$ ; $-1.0\Delta$) などへの遷移が可能である (図 4.18). しかし [Fe(CN)$_6$]$^{3-}$ や [Mn(CN)$_6$]$^{4-}$ では電荷移動吸収のため d-d 吸収を同定しにくい (低スピン d$^5$Ru$^{3+}$ 錯体でも). その他, $^4$T$_{1(g)}$($^4$G) や $^4$T$_{2(g)}$($^4$G) (t$_{2g}^4$e$_g^1$, e$^3$t$_2^2$ ; $-1.0\Delta$), $^6$A$_{1(g)}$($^6$S) や $^4$E$_{(g)}$($^4$G), $^4$A$_{1(g)}$($^4$G) (t$_{2g}^3$e$_g^2$, e$^2$t$_2^3$ ; $0\Delta$ ; 2 電子励起) などが基底状態とは異なるスピン多重度をもつ励起状態である.

**(d) 対称性の低い錯体**

八面体型の d$^3$ や低スピン d$^6$ の錯体は結晶場安定化エネルギーが大きいので置換不活性である. だから混合配位子錯体を系統的に合成し, そのスペクトルを測定することができる. ところがこれらの錯体では対称性が低いので電子状態がさらに分裂し, スペクトルは複雑になる. たとえば低スピン d$^6$ の Co$^{3+}$L$_6$ の八面体錯体では t$_{2g}\rightarrow$e$_g$ 遷移に基づく吸収は電子間反発の差によって 2 本 (第 I, 第 II 吸収帯) 観測されるが, CoL$_5$L$'$ や *trans-* および *cis-*CoL$_4$L$'_2$ (L$'$ は L とは分光化学系列において離れた位置にある) ではそれぞれがさらに 2 本に分裂する. 八面体場での $^1$A$_{1g}\rightarrow^1$T$_{1g}$ (第 I 吸収帯) は $xy\rightarrow x^2-y^2$, $yz\rightarrow y^2-z^2$, $zx\rightarrow z^2-x^2$ の遷移に, $^1$A$_{1g}\rightarrow^1$T$_{2g}$ (第 II 吸収帯) は $xy\rightarrow z^2$, $yz\rightarrow x^2$, $zx\rightarrow y^2$ の遷移に相当するので, 角重なり模型計算によってそれぞれの軌道エネルギーを計算するとその差から遷移エネルギー $\Delta E$ が求まる. 簡単のために σ 結合のみとし, CoL$_5$L$'$, *trans-* および *cis-*CoL$_4$L$'_2$ の L$'$ が ⑤, ⑤⑥, ①② にそれぞれ位置するものとする. L の e$_\sigma=0$ を基準とすればそれぞれの軌道の反結合性は表 4.6 のようになる (各自で計算してみよ).

**表 4.6** $CoL_5L'$, *trans*- および *cis*-$CoL_4L'_2$ 錯体の d 軌道の反結合性

| 軌道 | ⑤ | ⑤⑥ | ①② | 軌道 | ⑤ | ⑤⑥ | ①② | 軌道 | ⑤ | ⑤⑥ | ①② |
|---|---|---|---|---|---|---|---|---|---|---|---|
| $xy$ | $0e_\sigma$ | $0e_\sigma$ | $0e_\sigma$ | $x^2-y^2$ | $0e_\sigma$ | $0e_\sigma$ | $3/2e_\sigma$ | $z^2$ | $1e_\sigma$ | $2e_\sigma$ | $1/2e_\sigma$ |
| $yz$ | $0e_\sigma$ | $0e_\sigma$ | $0e_\sigma$ | $y^2-z^2$ | $3/4e_\sigma$ | $3/2e_\sigma$ | $3/4e_\sigma$ | $x^2$ | $1/4e_\sigma$ | $1/2e_\sigma$ | $5/4e_\sigma$ |
| $zx$ | $0e_\sigma$ | $0e_\sigma$ | $0e_\sigma$ | $z^2-x^2$ | $3/4e_\sigma$ | $3/2e_\sigma$ | $3/4e_\sigma$ | $y^2$ | $1/4e_\sigma$ | $1/2e_\sigma$ | $5/4e_\sigma$ |

この結果からこれらの錯体では第 I,第 II 吸収帯とも 2 成分に分裂することがわかる(図 4.4(a)).また,$CoL_5L'$ と *trans*-$CoL_4L'_2$ の第 1 吸収帯の 1 つの成分($xy \to x^2-y^2$)は $ML_6$ の場合と吸収位置は変わらないこと,もう 1 つの成分の $CoL_6$ からのシフトは 1:2 であることなどが理解される(第 I 吸収帯の分裂はトランス体においていちじるしく,第 II 吸収帯では分裂が見えにくい,図 4.4).同様に扱うと *mer*-$CoL_3L'_3$ では第 I 吸収帯は 3 本に分裂するが(トランス位の配位子を平均すると $x, y, z$ は非等価),*fac*-$CoL_3L'_3$ では分裂は起こらない(トランス位の配位子を平均すると $x, y, z$ は等価).このような計算は山寺によって最初に試みられ山寺則とよばれている(章末問題 4.3).

本書のはじめに登場した $d^9$ $[Cu(H_2O)_6]^{2+}$ の吸収スペクトルについて考察しよう.$d^9$ は $d^{10}-d^1$ であり,強い/弱い場の区別はない.八面体場から始めると,基底項 $^2D$ は $-0.6\Delta_o$ のエネルギーの $^2E_g$ 状態($t_{2g}^6 e_g^3$)と $0.4\Delta_o$ の $^2T_{2g}(t_{2g}^5 e_g^4)$ 状態に分裂する($d^1$ とは逆の分裂パターン).さらに Jahn-Teller 変形によって上下($z$ 軸)の配位子との結合が伸びて,$x, y$ 軸の配位子との結合が縮んで $D_{4h}$ 対称になると,$e_g$ 軌道群のうち $x^2-y^2$($b_{1g}$)はエネルギーが $\delta$ だけ高くなり,$z^2$($a_{1g}$)は同じだけ低くなる(図 4.20,図 3.8).同様に $t_{2g}$ 軌道群のうち $xy$($b_{2g}$)は少しエネルギーが高くなり($\delta'$),$yz, zx$($e_g$)はその半分だけ($\delta'/2$)低くなる(重心則).$d^9$ 配置であるからもっともエネルギーの高い $x^2-y^2$ 軌道だけが 1 電子で占められた $(yz)^2(zx)^2(xy)^2(z^2)^2(x^2-y^2)^1$ の配置をもつ $^2B_{1g}$ が基底状態,次にエネルギーが高い $z^2$ が 1 電子で占められた $(yz)^2(zx)^2(xy)^2(z^2)^1(x^2-y^2)^2$ の電子配置をもつ $^2A_{1g}$ が第 1 励起状態となる.これらは八面体場で二重に縮重していた基底状態 $^2E_g(t_{2g}^6 e_g^3)$ が分裂して生じた状態である(表 4.4).その次にエネルギーが高い $xy$ 軌道が 1 電子で占められた $(yz)^2(zx)^2(xy)^1(z^2)^2(x^2-y^2)^2$ の配置をもつ $^2B_{2g}$ が第 2 励起状態である.第 3 励起状態はもっともエネルギーが低い $yz$ または $zx$ 軌道が 1 電子で占められた二重縮

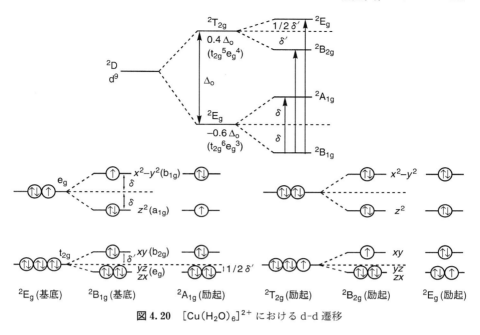

**図 4.20** $[Cu(H_2O)_6]^{2+}$ における d-d 遷移

重の $^2E_g$ 状態であり, $(yz, zx)^3(xy)^2(z^2)^2(x^2-y^2)^2$ の配置をもつ. これらは八面体場で三重に縮重していた励起状態 $^2T_{2g}(t_{2g}^5 e_g^4)$ が分裂して生じた状態である(表 4.4).

さて, 可能な遷移は基底項 $^2B_{1g} \to {}^2A_{1g}(z^2 \to x^2-y^2)$, $\to {}^2B_{2g}(xy \to x^2-y^2)$, $\to {}^2E_g(yz, zx \to x^2-y^2)$ の3本である. これらの遷移エネルギーは $\Delta_o$ と $^2E_g$ や $^2T_{2g}$ の分裂の大きさ $\delta$, $\delta'$ に依存する(それぞれの遷移エネルギーは $2\delta$, $\Delta_o+\delta-\delta'$, $\Delta_o+\delta+\delta'/2$). 実際には 12.6 kcm$^{-1}$ に極大をもち低波数側に肩をもつ幅広い1本の吸収が観測される(図 4.21;3つの吸収が重なっていると考えられる). 可視部の低エネルギー側に吸収があるので青くみえる. $d^1$ の $[Ti(H_2O)_6]$ のスペクトルは 20.3 kcm$^{-1}$ に極大をもち, 17.4 kcm$^{-1}$ あたりに肩がみられることはすでに述べた(図 4.4). $d^1$ だから基底項 $^2D$ は上の $d^9$ とはちょうど逆の分裂となり, $^2T_{2g} \to {}^2E_g$ の1本の遷移が期待される. ところが励起状態 $^2E_g$ は $(x^2-y^2)^1(z^2)^0$ と $(x^2-y^2)^0(z^2)^1$ の配置からなり, 縮重した $e_g$ 軌道が非対称に占有されているので Jahn-Teller の変形が起こる. こうして $^2E_g$ 励起状態は $^2B_{1g}$ と $^2A_{1g}$ に分裂するのでエネルギーの接近した2本の吸収が起こる. 三重縮重の基底状

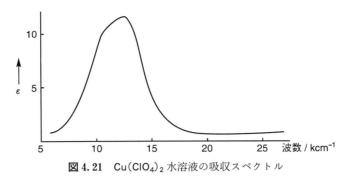

**図 4.21** Cu(ClO$_4$)$_2$ 水溶液の吸収スペクトル

態 $^2T_{2g}$ でも $t_{2g}$ 軌道が非対称に占有されているが，$t_{2g}$ 軌道は σ 非結合性なので実質上分裂はない．

**問題 4.14** CuSO$_4$ の水溶液が青いのはなぜか．

*trans*-[VCl$_4$L$_2$] のようにもともと D$_{4h}$ 対称の錯体でも同じように扱えるが，分光化学系列において L>Cl$^-$ であれば $x^2-y^2$(b$_{1g}$) よりは $z^2$(a$_{1g}$) 軌道の方がエネルギーが高く，$xy$(b$_{2g}$) より $yz, zx$(e$_g$) 軌道の方がエネルギーが高くなる．このようなスペクトルの解析には Dq 以外に Ds, Dt のパラメータが用いられるが，これ以上は述べない．

最後に平面錯体として低スピン d$^8$ [PtCl$_4$]$^{2-}$ のスペクトルを解析してみる．軌道エネルギーは角重なり模型計算から E(b$_{1g}$; $x^2-y^2$)=3e$_\sigma$，E(a$_{1g}$; $z^2$)=1e$_\sigma$，E(b$_{2g}$; $xy$)=4e$_\pi$，E(e$_g$; $yz, zx$)=2e$_\pi$ である（ここでは強い場を仮定し電子間反発は無視し，$z^2$ 軌道は s 軌道の混入でエネルギーが下がり，$xy$ は π ドナー性の配位子のために $z^2$ よりエネルギーが高いとする，3.3 節(d)項参照）．基底状態はエネルギーの高い $x^2-y^2$ 以外を 8 電子が占有した $^1$A$_{1g}$ で，(e$_g$)$^4$(a$_{1g}$)$^2$(b$_{2g}$)$^2$(b$_{1g}$)$^0$ の電子配置をもつ（図 4.22）．占有の b$_{2g}$，a$_{1g}$，e$_g$ から空の b$_{1g}$ への遷移が可能で，それぞれ $^1$A$_{1g}$→$^1$A$_{2g}$（遷移エネルギー $\Delta E$=3e$_\sigma$−4e$_\pi$−C=$\Delta_o$−C），→$^1$B$_{1g}$（$\Delta E$=2e$_\sigma$−4B−C は s 軌道が $z^2$ に混入するので実際にはもっと小さい），→$^1$E$_g$（$\Delta E$=3e$_\sigma$−2e$_\pi$−3B−C）と表わされる．これらの許容遷移はそれぞれ 21.0($\varepsilon$=15)kcm$^{-1}$，25.5($\varepsilon$=59)kcm$^{-1}$，30.2($\varepsilon$=64)kcm$^{-1}$ の吸収に帰属されている（図 4.23）．可視部の高エネルギー側に強い吸収があるので赤

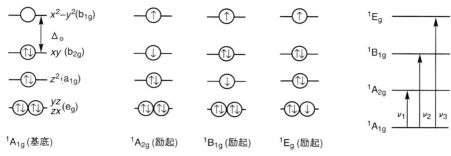

図 4.22　$d^8$ 平面構造 $ML_4$ 錯体に可能な d-d 遷移

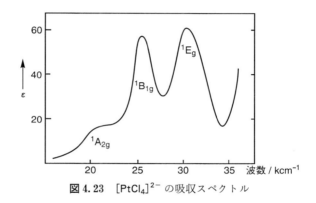

図 4.23　$[PtCl_4]^{2-}$ の吸収スペクトル

褐色にみえる．$d^8[Ni(CN)_4]^{2-}$ では電荷移動吸収と重なるので d-d 遷移は明確にみえない．

## 4.3　旋光性と円二色性

　　　金属錯体には光学活性（キラル）なものがあり，キラルな錯体を対象とした研究によって錯体の立体化学の研究が進展したことはすでに述べた（2.3節(b)項）．これらの研究に威力を発揮したのが旋光性と円二色性である．

**(a) 旋光度と円二色性スペクトル**

　　　旋光性とはあるキラルな物質またはそれを含む溶液に平面偏光（直線偏光）を通過させたときその偏光面が回転する現象であり，その回転角を**旋光度**（optical rotation）という．そのためにキラルな物質を光学活性であるという．波長 $\lambda$ での比旋光度 $[\alpha]_\lambda$ は $\alpha/lC$ で表わされる．ここで $\alpha$ は

回転角(°)，$l$ は dm 単位での光の通過距離(セル長)，$C$ は溶液 1 ml 中の光学活性物質をグラムで表わした濃度である．分子旋光度 $[\phi]$ は $M[\alpha]_\lambda/100$ であり，$M$ は分子量である．

旋光度は偏光の波長に依存し，旋光度を平面偏光の波長を変化させて測定したものを**旋光分散**(optical rotatory dispersion, ORD)という．歴史的には Na の D 線(589 nm)における旋光度が有機物も含め広く測定されてきた．この波長において光吸収がなければ単に偏光面が回転するだけであるが(直線偏光の右円偏光と左円偏光の成分の通過速度，つまり屈折率が異なる)，吸収があると異常分散(Cotton 効果)がみられ，左右の円偏光に対する吸光度が異なるために光学活性物質(またはその溶液)を通過すると楕円偏光になる．

金属錯体には可視部に吸収をもち，しかもその遷移がおもに磁気双極子(電子分布の回転)をもつものがあるため，**円二色性**(circular dichroism, CD)がしばしば測定されている．CD は左円偏光と右円偏光に対する吸光係数の差 $\Delta\varepsilon = \varepsilon_l - \varepsilon_r$ であり，CD が観測されるためにはその電子遷移によって電子分布の並進と回転(したがってヘリカルな動き)が起こる必要がある．普通，電子遷移は電子の並進(電気双極子)を伴うが，CD 活性になるためには回転の成分(磁気双極子)も必要である(両者のスカラー積が CD 強度に比例し，アキラルな分子では両者が直交するので CD 不活性)．ところが，たとえば $Co^{3+}$ 錯体の第 I 吸収帯は $xy \rightarrow x^2-y^2$ などの遷移であり，本来回転の成分をもつ(磁気双極子遷移)．したがって，電気双極子遷移の成分を借りてくればこの種のキラルな錯体ではモル吸光係数の割に CD 強度が大きく，測定が容易である．実際 CD(異常分散)は $Cr^{3+}$ の d-酒石酸錯体について最初に測定されている．有機物についてカルボニル基 $>C=O$ の n-π* 遷移の CD がしばしば測定されるのも，この遷移が p→p の磁気双極子遷移成分をもつからである．

■**問題 4.15** 円二色性(CD)スペクトルとは何か．またこれが観測されるための条件は何か．

### (b) 円二色性スペクトルと錯体の絶対配置

旋光度と円二色性(CD)は密接に関係した現象であるが，錯体の絶対配

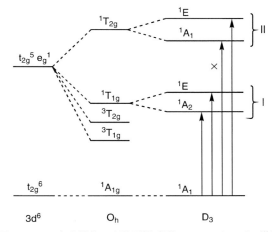

**図 4.24** Co(Ⅲ)錯体の配位子場分裂によるエネルギー準位

置（$\Delta$ や $\Lambda$）を推定する場合には旋光度はほとんど無力である．ここでは CD について解説する．それでも d-d 遷移の CD から絶対配置を確実に推定することは困難であり，後で触れる配位子の電子遷移に基づく励起子型の CD は別にして，絶対配置既知の錯体の CD スペクトルとの比較によって推定している．

[Co(en)$_3$]$^{3+}$ は X 線構造解析によってその絶対配置が決定された最初の錯体であり，589 nm において正の旋光度をもつ（観測者からみて偏光面を右回りに回転する）ものが $\Lambda$ の絶対配置をもつ．この錯体は D$_3$ 対称であるから八面体場での基底状態 $^1A_{1g}(t_{2g}^6)$ は $^1A_1$ になり（図 4.24），一重項励起状態 $^1T_{1g}$ と $^1T_{2g}(t_{2g}^5 e_g^1)$ はそれぞれ $^1E+^1A_2$ と $^1E+^1A_1$ に分裂する（この分裂は吸収スペクトルでは観測できないほどわずか）．$^1T_{1g}$ への遷移（第Ⅰ吸収帯）は $xy \to x^2-y^2$ などの遷移であるから磁気双極子遷移（電子分布の回転）であり，電気双極子遷移から強度を借りてくれば CD 活性になる．こうして [Co(en)$_3$]$^{3+}$ では第Ⅰ吸収帯の $^1A_1 \to {}^1E$ と $^1A_1 \to {}^1A_2$ の遷移に CD が観測される．$^1T_{2g}$ への遷移である第Ⅱ吸収帯は $xy \to z^2$ などの遷移であるが，D$_3$ 対称で $^1T_{2g}$ が分裂して生じた $^1E$ への遷移は磁気双極子遷移許容なので，この吸収帯にも若干 CD が観測される．第Ⅱ吸収帯のもう 1 つの成分 $^1A_1 \to {}^1A_1$ は，磁気双極子禁制なので CD は観測されない．

実際の $\Lambda$-(+)$_{589}$-[Co(en)$_3$]$^{3+}$ の水溶液の CD スペクトルは第Ⅰ吸収

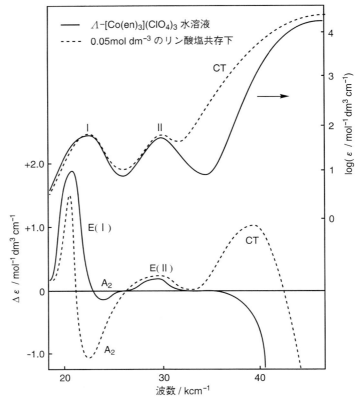

図 4.25　$\varLambda\text{-}[Co(en)_3]^{3+}\sim PO_4^{3-}$ の吸収スペクトルと CD

帯の長波長側から大きい正，小さい負，第 II 吸収帯では小さい正の成分をもつ（図 4.25）．これらは単結晶の CD スペクトルを参照してそれぞれ $^1A_1 \to {^1E(I)}$, $^1A_1 \to {^1A_2(I)}$, $^1A_1 \to {^1E(II)}$ に帰属されている．ただし，第 I 吸収帯の分裂幅はごくわずかで，しかも両 CD 成分が反対符号をもつので強度はお互いに強く相殺している．$\varLambda\text{-}(+)_{546}\text{-}[Cr(en)_3]^{3+}$ でも第 I 吸収帯の 2 成分（$^4A_2 \to {^4E} + {^4A_1}$）は磁気双極子許容である．実際には正の E(I) 成分のみが観測されている．

こうして絶対配置と CD スペクトルの符号の関係が確立されたので，多種多様な配位子の錯体，たとえばキレート環のサイズを段階的に変えた錯体（サイズが増大すると一般に CD 強度は減少する），edta のような多座配位子（図 4.26）およびそのキレート環のサイズを変えた錯体，*cis*-

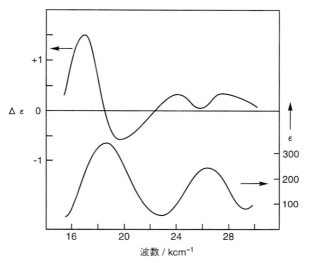

図 4.26　$\Delta\Lambda\Lambda\text{-}(-)_{546}\text{-}[\mathrm{Co(edta)}]^-$ の吸収と CD スペクトル

　$[\mathrm{M(en)_2X_2}]^+$ 型の錯体，不斉炭素をもつアミノ酸錯体などについて，その絶対配置が CD スペクトルから推定されてきた．その詳細は専門書にゆずるが，次の点だけを指摘しておきたい．$C_2$ 対称の八面体型の $cis\text{-}[\mathrm{Co(en)_2X_2}]^{n+}$ 錯体について第 I 吸収帯の分裂を解析し，X が en より分光化学系列上で上位にあれば(たとえば X が $\mathrm{CN}^-$，$\mathrm{NO_2}^-$)，長波長側の成分が正のとき絶対配置は $\Lambda$ であり，下位にあれば $\Delta$ になることが提案され，実証されている(X が $\mathrm{N_3}^-$ は例外)．また，$[\mathrm{Co(en)_3}]^{3+}$ の第 I 吸収帯の $^1A_1\to{}^1E$ 遷移(E 成分)は $C_3$ 軸に垂直に，$^1A_1\to{}^1A_2$ 遷移($A_2$ 成分)は $C_3$ 軸に平行にそれぞれ分極しているので，たとえばリン酸イオンが錯体の $C_3$ 軸から接近し，分極率の高い酸素原子が錯体のアミノ水素と水素結合するようなイオン会合が起これば，$A_2$ 成分が増大する(図 4.25)．さらに $[\mathrm{Co(en)_3}]^{3+}$ の $C_3$ 軸方向の両側をアルキル基でキャップした $[\mathrm{Co(sep)}]^{3+}$ 錯体ではキャップ導入により元の錯体より $A_2$ 成分が増大するが，対イオンは $C_2$ 軸方向からしか接近できないので対イオンを添加すると E 成分が増大する(見かけ上は $A_2$ 成分が減少する)．このような現象を利用して溶液内での錯体と対イオン(キラルな対イオンを含む)との相互作用が研究されている．

**問題 4.16** 低スピンの $Co^{3+}$ や $Cr^{3+}$ 錯体の第 I 吸収帯の CD スペクトルは第 II 吸収帯のそれより強度が大きい．なぜか．

不斉炭素をもつアミノ酸が単座で配位した $[Co(L\text{-alaH})(NH_3)_5]^{3+}$ やキレート配位した $[Co(L\text{-ala})(NH_3)_4]^{2+}$ にも d-d 吸収帯に弱い CD が観測される（alaH は $-NH_2$ 部分がプロトン化し $-NH_3^+$ になって O 原子で単座配位していることを表わす）．このような CD を隣接効果とよぶ（キレート配位の方が 10 倍も強度がある）．このためキレートの絶対配置による CD とこの隣接効果による CD とが重なって観測されることがある．一般にこれらには加成性が成り立つと考えられていて，これを利用した立体化学の研究が行われた．また，キレート配位したアミノ酸はほぼ平面構造であるが，$[Co(R\text{-}pn)(NH_3)_4]^{3+}$ のような場合では，2.3 節(b)項で述べたように配位座が固定される（ゴーシュ配座 λ）のでこれによる CD も観測される．これは配座効果とよばれる．

**問題 4.17** 錯体の CD スペクトルにおける隣接効果と配座効果とは何か．

最後に**励起子**(exciton)型の CD について述べる．phen や bipy がトリス型またはビス型でキレート配位した八面体型錯体では配位子の $\pi$-$\pi^*$

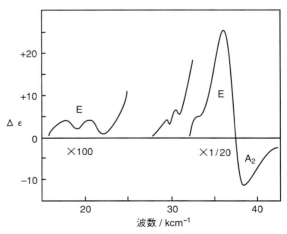

図 4.27　$\Lambda\text{-}(+)_{589}\text{-}[Ni(phen)_3]^{2+}$ の CD スペクトル

遷移の領域に接近した反対符号の強い CD 成分が観測される．このような錯体では配位子の π-π* 遷移のうち長軸方向の成分どうしがカップリングを起こし，この遷移によって電子分布のヘリカルな動きが起こる．理論計算によるとトリス（あるいはビス）錯体が $\varLambda$ の絶対配置をもつ場合には π-π* 遷移の低波数成分（E）が右ラセンの遷移になり正の，高波数成分（$A_2$）が左ラセンの遷移になり負の，CD をもつ（図 4.27；20 kcm$^{-1}$ 付近の弱い CD は $^3A_{2g}(^3A_2)\to{}^3T_{1g}(^3E)$ 遷移（d-d）によるもので，スピン・軌道相互作用により分裂している．$^3A_{2g}(^3A_2)\to{}^3T_{2g}(^3A_1+{}^3E)$ 成分はもっと低波数側に現れる，図 4.15 参照）．遷移の性格が明確であり，励起子型の CD から推定した絶対配置は信頼性が高い．カテコールイオンや acac などの錯体にもこの方法が適用されている．

## 4.4　配位子場分裂と磁性

錯体の磁性はそれがもつ不対電子によっておもに生じるので，磁性から錯体の不対電子数や構造に関する知見が得られる．

**（a）磁化率と常磁性**

ある物質を強さ $H$ の磁場に入れるとその物質内の磁場 $B$ は磁気誘導によって $B=H+4\pi I$ となる．ここで $I$ は磁化の大きさで，単位体積当たりの磁気モーメントである．両辺を $H$ で割ると $B/H=1+4\pi\kappa$ となり，$\kappa=I/H$ は体積磁化率（磁気的分極の起こりやすさの尺度）という．グラム当たりの磁化率 $\chi$ は $\kappa/\rho$ で，モル当たりの分子磁化率 $\chi_M$ は $\chi\times M$ で，それぞれ与えられる．ここで $\rho$ は物質の密度，$M$ は分子量である．$B$ が $H$ より小さい，つまり磁化率が負の場合，その物質は**反磁性**（diamagnetic）であるといい，磁場から反発される．これは磁場中で電子がその磁場を弱めるように軌道運動するからであり，すべての物質は反磁性をもつ．しかし次に述べる常磁性に比べると磁化率への寄与は小さく，常磁性だけを論じる場合には加成性が成り立つとして反磁性の補正を行う（Pascal 定数）．$B$ が $H$ より大きい場合は**常磁性**（paramagnetic）であり，磁場に引き付けられる（$\chi>0$）．ここで扱うのはこの常磁性である．

各分子の磁気モーメント $\mu$ が磁場方向に配列する傾向は熱運動 $kT$ によって攪乱されることから，$\chi_M=N\mu^2/3kT$ の関係（Langevin の公式）が導か

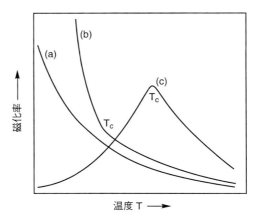

**図 4.28** 磁化率の温度依存性. (a)常磁性(Curie の法則), (b)強磁性, (c)反強磁性. $T_c$ は(b)および(c)での Curie 点と Neel 点である.

れる($N$ は Avogadro 数). $C=N\mu^2/3k$ とすれば $\chi_M=C/T$ となり, 磁化率は絶対温度に逆比例する(**Curie の法則**; 図 4.28). これより $\mu_{eff}=2.828\sqrt{\chi_M T}$ である. ここで $\mu_{eff}$ は Bohr 磁子, BM($9.274\times10^{-24}$ J T$^{-1}$)単位であり(T=tesla), **有効磁気モーメント**(effective magnetic moment)といわれる. 実際には $\chi_M=C/(T+\theta)$ で表わされる **Curie-Weiss の法則**が成立する場合が多い($\theta$ は Weiss 定数).

**(b) 遊離金属イオンの磁化率**

遊離金属イオンの磁気モーメントは電子のスピンと軌道角運動から生じる. スピン・軌道相互作用が小さい($\ll kT$)場合には, $J$ のすべての状態が均等に占有される(図 4.6). このときには $\mu_{eff}=\sqrt{4S(S+1)+L(L+1)}$ で与えられ, Curie の法則が成立する. スピン・軌道相互作用が大きい($\gg kT$)場合では, $J$ が最大の状態(電子が半分以上占めるとき)または $J$ が最小の状態(電子が半分以下)だけがとりうる状態であり, このときは $\mu_{eff}=g\sqrt{J(J+1)}$ となる. ただし, $g=3/2+[S(S+1)-L(L+1)]/2J(J+1)$ である. f 軌道が非結合的な大部分のランタノイドの化合物ではスピン・軌道相互作用が大きいので, この後者の式が当てはまり(基底項の分裂が小さい $Sm^{3+}$ と $Eu^{2+}$ を除く), Curie の法則ないしは Curie-Weiss の法則が成り立つ. なお上式で $L=0$ とすれば $g=2$ となり $\mu_{eff}=2\sqrt{S(S+1)}$ となる. これを**スピンのみの式**という. スピン・軌道相互作用が $kT$ と同

等のときは，$J$ の各成分が温度に依存して(Boltzmann 分布にしたがって)占有されるので $\mu_{\text{eff}}$ の温度依存性は複雑になり，Curie の法則に従わない．

**(c) 錯体の磁化率――磁気的に希薄な系**

錯体の場合では配位子場分裂はスピンには直接影響しないが軌道の縮重をとく可能性がある．そのためスピンのみの式で近似的に磁気モーメントが与えられることがある．この式で不対電子数を $n$ とすれば $n/2=S$ なので $\mu_{\text{eff}}=\sqrt{n(n+2)}$ となる．これを利用すれば高/低スピン状態で異なる不対電子数をもつ錯体の場合には磁化率の測定によって両者を区別することができる．

---

■**問題 4.13** $Cr^{3+}$ 錯体の磁気モーメントは 3.7〜3.9 BM 程度であることが知られている．スピンのみの式から磁気モーメントを見積もれ．　　（答：3.87 BM）

---

基底状態が非縮重の場合には磁気モーメントへの軌道角運動の寄与はない(消滅する)のでよい近似でスピンのみの式で磁気モーメントが与えられる．しかし，基底状態が軌道的に縮重している場合で，電子を収容している軌道と同じ形でエネルギーが等しい軌道があり，お互いにある軸の周りに回転することによって重ね合わせることができる場合には軌道角運動の寄与がある(このとき両者が同じスピンをもたない)．具体的には，八面体場や四面体場にある $d^n$ イオンについては $t_{2g}$ 軌道や $t_2$ 軌道 ($xy, yz, zx$) に 1, 2, 4, 5 個の電子が存在する(基底項が三重縮重の T 項の)ときに軌道角運動の寄与が消滅しないことになる．八面体構造では $d^1$, $d^2$, 低スピン $d^4$, 低スピン $d^5$, 高スピン $d^6$, 高スピン $d^7$ がそれぞれ $^2T_{2g}$, $^3T_{1g}$, $^3T_{1g}$, $^2T_{2g}$, $^5T_{2g}$, $^4T_{1g}$ の，四面体構造では高スピン $d^3$, 高スピン $d^4$, $d^8$, $d^9$ がそれぞれ $^4T_1$, $^5T_2$, $^3T_1$, $^2T_2$ の，基底項をもち(表 4.5 参照)，これらの場合には軌道角運動による磁気モーメントへの寄与がある．$x^2-y^2$ と $z^2$ 軌道は形が異なるので重ねることはできない．だからこれらの軌道が縮重(E)していても問題にならない．

このような T 項を基底項としてもつ場合の磁気モーメントはかなり複雑である．スピン・軌道相互作用によって T 項はいくつかの準位に分裂し，その分裂幅が $kT$ に近いことが多いので温度によってこれらの準位が

適度に占有される．磁気モーメントを求めるには占有された各準位による磁気モーメントの加重和を求める必要がある．本書ではこれ以上は立ち入らないで，T項を基底項としてもつ錯体の磁気モーメントはスピンのみの式からのずれが大きいこと(一般に大きな磁気モーメントを与える)，温度依存性を示すことを述べるに止める(3d錯体では室温付近ではスピンのみの式による値に近いが温度が下がるにつれて徐々に減少し，ある温度領域を境に急激に小さくなる)．

これら以外の基底項には $A_{1(g)}$，$A_{2(g)}$，$E_{(g)}$ がある．$A_{1(g)}$ では磁気モーメントへの軌道角運動の寄与はない．$A_{2(g)}$ と $E_{(g)}$ では同じスピン多重度の励起T項がスピン・軌道相互作用によって基底項に混入するのでスピンのみの式に補正項を加える必要がある(後述)．ある電子配置について八面体構造と四面体構造では一方の基底項がT項であればもう一方は $A_2$ 項または E 項になるので，磁気モーメントの温度依存性を調べることによってどちらの構造であるかを決めることができる．表4.7と表4.8にいくつかの錯体の磁気モーメントを示す．

**表4.7** A基底項あるいはE基底項をもつ錯体の磁気モーメント

| d電子数 | 不対電子数 $n$ | 化合物 | 構造* | 基底項 | $\mu_{\text{eff}}$ (80 K/300 K) | | $\sqrt{n(n+2)}$ |
|---|---|---|---|---|---|---|---|
| 1 | 1 | VCl$_4$ | $T_d$ | $^2E$ | 1.6/1.6 | < | 1.73 |
| 3 | 3 | K[Cr(H$_2$O)$_6$](SO$_4$)$_2$·6H$_2$O | $O_h$ | $^4A_{2g}$ | 3.8/3.8 | < | 3.87 |
| 4 | 4 | [Cr(H$_2$O)$_6$]SO$_4$(高スピン) | $O_h$ | $^5E_g$ | 4.8/4.8 | < | 4.90 |
| 5 | 5 | K$_2$[Mn(H$_2$O)$_6$](SO$_4$)$_2$(高スピン) | $O_h$ | $^6A_{1g}$ | 5.9/5.9 | = | 5.92 |
| 7 | 3 | Cs$_2$[CoCl$_4$](高スピン) | $T_d$ | $^4A_2$ | 4.5/4.6 | > | 3.87 |
| 8 | 2 | (NH$_4$)$_2$[Ni(H$_2$O)$_6$](SO$_4$)$_2$ | $O_h$ | $^3A_{2g}$ | 3.3/3.3 | > | 2.83 |
| 9 | 1 | (NH$_4$)$_2$[Cu(H$_2$O)$_6$](SO$_4$)$_2$ | $O_h$ | $^2E_g$ | 1.9/1.9 | > | 1.73 |

* $T_d$：四面体構造，$O_h$：八面体構造．

**表4.8** T基底項をもつ錯体の磁気モーメント

| d電子数 | 不対電子数 $n$ | 化合物 | 構造 | 基底項 | $\mu_{\text{eff}}$ (80 K/300 K) | $\sqrt{n(n+2)}$ |
|---|---|---|---|---|---|---|
| 1 | 1 | Cs$_2$[VCl$_6$] | $O_h$ | $^2T_{2g}$ | 1.4/1.8 | 1.73 |
| 2 | 2 | (NH$_4$)[V(H$_2$O)$_6$](SO$_4$)$_2$·6H$_2$O | $O_h$ | $^3T_{1g}$ | 2.7/2.7 | 2.83 |
| 4 | 2 | K$_3$[Mn(CN)$_6$](低スピン) | $O_h$ | $^3T_{1g}$ | 3.1/3.2 | 2.83 |
| 5 | 1 | K$_3$[Fe(CN)$_6$](低スピン) | $O_h$ | $^2T_{2g}$ | 2.2/2.4 | 1.73 |
| 6 | 4 | (NH$_4$)$_2$[Fe(H$_2$O)$_6$](SO$_4$)$_2$(高スピン) | $O_h$ | $^5T_{2g}$ | 5.4/5.5 | 4.90 |
| 7 | 3 | (NH$_4$)$_2$[Co(H$_2$O)$_6$](SO$_4$)$_2$(高スピン) | $O_h$ | $^4T_{1g}$ | 4.6/5.1 | 3.87 |
| 8 | 2 | (Et$_4$N)$_2$[NiCl$_4$] | $T_d$ | $^3T_1$ | 3.2/3.8 | 2.83 |

こうして $K_2[Mn(H_2O)_6]SO_4$($Mn^{2+}$, 高スピン $d^5$)では基底状態が $^6A_{1g}$ なのでスピンのみの式で磁気モーメントを計算できる($\mu_{eff}=\sqrt{5(5+2)}=5.92$ BM).これ以外の項,つまり $A_{2(g)}$ や $E_{(g)}$ が基底項である場合には,すぐ上の,同じスピン多重度の励起 T 項がスピン・軌道相互作用によって混入してくる.たとえば八面体構造では基底項が $A_{2g}$ なのは $d^3$ と $d^8$ で(表 4.5),$d^8$ $Ni^{2+}$ では基底項 $^3A_{2g}(t_{2g}^6 e_g^2)$ に,$\Delta_o$ だけエネルギーが高い励起項 $^3T_{2g}$ が混入する.このような場合では磁気モーメントは $\mu=(1-4\lambda/\Delta_o)\times\sqrt{n(n+2)}$ で与えられる.$d^8$ なのでスピン・軌道結合定数 $\lambda<0$ となり,$\mu$ はスピンのみの式による値より大きくなる($d^3$ では $\lambda>0$ なのでスピンのみの式による値より小さくなる).四面体構造の場合でも基底項が $A_2$ の場合(高スピン $d^2$, $d^7$),たとえば $d^2$ では基底項は $^3A_2(e^2)$ であり,$\Delta_t$ だけ高いエネルギーにある $^3T_2$ 項が混入する.基底項が $E_{(g)}$ の場合は $\lambda$ の係数 4 を 2 にした $\mu=(1-2\lambda/\Delta)\times\sqrt{n(n+2)}$ が補正式となる.八面体構造では高スピン $d^4$,低スピン $d^7$, $d^9$ が,四面体構造では $d^1$, 高スピン $d^6$ が $E_{(g)}$ の基底項をもつ(八面体の場合では Jahn-Teller 変形があり,もう少し複雑になる).表 4.7 と表 4.8 のデータからこれらの補正式が有効であることが確かめられる.なお,錯体の対称性がもっと低下すると,d 軌道の縮重がさらにとけるので軌道角運動量による磁気モーメントへの寄与がもっと消滅する可能性が増す.また第 2 と第 3 遷移金属錯体はほとんど低スピンであるが,スピン・軌道相互作用が強いのでスピンのみの式からのずれが大きいことを述べるに止める.

---

**■問題 4.19** 八面体構造と四面体構造の高スピンの $Co^{2+}$ と $Ni^{2+}$ 錯体の基底項は何か.また,不対電子数はいくつか.

(答:$Co^{2+}$;$^4T_{1g}$, $^4A_2$, $n=3$:$Ni^{2+}$;$^3A_{2g}$, $^3T_1$, $n=2$)

---

低スピン $d^6$ の八面体錯体の基底項は $^1A_{1g}$ であり,磁気モーメントはゼロのはずである.実際には磁場の下では $^1T_{1g}$ の励起項が混入してくるのでわずかな常磁性を示す(これが $Co^{3+}$ 錯体などの NMR の化学シフトに影響する).このような 2 次の効果(温度によらない常磁性という)は基底項が $A_{2(g)}$ や $E_{(g)}$ である場合にも存在するが(そのため Curie の法則からはずれる),常磁性錯体の場合ではその寄与は全体の 5〜7% 程度である.

磁気的に希薄な状態の多核錯体でも常磁性中心間の相互作用がある（たとえば2核錯体 $[(H_2O)Cu(\mu\text{-}CH_3COO)_4Cu(H_2O)]$（図 3.38 参照）での $d^9$ $Cu^{2+}$ 間や図 2.10 に示した3核構造の $[Ni(acac)_2]_3$ 中での $Ni^{2+}$ 間）．この相互作用の大きさ $J$ は化学的に興味あるパラメータであるが，その解説は本書では扱わない．

---

■**問題 4.20** $[Ni(H_2O)_6]^{2+}$ において $\Delta_o = 9.0$ kcm$^{-1}$，$\lambda = -0.30$ kcm$^{-1}$ とすれば磁気モーメントはいくらになるか．

（答：$n=2$，基底項 $^3A_{2g}$ だから $(1+4\times 0.30/9.0)\sqrt{2(2+2)} = 3.2$ BM）

---

### (d) 磁気的に希薄でない系

いままで述べてきた錯体は磁気化学の立場からは磁気的に希薄といわれ，磁性中心が反磁性的な配位子によって隔てられている．しかし，磁性中心が接近するようになるとお互いが相互作用して，**強磁性**(ferromagnetism)，**反強磁性**(antiferromagnetism)，**フェリ強磁性**(ferrimagnetism) が現れる．Fe，Co や Ni あるいは合金が磁石に引きつけられるのが強磁性であり，金属の不対電子による磁気モーメントが平行に配列するために生じ，磁化率は通常の常磁性物質よりはるかに大きくなる．温度を上げていくと配列が徐々に乱され $\chi$ は減少し，変曲点(Curie 点)を経て常磁性に変化する（図 4.28）．Fe，Co，Ni の Curie 点はそれぞれ 1043 K，1400 K，631 K である．$CrO_2$ も Curie 点 352 K の強磁性体である．反強磁性では金属（イオン）の不対電子が超交換機構によってお互いに反平行に配列するために磁化率は常磁性の場合よりも小さくなる．温度を上げると配列が乱れ，$\chi$ は増大するが，ある温度(Neel 点)で極大となり，それ以降では常磁性的になる(Curie-Weiss の法則が成り立つ)．MnO，FeO，CoO，NiO (Neel 点はそれぞれ 116 K，198 K，291 K，525 K)などは NaCl 構造で，$M^{2+}$ の $e_g$ 軌道の電子は配位子 O の p 軌道と相互作用することによって隣りの $M^{2+}$ の $e_g$ 軌道の電子を反平行に配列させるので反強磁性を示す(TiO や VO では $e_g$ 軌道が非占有なので単なる常磁性)．フェリ強磁性では金属イオンが占める場所が2種類あって，これらはお互いに逆のスピンをもつが，完全には打ち消し合わないで磁気モーメントが残る．例としては YIG($3Y_2O_3 \cdot 5Fe_2O_3$)や逆スピネル構造の $Fe_3O_4$ がある．後者では四

面体間隙の $Fe^{3+}$ と八面体間隙の $Fe^{3+}$ はお互い強く反強磁性的相互作用をするのでそのスピンは打ち消される．ところが八面体間隙にある $Fe^{3+}$ と $Fe^{2+}$ 間では電子交換が起こり，両者は平行スピンをもつ．その結果 $Fe^{2+}$ による強磁性が観測される．YIG の Curie 点は 560 K である．

**問題 4.21** 強磁性，反強磁性，フェリ強磁性について簡単に述べよ．

## 章末問題

4.1 気体または非極性溶媒中の $I_2$ は赤紫色であるが，$lp$ をもつ $H_2O$ やアルコール中では赤褐色を呈する．この原因を考察せよ．

4.2 $[Fe(H_2O)_6]^{2+}$ は薄緑色で，10.4 kcm$^{-1}$ に極大をもち，8.3 kcm$^{-1}$ に肩をもつ幅広い吸収スペクトルを与える．これを解析せよ．

4.3 八面体型の $d^6[CoL_3L'_3]$ 錯体の第 I 吸収帯は *mer* 異性体では 3 本に分裂し，*fac* 異性体では分裂しないことを角重なり模型による計算によって示せ．

4.4 $[Fe(CN)_6]^{3-}$ の磁気モーメントは 2.5 BM，$[Fe(H_2O)_6]^{3+}$ のそれは 5.9 BM である．この実験データを説明せよ．

4.5 八面体型の $Cr^{3+}(d^3)$ の錯体の磁気モーメントはスピンのみの式の値より大きいか小さいか．

4.6 高スピン $d^7$ の $Co^{2+}$ 錯体は八面体構造のときも四面体構造のときも不対電子数は 3 である．どちらが大きな磁気モーメントをもつと予想されるか．

4.7 $[Ni(NH_3)_2Cl_2]$ と $[Ni(PEt_3)_2Cl_2]$ の磁気モーメントはそれぞれ 3.3 BM と 0 BM である．構造との関係でこれらを解釈せよ．

# さらに学習するために

　本書では錯体化学の結合と構造と性質について，とくに典型元素化合物との対比も意識しながら学部学生を対象として解説したつもりである．第3章の結合論と第4章の電子遷移の部分は少しばかり高度な内容を含んでいるが，結合論は錯体に限らず化学の重要な柱である．結合の解析法として角重なり模型を思い切って導入したが，理解しやすいように多くの具体例を使って解説した．この模型は非常に役に立つ解析法であり，理解のための努力が報われることを保証する．この分野の日本語で書かれた参考書としては

- 大塚斉之助・巽　和行, 分子軌道法に基づく錯体の立体化学　上・下, 講談社, 1985
- 日本化学会　編, 季刊化学総説「無機量子化学」, 学会出版センター, 1991

がある．前者はかなり読みごたえがあり，下巻には金属クラスター化合物や低次元金属錯体ポリマーについての記述もある（ただし入手困難かもしれない）．

　錯体の吸収スペクトルは古くから研究対象となっており，本書でも主として結晶場理論の立場から解説したが，錯体の電子遷移そのものは，吸収波長と強度などの定量的評価も含めると，非常に複雑な現象である．とりわけ混合配位子錯体では，測定の容易さに比べその解釈の困難さは驚異的である．新鋭の測定機器が発達した現在，吸収スペクトルだけで，あるいはこれをおもな手段として錯体の構造研究が行われているケースは皆無であろう．その目的にもっと合致した測定手段が存在するからである．本格的にこの問題を学習するには群論と量子化学の知識が必要である．群論の参考書としては

- F. A. コットン, コットン群論の化学への応用, 中原勝儼　訳, 丸善, 1980

がある．群論は化学のどの分野でも必要な知識なので一度はきちんと学習しておく必要がある．理解していれば第 3 章での議論や軌道の混合は容易に理解できる．吸収スペクトルについては一般的な錯体化学の教科書に必ず記載されているが，

- 上村 洸・菅野 暁・田辺行人，配位子場理論とその応用，裳華房，1969

が決定版であろう．ただし，錯体化学からすればこの本は相当レベルが高い．手頃なものとしては

- D. サットン，遷移金属錯体の電子スペクトル，伊藤 翼・広田文彦 訳，培風館，1971
- B. N. フィギス，配位子場理論――無機化合物への応用，山田祥一郎 訳，南江堂，1969

があり，後者には磁性の解説もある．ただしこれらは入手不可能かもしれない．

　一方，有機金属錯体化学の進歩は目覚ましく，本書でもその基本的な事項は適宜記述した．しかし，本シリーズの

- 飛田博実，金属錯体の合成と反応（現代化学への入門 13），岩波書店

にむしろ詳しく解説されている．この分野は有機金属錯体そのものの構造・性質を理解する研究と，これを有機合成に利用することに主眼を置いた研究とに大別され，参考書としてはどちらかに主眼が置かれたものが多い．比較的最近出版された参考書としては

- 山本明夫，有機金属化学――基礎と応用，裳華房，1982
- 山本嘉則・成田吉徳，有機金属化学，丸善，1983
- 日本化学会 編，山崎博史・若槻康雄 著，有機金属の化学，大日本図書，1989
- 山本明夫 監修，有機金属化合物――合成法および利用法，東京化学同人，1991
- 松田 勇・丸岡啓二，有機金属化学，丸善，1996
- 中村 晃 編著，基礎有機金属化学，朝倉書店，1999

などがある．

　最後に錯体化学全般の参考書を挙げよう．

- 山田祥一郎，配位化合物の構造，化学同人，1980

- 新村陽一，配位立体化学(改訂版)，培風館，1981
- 新村陽一，無機化学ノート——拡がる錯体の領域，化学同人，1982
- 日本化学会 編，斎藤一夫 著，新しい錯体の化学，大日本図書，1986
- 渡部正利・矢野重信・碇屋隆雄，錯体化学の基礎——ウェルナー錯体と有機金属錯体，講談社，1989
- 山本芳久 編，金属錯体化学，廣川書店，1990
- 水町邦彦・福田 豊，プログラム学習 錯体化学，講談社，1991
- 山崎一雄・吉川雄三・池田龍一，錯体化学(改訂版)，裳華房，1993
- 今井 弘，金属錯体の化学——基礎と応用，培風館，1993
- 基礎錯体工学研究会 編，錯体化学——基礎と最新の話題，講談社，1994

などが入手可能であろう．なお，錯体化学は通常無機化学の一部として扱われ，標準的な無機化学の教科書には必ず記述されている．それらも大いに参考になる．

# 章末問題の解答

[第1章]

1.1 Nがsp²混成し(p²はp$_x$とp$_y$)，その2個の混成軌道で2個のHと結合する．残った1個の混成軌道は電子占有でσドナーとして働く．混成に関与しなかったp$_z$軌道も占有されていて，πドナーとして働く(図1.5)．たとえばH$_2$P—NH$_2$ではPNH$_2$部分はNを中心とした三角平面構造で，Nのp$_z$軌道中の電子対がPH$_2$のσ*反結合性軌道にπ供与されている．

1.2 I$_2$にはおもにp$_z$どうしの重なりからできるσ*の空軌道があるので(付録のCOの分子軌道のうちもっともエネルギーが高い軌道に相当)，これがルイス酸として作用し，たとえばルイス塩基I$^-$と反応して[I—I—I]$^-$を生成する．SO$_2$やPF$_3$はそのπ*軌道やσ*軌道を使ってルイス酸としてもルイス塩基としても作用する．

1.3 前者は硬い酸であるから硬い塩基である酸素との化合物 Al$_2$O$_3$，TiO$_2$，FeCr$_2$O$_4$，Cr$_2$O$_3$，Fe$_2$O$_3$ あるいは Fe$_3$O$_4$ として産出する．一方，後者の軟らかい金属イオンは軟らかい塩基 S$^{2-}$ との硫化物 CuS，黄銅鉱 CuFeS$_2$ や辰砂 HgS として産出されることが多い．硬い酸である2族イオン Mg$^{2+}$，Ca$^{2+}$，Sr$^{2+}$，Ba$^{2+}$ は硬い塩基 CO$_3^{2-}$ との塩として産出する．

1.4 たとえば K$_2$S, CaS では M$^{n+}$ の有効核荷電が小さいので，エネルギーが高い 4s, 4p 軌道は結合に関与しない．だからこれらはイオン結合的で水に溶けやすい．同じ第4周期の Cu$_2$S, ZnS では，3d 電子の不十分な遮蔽のために M の有効核荷電が高い．その結果，エネルギーが低い 4s, 4p 軌道が S との共有結合に関与する．だからこれらは難溶性である．HSAB の原理でいえば K$^+$，Ca$^{2+}$ は硬く，Cu$^+$，Zn$^{2+}$(分類上は中間的)や S$^{2-}$ は軟らかい．また，KOH や Ca(OH)$_2$ はイオン結合的で強塩基であるが，CuOH や Zn(OH)$_2$ では M—OH 結合が共有結合的になるので弱塩基である．第5周期(Rb$^+$, Sr$^{2+}$, Ag$^+$, Cd$^{2+}$)ではこの傾向がもっと顕著になる．

1.5 2属はソフトな酸なので，ソフトな塩基 S$^{2-}$ とは容易に沈殿を生成する．一方，4属は中間的な酸なので[S$^{2-}$]が高い塩基性条件下でのみ沈殿する．こうして，

[$S^{2-}$]が低くても(酸性条件下で)沈殿する2属を除いたあと塩基性にして4属を沈殿させるのである．はじめから塩基性条件下で$H_2S$を吹き込むとすべてが沈殿して分離不可となる．

**1.6** $Cr^{3+}$ 水溶液に$NH_3$水を加えても目的物は得られない(理由は本文中にあり，図1.9参照)．空気を遮断した条件下で$Cr^{2+}$と$NH_3$水を反応させて生成した[Cr(NH$_3$)$_6$]$^{2+}$を酸化するか，CrX$_3$を溶解した無水アルコール(またはOH$^-$を放出しにくい溶媒)に少量のZn粒を加え還流しながら$NH_3$ガスを吹き込む．$Cr^{3+}$がZnに接触して$Cr^{2+}$に還元された瞬間にCrと溶媒(またはCrとX)間の結合がゆるみ，$NH_3$による置換反応が起こる．

**1.7** $NH_3$は塩基($pK_a=9.25$)であるが，電荷の高い$Pt^{4+}$に配位すると分極を受けて[Pt(NH$_3$)$_6$]$^{4+}$ ⇌ [Pt(NH$_3$)$_5$(NH$_2$)]$^{3+}$+H$^+$の解離がわずかに起こる．配位した$H_2O$($pK_a = -\log(K_w/55.6) = 15.7$)の解離はもっと激しく，$cis/trans$-[Cr(en)$_2$(H$_2$O)$_2$]$^{3+}$の$pK_{a1}=4.8/4.1$である(対応する$d^6$ Co$^{3+}$錯体の$pK_{a1}=6.1/4.5$)．なお，[Co(H$_2$O)$_6$]$^{3+}$は$pK_{a1}=0.66$の強酸である(トリクロロ酢酸程度)．

**1.8** Mはすべて$d^{10}$の電子配置をもつがこの順に錯体の負電荷が増大するのでd軌道のエネルギーが高くなり，π逆供与は効率よく起こる．その結果，C—O結合が弱くなり$\nu_{CO}$は低波数側で観測されるようになる．

**1.9** Ir(CO)$_3$の単位については$9(Ir)+3\times2(CO)=15$個の電子がある(Ir$^0$は$d^9$)．各Irは3個のIrと結合しているのでそれぞれから1電子ずつ供給され$15+3=18$となる．あるいは各Irが18電子則を満たすとすれば$18\times4=72$個の価電子が必要である．実際の総価電子数は$4\times9+12\times2=60$であり，その差の半分$(72-60)/2=6$がIr—Ir結合の数に等しい．

**1.10** d軌道の形については図3.3参照．d軌道の角度部分$Y_{m_l}$には$d_0, d_{\pm1}, d_{\pm2}$の5つがある．$d_0$以外は虚数の関数であり，$(d_{+2}+d_{-2})/\sqrt{2}$，$(d_{+2}-d_{-2})/i\sqrt{2}$のような一次結合をとると実数化され(それぞれ$(x^2-y^2)/r^2$と$xy/r^2$に比例し)，それぞれ$d_{x^2-y^2}$と$d_{xy}$の角度部分となる．$(d_{+1}+d_{-1})/\sqrt{2}$，$(d_{+1}-d_{-1})/i\sqrt{2}$はそれぞれ$d_{xz}, d_{yz}$の角度部分になる($xz/r^2$と$yz/r^2$に比例)．$d_0$は$d_{z^2}$(厳密には$d_{2z^2-x^2-y^2}$)の角度部分であり$(2z^2-x^2-y^2)/r^2$に比例する．$x\to y$, $y\to z$, $z\to x$に変換すると，5つのd軌道は$yz, zx, xy, y^2-z^2, x^2(2x^2-y^2-z^2)$となる．これらもお互いに独立である．

[第2章]

**2.1** (a) di-μ₂-amidobis[bis(ethylenediamine)cobalt(III)]. この錯体では左右の[Co(en)₂]部分がキラルなので，$\Lambda\Lambda, \Delta\Delta, \Lambda\Delta$(メソ)の3種の光学異性体がある．
(b) potassium ethylenediaminetetraacetatoaquaferrate(III). これは7配位の五角両錐構造であり，1対の光学対掌体($\Lambda\Lambda\Lambda$と$\Delta\Delta\Delta$)がある．

**2.2** 配位子CとDがトランス位置のものは鏡面をもつのでキラルではない．CとDがシスに位置するとき，CのトランスにAが，DのトランスにBがくる場合とその逆の場合がある．それぞれはキラル(対掌体が存在する)で，5個の異性体がある．

**2.3** まず，シス異性体とトランス異性体がある．シス体はキラルなので1対の光学対掌体が可能．さらに$NO_2^-$はO配位とN配位の連結異性体がある．結局，trans-$(NO_2)_2$, trans-$(NO_2)(ONO)$(すばやくtrans-$(NO_2)_2$に異性化)，trans-$(ONO)_2$, cis-$\Lambda$-$(NO_2)_2$, cis-$\Lambda$-$(NO_2)(ONO)$, cis-$\Lambda$-$(ONO)_2$とcisには$\Delta$対掌体があるので合計9個の異性体が可能．

**2.4** 図2.25参照．

**2.5** $O_2$分子の分子軌道の2個の$\pi^*$軌道まで占有されている．だからσ供与できる($\pi$結合軌道中の)電子対が2組(互いに直交)と$\pi$供与できる($\pi^*$軌道中の)電子対が2組(互いに直交)ある．$\eta^1$配位で結合するときにはO上の$lp$がσドナーとして，占有の$\pi$(2個)と$\pi^*$(2個)の軌道はπドナーとして働く．

**2.6** 各原子がsp混成し，これらを使って中心の原子は両端の原子とσ結合する．両端の原子は残ったsp混成軌道中に$lp$をもつが，NはOより電気陽性であり，しかも$N_3^-$は負電荷もつので$lp$のエネルギーが高くルイス塩基性が高い．各原子上の未混成のp軌道(結合軸に直交し，全部で6個ある)からは，結合性(占有)，非結合性(占有)，反結合性(非占有)の$\pi$軌道が2組ずつできる．

**2.7** 単座配位子は他の配位子とは独立にMと結合/解離するが，多座キレート配位子ではその1つの配位座がMで占められると必然的に他の配位座がMに近接する(局所的な配位子濃度が高い)ので結合する確率が高い．また1つの配位座がMから解離しても他の配位座が解離しなければその配位座はMから遠ざかれない(やはり局所的な配位子濃度が高い)ので再結合する確率が高い．その結果，単座に比べ多座配位子は安定な錯体を生成する．これをキレート効果という．熱力学的パラメータでは錯体生成におけるエントロピー減少(一般にM+L→MLによってMとLの全体の自由度が減少する)が単座配位子の場合に比べ少ない．

[第3章]

**3.1** (a) $Ni^{2+}$ は $d^8$ で八面体構造なので $0.4\Delta_o \times 6 - 0.6\Delta_o \times 2 = 1.2\Delta_o$ (12 Dq)，不対電子数は 2．(b) $V^{4+}$ は $d^1$ で四面体構造なので $0.6\Delta_t \times 1 = 0.6\Delta_t$ (2.67 Dq)，不対電子数 1．(c) $Fe^{3+}$ は高スピン $d^5$ で四面体構造，CFSE $=0$ Dq，不対電子数 5．(d) $Pd^{2+}$ は低スピン $d^8$ で平面正方形構造，表 3.1 から CFSE は $24.56$ Dq $-P$，不対電子数 0．

**3.2** (a) $Fe^{2+}$（高スピン $d^6$）よりも CFSE が大きい $Cr^{3+}$ ($d^3$) が八面体間隙を占める正スピネル構造．(b) $Fe^{3+}$（高スピン $d^5$）は CFSE が 0．だから $Co^{2+}$（高スピン $d^7$）が八面体間隙を占める逆スピネル構造．(c) CFSE を稼げる $d^4Mn^{3+}$ が八面体間隙を占める正スピネル構造．

**3.3** $Cr^{3+}$ ($d^3$) の八面体構造での CFSE は 12 Dq．この交換が 7 配位五角両錐構造の中間体を経る会合機構で進行すれば CFSE は表 3.1 から 7.74 Dq であり，この構造になると 4.26 Dq だけ不安定化．一方，5 配位中間体を経る解離機構で進行すれば，四角錐構造と三角両錐構造では CFSE はそれぞれ 10 Dq と 6.26 Dq であり，これらの構造をとると 2 Dq と 5.74 Dq だけ不安定化．一方，高スピン $d^5 Fe^{3+}$ の CFSE は常に 0 Dq なので，どちらの機構でも不安定化はない．したがってどの機構でも $Cr^{3+}$ の方が交換が遅い．LFSE の立場でも 5 配位（三角両錐や四角錐）になるときの不安定化は $Cr^{3+}$ の方が大きく，7 配位（五角両錐）になるときの安定化（配位数が増すと角重なり模型では見かけ上 LFSE が大きくなるが，結合距離が長くなるので $e_\sigma$ や $e_\pi$ の値が小さくなる）は $Cr^{3+}$ の方が小さい．だから $Cr^{3+}$ の方が交換が遅い．つまり，$Cr(d^3)$ は八面体，三角両錐，四角錐，五角両錐構造では，それぞれ $12e_\sigma+12e_\pi$, $8.875e_\sigma+11.5e_\pi$, $10e_\sigma+10e_\pi$, $12.125e_\sigma+16.5e_\pi$ の LFSE をもち，$Fe^{3+}$（高スピン $d^5$）はそれぞれの構造で $6e_\sigma+12e_\pi$, $5e_\sigma+10e_\pi$, $5e_\sigma+10e_\pi$, $7e_\sigma+14e_\pi$ の LFSE をもつ（各自確かめよ）．なお，$\Delta_o$ は $Cr^{3+} > Fe^{3+}$．

**3.4** 電気陰性な $Cl^-$ 上の $lp$ の σ ドナー性はあまり高くない．さらに π ドナーとしても作用するので $t_{2g}(d)$ が π 反結合性になって $\Delta_o$ は小さくなる．$NH_3$ は適度な σ ドナー性をもつが π ドナー性はない．$CN^-$ は陰イオンであり，電気陽性な C 上の $lp$ は強い σ ドナー性をもつ（$2e_g$ の反結合性が大きい）．さらに π* 軌道を使って π アクセプターとしても働くので $t_{2g}(d)$ が π 結合性を帯びエネルギーが低くなるので $\Delta_o$ は大きい．金属の酸化数が増すと M—L 間の結合は強くなる（d 軌道のエネルギーが下がり配位子の軌道とのエネルギー差が小さくなる）．また，金属の周期を下がると（3d < 4d < 5d の順に）M—L 間結合は強くなる（軌道の重なりがよく

**3.5** 面内配位子を①($x$軸上)〜⑤までとし,軸($z$)の上下を⑥,⑦とすると,各Lの座標は①($\theta=90°, \phi=0°$),②($90°, 72°$),③($90°, 144°$),④($90°, 216°$),⑤($90°, 288°$),⑥($0°, A$),⑦($180°, A$).これらを表3.6の式に代入し2乗すると下表の結果を得る.$d^2$[V(CN)$_7$]$^{4-}$では$z^2, x^2-y^2, xy$が空なのでM—L$_{ap}$⑥,⑦の$\sigma$結合力は$2e\times 1e_\sigma(z^2)=2e_\sigma$,M—L$_{eq}$①〜⑤は$2e\times\{1/4e_\sigma(z^2)+3/8e_\sigma(x^2-y^2,$ 平均$)+3/8e_\sigma(xy,$ 平均$)\}=2e_\sigma$で,両者は等価(p軌道の寄与があればIF$_7$のようにM—L$_{ap}$結合が強く短くなるはず).もっともエネルギーが低い$yz, zx$のみが占有される場合(低スピン$d^1$〜$d^4$)では$\pi$ドナーはエカトリアルの,$\pi$アクセプターはアピカルの位置選択性をもつことは容易に確かめられる($d^0$でLが$\sigma/\pi$ドナーの場合は[Nb(=O)F$_6$]$^{3-}$,[U(=O)$_2$F$_5$]$^{3-}$のようにO$^{2-}$はアピカル選択性).

| 軌道 型 L | $z^2$ $\sigma$ | $\pi$ | $x^2-y^2$ $\sigma$ | $\pi$ | $xy$ $\sigma$ | $\pi$ | $yz$ $\sigma$ | $\pi$ | $zx$ $\sigma$ | $\pi$ |
|---|---|---|---|---|---|---|---|---|---|---|
| ① | 1/4 | 0 | 0.75 | 0 | 0 | 1 | 0 | 0 | 0 | 1 |
| ② | 1/4 | 0 | 0.491 | 0.345 | 0.259 | 0.655 | 0 | 0.905 | 0 | 0.095 |
| ③ | 1/4 | 0 | 0.072 | 0.905 | 0.678 | 0.095 | 0 | 0.345 | 0 | 0.655 |
| ④ | 1/4 | 0 | 0.072 | 0.905 | 0.678 | 0.095 | 0 | 0.345 | 0 | 0.655 |
| ⑤ | 1/4 | 0 | 0.491 | 0.345 | 0.259 | 0.655 | 0 | 0.905 | 0 | 0.095 |
| ⑥ | 1 | 0 | 0 | 0 | 0 | 0 | 0 | 1 | 0 | 1 |
| ⑦ | 1 | 0 | 0 | 0 | 0 | 0 | 0 | 1 | 0 | 1 |
| $\sum F^2$ | 13/4 | 0 | 15/8 | 5/2 | 15/8 | 5/2 | 0 | 9/2 | 0 | 9/2 |

**3.6** $d^1, d^2$,低スピン$d^4$,低スピン$d^5$,高スピン$d^6(t_{2g}^4 e_g^2)$,高スピン$d^7(t_{2g}^5 e_g^2)$では$t_{2g}$軌道群が三重縮重している.①の変形では$yz, zx$が$\delta'/2$だけ安定化,$xy$が$\delta'$だけ不安定化(図3.8参照).②の変形では安定化と不安定化が逆になる.したがって,$d^1$,低スピン$d^4$,高スピン$d^6$では②の変形が期待され,$\delta'$だけ余分に安定化.$d^2$,低スピン$d^5$,高スピン$d^7$では①の変形が期待され,$\delta'$だけ余分に安定化($\delta'$は小さいので$t_{2g}$軌道群は高スピン的に占有される).

**3.7** 四面体構造では$E(e)=8/3e_\pi$, $E(t_2)=4/3e_\sigma+8/3e_\pi$であり,高スピン$d^7$と$d^8$は$e^4 t_2^3$,$e^4 t_2^4$だからLFSEはそれぞれ$4e_\sigma+8/3e_\pi$, $8/3e_\sigma+16/9e_\pi$.八面体構造ではLFSEはそれぞれ$6e_\sigma+4e_\pi$と$6e_\sigma$だからそれぞれの差をとると,八面体構造の方が$d^7$では$2e_\sigma+4/3e_\pi$だけ,$d^8$では$10/3e_\sigma-16/9e_\pi$だけ安定.$e_\sigma \gg e_\pi$とすれば(H$_2$OやCl$^-$では$e_\sigma/e_\pi=5$〜6),$d^8$の方が八面体構造をとりやすい.なお,Lが負電荷をもつ場合にはL間の反発が少ない四面体構造になりやすい.

**3.8** 電子配置は$(yx, xz)^2(xy)^1(z^2)^1(x^2-y^2)^0$. $\pi$ 結合を無視すると各 $L_{ba}$ は $x^2-y^2$ とは $3/4e_\sigma$ の，$z^2$ とは $1/4e_\sigma$ の相互作用なので，その結合力は $2e\times 3/4e_\sigma(x^2-y^2)+1e\times 1/4e_\sigma(z^2)=7/4e_\sigma$，$L_{ax}$ は $z^2$ のみと $1e_\sigma$ の相互作用をするので結合力は $1e\times 1e_\sigma(z^2)=1e_\sigma$．$[MnCl_5]^{2-}$ では $M-L_{ax}=258(246)$ pm，$M-L_{ba}=230(227)$ pm．$\pi$ 結合については $L_{ba}$ と $L_{ax}$ は等価 $(2e_\pi)$．

**3.9** 三角両錐構造では $(yz)^2(zx)^2(x^2-y^2, xy)^2(z^2)^0$ の電子配置なので（$x^2-y^2$ または $xy$ が 2 電子占有ならば Jahn-Teller 変形がある），$L$ が $\pi$ ドナーのとき LFSE は $7.75e_\sigma+3e_\pi$，$\pi$ アクセプターのときは $7.75e_\sigma+17e_\pi$．四角錐構造では $(yz, zx)^4(xy)^2(z^2)^0(x^2-y^2)^0$ なので LESE はそれぞれ $10e_\sigma$ と $10e_\sigma+20e_\pi$．$e_\sigma>e_\pi$ であるからいずれも四角錐構造が安定．八面体型 cis-, trans-$[Co(en)_2ACl]^{n+}$ 錯体では A が強い配位子であれば溶媒 $H_2O$ による $Cl^-$ の置換（これをアクア化という）は立体保持で（四角錐中間体）進み，A が弱い配位子であれば（シス-トランス）異性化を伴う．後者では高スピン五重項状態（スピン多重度の増大による安定化を伴う）の三角両錐構造を経て異性化するものと思われる（高スピン $d^6$ では四角錐構造と三角両錐構造の LFSE はほとんど同じ）．

**3.10** シス体が $z$ と $x$ 方向に $L'$ をもち，トランス体が $\pm z$ 方向に $L'$ をもつとする．$d_\sigma$ 軌道だけが非占有なのでシス体の安定化エネルギーは $(7/4e_{\sigma(L)}+5/4e_{\sigma(L')})(z^2)+(9/4e_{\sigma(L)}+3/4e_{\sigma(L')})(x^2-y^2)$ の 2 倍，トランス体のそれは $(1e_{\sigma(L)}+2e_{\sigma(L')})(z^2)+3e_{\sigma(L)}(x^2-y^2)$ の 2 倍で，両者は等しい．軌道均等利用度はこれらの係数の 2 乗和が小さい方が高い．トランス体の係数の 2 乗和からシス体のそれを差し引くと，$15/8(e_{\sigma(L)}-e_{\sigma(L')})^2$ となり，これは $e_{\sigma(L)}\neq e_{\sigma(L')}$ のとき正である．だからシス体の方が軌道の利用度が高い．

**3.11** まず $\sigma$ 結合だけで $E(z^2)=11/4e_\sigma$，$E(xy, x^2-y^2)=9/8e_\sigma$．①，⑦，⑧のいずれかにオレフィンがその C—C 軸が三角面に垂直に位置すると，$yz, zx$ が平均 $0.5e_\pi$ だけ安定化する．これらに 4 電子収容すると安定化は $2e\times 11/4e_\sigma(z^2)+4e\times 9/8e_\sigma(xy, x^2-y^2)+4e\times 0.5e_\pi(yz, zx)=10e_\sigma+2e_\pi$ となる．平行に位置すると今度は $x^2-y^2$ と $xy$ が $0.5e_\pi$ だけ安定化するが，これらは非占有で安定化に寄与しないので安定化は $\sigma$ 結合だけによる $10e_\sigma$ となる．したがって C—C 軸が三角面に垂直になるように配向する．この傾向は低スピン $d^{3\sim 1}$ でもみられるはずである．$\pi$ ドナーではまったく逆になる．要するに $\pi$ アクセプターは電子占有の d 軌道（$\sigma$ 反結合性を帯びている方がよい）と，$\pi$ ドナーは非占有の d 軌道（$\sigma$ 反結合性を帯びていない方がよい）と，$\pi$ 型の相互作用をすると安定化が得られる．

**3.12** (a)ではまず[PtCl₃(NH₃)]⁻が生成するが，トランス効果はNH₃＜Cl⁻なのでCl⁻のトランスのCl⁻が置換されて*cis*-[PtCl₂(NH₃)₂]が，(b)ではまず[Pt(NH₃)₃Cl]⁺が生成し，Cl⁻のトランスのNH₃が置換されて*trans*-[PtCl₂(NH₃)₂]が生成する．(c)ではいったん生成した[PtCl₃(NH₃)]⁻においてCl⁻のトランスのCl⁻がNO₂⁻に置換されて*cis*-[PtCl₂(NH₃)(NO₂)]⁻が生成し，(d)では生成した[PtCl₃(NO₂)]²⁻においてNO₂⁻のトランスのCl⁻が置換されて*trans*-[PtCl₂(NH₃)(NO₂)]⁻が生成する．

**3.13** (a) $2\times5(Cp)+6(Mo)+4(HC\equiv CH)=20$ となるのでHC≡CHは4電子ではなく，2電子供与で18電子則を満たす．Cp⁻×2だからMo²⁺($d^4$)．(b) 架橋のBrは一方に1電子，他方に2電子供与するから，各Mn周りでは $4\times2(CO)+7(Mn)+1+2=18$．Br⁻×2なので各MnはMn⁺($d^6$)．(c) 全価電子数は $2\times5(Cp)+4\times2(CO)+2\times6(Mo)=30$．各Moが18電子則を満たすとすれば $18\times2=36$ 電子が必要．その差の半分 $(36-30)/2=3$ がM—M結合の数になる．この場合ではMは2個なのでM≡M結合がある．Cp⁻がMoに1個結合しているのでMo⁺($d^5$)（M—M間結合は形式酸化数に影響しない）．(d) 架橋カルベンは全体で2電子供与だから各Rhに1電子ずつ供与．$5(Cp^*)+2(CO)+9(Rh)+1(架橋CR_2)=17$ となるからRh—Rh間に単結合がある．Rh周りは18電子．$2\times Cp^{*-}$ とCR₂²⁻で閉殻なので各Rhに振り分けるとRh²⁺($d^7$)．(e) R₂Nは1電子または3電子，≡Nは3電子供与，したがって $1\times3+6+3=12$ 電子または $3\times3+6+3=18$ 電子．形式酸化数は $3\times R_2N^-$ とN³⁻となるのでMo⁶⁺($d^0$)．

**3.14** 前者は $C_{2v}$-$d^8 ML_4$ とみなせるので $t_{2g}^6$ とすればその上の2つの軌道に1電子ずつ収容するか（CH₂），一方に詰め他方を空にするかである（CH₃⁺）．後者では $p_z$ を使わないので，$t_{2g}$ と $z^2$ に計8電子収容すればやはりその上の2つの軌道に2電子あることになる．なお，$d^8$[CpML(H₂C=CH₂)]錯体ではMからのπ逆供与に都合よいように，C=C軸はCp—M軸とL—M軸がなす面に垂直に配向する（$d^{10}$ 平面三角形の[ML₂(H₂C=CH₂)]では三角面に平行）．

**3.15** (a) 総価電子数＝$2\times(8+3\times2)+3\times3+7=44$ 電子，末端結合に $12\times2+3\times2=30$ 電子を使う．骨格結合には14電子，つまり7対($5(=n)+2$)が使われニド．(b) 総価電子数＝$9\times6+16\times2=86$，末端結合に $12\times6=72$ 電子を使う．骨格結合には14電子，つまり7対($6(=n)+1$)が使われクロソ．(c) 総価電子数＝$6\times6-4=32$ 電子，各Teが$lp$として2電子を保持するので $32-6\times2=20$ 電子，つまり10対($6(=n)+4$)が骨格結合に使われヒホ．実際，これはクロソの三面冠三角柱から

3つのキャップが欠けた三角柱構造. (d) 総価電子数＝9×9+5+2×21+2＝130 電子. P が骨格内にあるとすると, Rh フラグメントが 12×9＝108 電子を末端結合に使う. だから 130－108＝22 電子, つまり 11 対 ($9(=n)+2$) が骨格結合に使われニド (P が頂点にあるとすれば 10 対＝$n$ となって面冠デルタヘドロン). (e) 同様に 10×8+4+16×2+2－12×8＝22 電子, つまり 11 対 ($8(=n)+3$) が骨格結合に使われアラクノ. (f) $[Ru_5N(CO)_{14}]^-$ では 8×5+5+14×2+1－5×12＝14 電子, つまり 7 対 ($5(=n)+2$) が骨格結合に使われニド. (g) $[Fe_4C(CO)_{13}]$ では総価電子数が 8×4+4+2×13＝62 電子, ここで C が骨格内にあるとすれば末端結合には 4×12＝48 電子が使われ, 骨格結合には 62－48＝14 電子, つまり 7 対 ($4(=n)+3$) となるのでアラクノ. ところが C が頂点にあるとすればこれが 2 電子を $lp$ としてもつので骨格結合には 62－50＝12 電子, つまり 6 対 ($5(=n)+1$) が使われるのでクロソ. 実際は C がエカトリアル位を占めたクロソ三角両錐構造.

[第 4 章]

**4.1** $I_2$ の HOMO($\pi^*$)→LUMO($\sigma^*$) が着色の原因. $\sigma^*$ が溶媒の $lp$ と相互作用すると LUMO($\sigma^*$) のエネルギーが高くなるのでこの吸収は高エネルギー側にシフトする. エネルギーが低くなった $lp$ 軌道から $\sigma^*$ への電荷移動遷移は紫外部に現れる.

**4.2** $Fe^{2+}$ は高スピン $d^6$ だから $d^1$ と同じ分裂パターン. 基底項は $^5D$ で, 八面体場では $-0.4\Delta_o$ のエネルギーの $^5T_{2g}(t_{2g}^4 e_g^2)$ と $+0.6\Delta_o$ のエネルギーの $^5E_g(t_{2g}^3 e_g^3)$ に分裂. だから $^5T_{2g} \to {}^5E_g$ への遷移エネルギーは $\Delta_o$. ただし, 励起状態 $^5E_g$ では反結合性の $e_g$ 軌道が非対称に占有されているので, $d^1[Ti(H_2O)_6]^{3+}$ と同様に励起状態に Jahn-Teller 変形が期待される. そのために 2 本の吸収が重なって観測される. したがって 10.4 kcm$^{-1}$ と 8.3 kcm$^{-1}$ の平均 9.4 kcm$^{-1}$ が $\Delta_o$ に相当する.

**4.3** *mer* 異性体では①②③に, *fac* 異性体では①②⑤に L′ が位置し, L の $e_\sigma = 0$ とする. $E(xy, yz, zx) = 0 e_\sigma$ であり, *mer* 体では $E(x^2-y^2) = 9/4 e_\sigma$, $E(y^2-z^2) = 3/4 e_\sigma$, $E(z^2-x^2) = 3/2 e_\sigma$ となり, *fac* 体では $E(x^2-y^2, y^2-z^2, z^2-x^2) = 3/2 e_\sigma$ となる. だから第 I 吸収帯 ($xy \to x^2-y^2$, $yz \to y^2-z^2$, $zx \to z^2-x^2$) は *mer* 体では 3 本に分裂し, *fac* 体ではこれらの遷移は分裂しないが吸収帯は $CoL_6$ よりも $3/2 e_\sigma$ だけシフトする.

**4.4** 後者は高スピン $d^5$ の八面体錯体で基底項は $^6A_{1g}$ ($n=5$). だから $\mu = \sqrt{n(n+2)}$ ＝5.92 BM. 前者は低スピン $d^5$ の八面体錯体で ($n=1$), 基底項は $^2T_{2g}(t_{2g}^5)$ なので軌道角運動量による寄与が消滅しない. だから $\mu$ は温度依存性を示し, スピンだ

けによる値 $\sqrt{3}=1.73$ より大きくなる．

**4.5** 基底項は $^4A_{2g}(t_{2g}{}^3)$．d 電子数は 5 以下なので $\lambda>0$ である．$\mu=(1-4\lambda/\Delta_o)\times\sqrt{n(n+2)}$ より，$\mu$ はスピンのみの式によるもの(3.87 BM)より小さくなる．

**4.6** 表 4.5 から八面体構造での基底項は $^4T_{1g}$，四面体構造では $^4A_2$ である．したがって八面体構造では軌道角運動による寄与が期待されるので大きな磁気モーメントをもつ可能性が高い．$Ni^{2+}$ の $d^8$ 錯体でも同様に，八面体でも四面体でも不対電子数は 2 であるが，八面体では基底項は $^3A_{2g}$，四面体では $^3T_1$ である．したがって四面体構造の方が大きい磁気モーメントをもつであろう．

**4.7** $Ni^{2+}$ は $d^8$ で，平面構造になれば $(xy)^2(yz)^2(zx)^2(z^2)^2$ の電子配置となるので不対電子はない($\mu_{eff}=0$)．だから後者は平面 4 配位構造．前者は四面体と，2.2 節(b)項で登場した $[NiCl_2(py)_2]$ と同様に Cl 架橋をもつ八面体型の可能性がある．CFSE の大きさから $Ni^{2+}$ は八面体構造をとりやすい．また，$Ni^{2+}$ の四面体錯体は基底項が $^3T_1$ で 3.7〜4.0 BM 程度の，八面体錯体は基底項が $^3A_{2g}$ で 2.9〜3.3 BM 程度の磁気モーメントをもつことが知られている．だから $Ni^{2+}$ 周りは八面体型構造である可能性が高い．なお，スピンのみの式($n=2$)からは 2.83 BM となるが $d^8$ なので $\lambda<0$ であり，これより大きな実測値が期待される．

# 付　録

　錯体化学の理解の一助となるよう，付録をつけました．まず，多用される省略記号を一覧表にしてあります．よく使われる省略記号を採用しています．つぎに，異核2原子分子の分子軌道の例として，一酸化炭素 CO を取りあげました．軌道の混合は本書のレベルを超えると考え，ここでは結果だけを図示してあります．NO，$CN^-$ などの分子軌道の理解にも役立つはずです．最後に遷移金属と CO の π 型の相互作用を分子軌道図にしました．金属の $d_\pi$ 軌道が CO の π 軌道と $\pi^*$ 軌道と三つどもえの相互作用をするのでこの場合でも軌道混合を考慮する必要がありますが，結果だけでもずいぶん役に立つと思います．また，軌道の分布についても定性的ではありますが理解できるのではないかと思います．

**置換基などの省略記号**

| 省略記号 | 名称 | 化学式 |
| --- | --- | --- |
| X | ハロゲン | |
| R | アルキル | |
| Me | メチル | |
| Et | エチル | |
| Pr | プロピル | |
| $Pr^i$ | イソプロピル | |
| $Bu^n$ | ノルマルブチル | |
| $Bu^i$ | イソブチル | |
| $Bu^t$ | *tert*-ブチル | |
| Ph | フェニル | $C_6H_5-$ |
| *o*-Tolyl | オルト-トリル | $CH_3C_6H_4-$ |
| Cy | シクロヘキシル | $C_6H_{11}-$ |
| Cp | シクロペンタジエニル | $C_5H_5-$ |
| OR | アルコキシ | |
| OMe | メトキシ | $CH_3O-$ |
| OPh | フェノキシ | $C_6H_5O-$ |
| C(=O)R | アシル | |

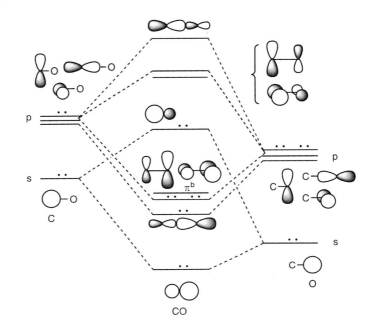

CO の分子軌道

付録 235

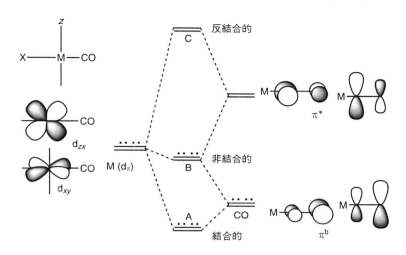

軌道混合則：（ ）は一次，[ ] は二次の混合

CO と遷移金属 M との π 相互作用

# 和文索引

## 数字・記号

2座配位子　36
3中心2電子結合　161
3中心4電子結合　48
18電子則　6, 141
$\beta$-水素脱離　13
$\delta$結合　27, 157
$\pi$アクセプター　9
$\pi$アリル　41
　——錯体　25
$\pi$逆供与　9, 15
$\pi$供与結合　7
$\pi$ドナー　7
$\sigma$アクセプター　5
$\sigma$供与結合　5
$\sigma$ドナー　5

## アルファベット

Curie-Weissの法則　212
Curie点　216
Curieの法則　212
d-d吸収　177
d-d遷移　181
Dewar-Chatt-Duncanson(DCD)モデル　22
EAN則　6
$e_g$軌道群　30, 82
end-on配位様式　17
*fac*異性体　65
Fischer型カルベン錯体　30
Frank-Condonの原理　180
HSABの原理　11
Hundの規則　80, 102
Irving-Williams系列　96
Jahn-Teller効果(変形)　54, 91, 92
Laporté禁制　179
L-S結合　182
*mer*異性体　65
Neel点　216
Orgel図　187
Racahパラメータ　183
Schrock型カルベン錯体　30

side-on配位様式　18
$t_{2g}$軌道群　80, 82
T字構造　50
Vaska錯体　52
VSEPR則　47
Wade則　165
Walshダイアグラム　100
Werner型錯体　7
Wilkinson錯体　52
Zeeman効果　185

## あ 行

アイソローバル　148
　——関係　147
アクア　36
アゴスティック相互作用　11, 16
アシル　40
アセチルアセトナト　39
アセチレン　40
アミド　40
アラクノ　165
アラニナト　38
アリール　40
アルキリジン錯体　31
アルキリデン錯体　30
アルキル　40
　——錯体　16
アルキン　40
　——錯体　24
アルケン　40
　——錯体　21
アルコキシ(アルコキシル)　40
アレーン　40
　——錯体　27
アンミン　36
鋳型反応　72
イソチオシアナト　36
イソポリ酸イオン　52
位置選択性　58, 129, 132
イミノ二酢酸イオン　39
エーテル　40
エチレン　40

エチレンジアミン　36
エチレンジアミン四酢酸イオン　39
円錐角　21
円二色性　68, 206
オキサラト　39
オキシナト　39
オレフィン　40
　——錯体　21
　——挿入　16

## か　行

会合機構　97
解離機構　97
架橋配位子　73
架橋ハロゲン　40
角重なり模型　110
重なり型　158
硬い塩基　12
硬い酸　12
カルバボラン(カルボラン)　165
カルビン　40
　——錯体　29
カルベン　40
　——錯体　29
カルボニル　36, 40
　——錯体　17
還元的脱離　17, 129
幾何異性　64
擬回転　56, 123
8-キノリノール　38
逆スピネル　92
強磁性　216
共生　12
キレート環　36
キレート効果　39
金属カルボニルクラスター　168
金属キレート　36
金属クラスター　31
金属錯体　3, 5
金属ボランクラスター　166
屈曲配位ニトロシル　40
クラウンエーテル　39
グリシナト　38
クリプタンド　39
クロソ　163
形式酸化数　40, 44, 143
結合性分子軌道　98
結晶場安定化エネルギー(CFSE)　85
結晶場分裂　83
結晶場理論　81
原子価の立体化学的規制　42
項　183
光学異性　66
光学対掌体　67
交換エネルギー　87
格子エネルギー　91
高スピン　86
　——錯体　86
構造異性　72
五角両錐構造　60
孤立電子対($lp$)　4

## さ　行

サイクラム　39
酸化還元電位　95
三角柱(三角プリズム)構造　59
三角両錐構造　55
酸化的付加　10
三面冠三角柱構造　63
ジアステレオ異性体　71
ジアステレオトピック　72
1, 2-ジアミノエタン　36
1, 2-ジアミノプロパン　36
ジエチレントリアミン　39
ジエン類　40
四角錐構造　55
シクロオクタジエン　40
シクロヘプタトリエニル　40
シクロヘプタトリエン　40
シクロペンタジエニル　40
　——錯体　27
四重結合　159
シス異性体　64
ジチエン　43
ジチオレン　43
ジメチルオキシム 1 価陰イオン　39
四面体構造　50
四面体錯体　107
四面体場　81, 83
シュウ酸イオン　39
重心則　83, 93
常磁性　211
振電相互作用　180
水和エンタルピー　90
スピネル構造　92
スピン・軌道相互作用　177, 185

スピン許容遷移　178
スピン禁制　177
スピン・クロスオーバー錯体　88
スピン多重度　183
スピン対形成エネルギー　86
スピンのみの式　212
正十二面体構造　62
正スピネル　92
正方逆プリズム構造　62
正方形錯体　106
正方錐構造　54
正方プリズム構造　62
絶対配置　59, 206
旋光性　66
旋光度　205
旋光分散　206

### た 行

ターピリジン　39
第Ⅰ吸収帯　195, 199
第Ⅱ吸収帯　195, 199
多核錯体　31
多座配位子　39
単核錯体　31
単座配位子　36
チオシアナト　36
超原子価化合物　4, 48, 59
直線構造　47
直線配位ニトロシル　40
チントルイオン　165
強い場　184
低スピン　86
　　──錯体　86
テトラエチレンペンタミン　39
電荷移動吸収　175
電子雲拡大系列　192
電子雲拡大効果　192
電子間反発パラメータ　183
トランス異性体　64
トランス影響　139
トランス効果　137
トリアザシクロノナン　39
2,2′,2″-トリアミノトリエチルアミン　39
トリエチレンテトラミン　39
トリエン類　40

### な 行

ニド(ナイド)　164

ニトリト　36
ニトリロ三酢酸イオン　39
ニトロ　36
ニトロシル　36, 41
ねじれ型　157

### は 行

配位結合　2
配位子　6
配位子場安定化エネルギー(LFSE)　102, 117
配位子場スペクトル　181
配位子場理論　98
配位数　45
配座効果　210
配置間相互作用　188
バタフライ構造　54
八面体構造　58
八面体錯体　101
八面体場　81, 83
ハロゲン　40
反強磁性　216
反結合性分子軌道　99
反磁性　211
非共有電子対　4
ヒドリド　40
ビニル　40
2,2′-ビピリジン　36
ヒホ(ハイホ)　165
1,10-フェナントロリン　36
フェリ強磁性　216
フェロセン　28
不活性電子対　59, 63, 103
　　──効果　43, 59
ブタジエン　40
フタロシアニン　39
プロピレンジアミン　36
分光化学系列　109
平面三角形構造　50
平面正方形構造　50
ヘテロポリ酸イオン　52
ベンゼン　40
ベンゾ-15-クラウン-5　39
2,4-ペンタンジオナト　39
ホスフィド　40
ホスフィン　40
　　──錯体　21
ボランクラスター　161
ポルフィリン　39

## ま 行

メソ体　68
メタラ（金属）カルバボラン　167
メタロセン　27
$C_{2v}$-面冠三角柱構造　60
面冠十二面体　63
面冠正方逆プリズム構造　63
$C_{3v}$-面冠八面体構造　60
モル吸光係数　179

## や 行

山寺則　202
軟らかい塩基　12
軟らかい酸　12

## 有～

有機金属錯体　15
有効磁気モーメント　212
揺動的　56, 75
弱い場　182

## ら 行

立体保持　138
両手（両座）配位子　36, 73
隣接効果　210
ルイス塩基　4
ルイス酸　4
ルビーレーザー　196
励起子　210
連結異性体　73

# 欧文索引

β-hydrogen elimination 16
δ bond 26
π acceptor 9
π allyl complex 25
π back donation 9
π dative bond 7
π donor 7
σ acceptor 5
σ dative bond 5
σ donor 5
absolute configuration 69, 206
acetylacetonato 39
agostic interaction 11, 16
alaninato 38
alkene complex 21
alkyl complex 16
alkylidene complex 30
alkylidyne complex 31
alkyne complex 24
ambidentate ligand 36, 73
ammine 36
angular overlap model 110
anti-bonding molecular orbital 99
antiferromagnetism 216
aqua 36
arachno 165
arene complex 26
associative mechanism 97
azido 38
barycenter rule 83, 93
bonding molecular orbital 98
borane cluster 161
bridging ligand 36
butterfly structure 53
$C_{3v}$-capped octahedral 59
$C_{2v}$-capped-trigonal prismatic structure 59
carbaborane 165
carbene complex 29
carbonyl 36
carbonyl complex 17
carbyne complex 29
charge transfer 175

chelate effect 39
chelate ring 36
chloro 38
circular dichroism(CD) 68, 206
cis isomer 64
closo 163
cone angle 21
configuration interaction 188
conformational effect 210
coordinate bond 2
coordination number 45
crown ether 39
cryptand 39
crystal field splitting 83
crystal field stabilization energy(CFSE) 85
crystal field theory 81
Curie's law 205
Curie-Weiss's law 212
cyano 38
cyclam 39
cyclopentadienyl complex 27
d-d absorption 177
d-d transition 181
Dewar-Chatt-Duncanson model 22
diamagnetic 211
diars 42
diastereomer(diastereoisomer) 71
diastereotopic 72
dissociative mechanism 97
dodecahedral structure 62
eclipsed 158
effective atomic number rule 6
effective magnetic moment 212
$e_g$ orbital 80, 82
eighteen electron rule 6, 141
enantiomer 67
end-on coordination 17
ethylenediaminetetraacetato 39
exchange energy 87
exciton 210
facial isomer 65
ferrimagnetism 216

ferrocene 28
ferromagnetism 216
first absorption band 195, 199
Fischer-type carbene complex 30
fluxional 56, 75
formal oxidation state 40, 44, 143
Frank-Condon principle 180
geometrical isomerism 65
glycinato 38
hard acid 12
hard base 12
heteropolyacid ion 51
high spin 86
high-spin complex 86
Hund's rule 80, 102
hydration enthalpy 90
hypervalent compound 4, 48, 59
hypho 165
inert (electron) pair 59, 63, 103
inert pair effect 43, 59
interelectronic repulsion parameter 183
inverse spinel 91
Irving-Williams series 96
isolobal 148
isolobal relationship 147
isopolyacid ion 51
isothiocyanato 36
Jahn-Teller effect(distortion) 54, 91, 92
Laporté-forbidden 179
lattice energy 91
Lewis acid 4
Lewis base 4
ligand 6
ligand field spectra 181
ligand field stabilization energy(LFSE) 102, 117
ligand field theory 98
linear structure 47
linkage isomer 73
lone pair 4
low spin 86
low-spin complex 86
$L$-$S$ coupling 182
meridional isomer 65
meso isomer 68
metal carbonyl cluster 168
metal chelate 36
metal cluster 31

metal complex 3, 5
metallacarbaborane 167
metallaborane cluster 166
metallocene 27
molar absorption coefficient 179
monodentate ligand 36
mononuclear complex 31
nephelauxetic effect 192
nephelauxetic series 192
nido 164
nitrito 36
nitro 36
nitrosyl 36, 41
normal spinel 92
octahedral complex 101
octahedral field 81, 83
octahedral structure 58
olefin complex 21
olefin insertion 16
optical isomerism 66
optical rotation 205
optical rotatory dispersion(ORD) 206
optical rotatory power 66
organometallic complex 15
Orgel diagram 187
oxalato 39
oxidative addition 10
oxinato 39
oxine 38
oxo 38
paramagnetic 211
pentagonal bipyramidal structure 60
2, 4-pentanedionato 39
peroxo 38
phosphine complex 21
polydentate ligand 39
polynuclear complex 31
pseudorotation 56, 123
quadruple bond 159
Racah parameter 183
redox potential 95
reductive elimination 17, 129
ruby laser 196
salen 39
Schrock-type carbene complex 30
second absorption band 195, 199
side-on coordination 17
site preference 58, 129, 132

soft acid 12
soft base 12
spectrtochemical series 109
spin crossover complex 88
spin multiplicity 183
spinel structure 92
spin-allowed transition 178
spin-forbidden 177
spin-only equation 213
spin-orbit interaction(coupling) 177, 185
spin-pairing energy 86
square antiprismatic structure 62
square-planar complex 106
square-planar structure 51
square-pyramidal structure 55
square prismatic structure 62
staggered 157
stereochemical control of valence 42
stereoretentive 138
structural isomerism 71
superoxo 38
symbiosis 12
$t_{2g}$ orbital 80, 82
template reaction 72

tetrahedral complex 107
tetrahedral field 81, 83
tetrahedral structure 50
thiocyanato 36
three-center four-electron bond 48
three-center two-electron bond 161
trans effect 137
trans influence 139
trans isomer 64
triangular structure 50
trigonal prismatic structure 59
trigonal-bipyramidal structure 55
T-shaped structure 50
unshared electron pair 4
valence-shell electron pair repulsion rule 47
vibronic coupling 180
vicinal effect 210
Wade rule 165
Walsh diagram 100
Werner-type complex 7
Yamatera's rule 202
Zeeman effect 185
Zintl ion 165

■岩波オンデマンドブックス■

岩波講座 現代化学への入門
金属錯体の構造と性質

2001年3月26日　第1刷発行
2009年7月6日　第4刷発行
2015年7月10日　オンデマンド版発行

著　者　三吉克彦(みよしかつひこ)

発行者　岡本　厚

発行所　株式会社 岩波書店
〒101-8002 東京都千代田区一ツ橋2-5-5
電話案内 03-5210-4000
http://www.iwanami.co.jp/

印刷／製本・法令印刷

© Katsuhiko Miyoshi 2015
ISBN 978-4-00-730223-7　　Printed in Japan